大学生公共基础课系列教材

快乐起航

——大学生心理健康教程

主　编　赛燕燕　唐　芹
副主编　刘振中　王艳明
参　编（按照姓名首字母排序，不分先后）
楼天宇　田霄燕
王　莉　王　杨

電子工業出版社
Publishing House of Electronics Industry
北京 · BEIJING

内 容 简 介

大学生的心理健康状况关系着大学生个人的成长与发展。本书围绕着大学生生活中常见的成长议题，包括自我认识、人格、情绪、学业、人际交往、恋爱情感等话题，结合大学生的心理发展特点，以及心理学相关原理与技巧，帮助大学生适应大学的学习与生活，并能掌握心理调适的技能与方法，从而引导大学生关注自身心理健康，提升个人潜能和幸福感。本书的写作注重实用性和生动性，除理论知识外，还包含心理小故事、心理测试以及补充阅读等方面的内容，增加了教材的可读性与趣味性。

本书的读者对象是高等院校的大学生以及关注学生心理健康的班主任、辅导员和心理健康课程教师。

图书在版编目（CIP）数据

快乐起航：大学生心理健康教程/赛燕燕，唐芹主编. —北京：电子工业出版社，2021.7

ISBN 978-7-121-41480-0

Ⅰ. ①快… Ⅱ. ①赛… ②唐… Ⅲ. ①大学生—心理健康—健康教育—高等学校—教材 Ⅳ. ①B844.2

中国版本图书馆CIP数据核字（2021）第125444号

责任编辑：康　静
印　　刷：三河市鑫金马印装有限公司
装　　订：三河市鑫金马印装有限公司
出版发行：电子工业出版社
　　　　　北京市海淀区万寿路173信箱　邮编 100036
开　　本：787×1092　1/16　　印张：15.25　　字数：390.4千字
版　　次：2021年7月第1版
印　　次：2021年7月第1次印刷
定　　价：45.00元

凡所购买电子工业出版社图书有缺损问题，请向购买书店调换。若书店售缺，请与本社发行部联系，联系及邮购电话：（010）88254888，88258888。

质量投诉请发邮件至zlts@phei.com.cn，盗版侵权举报请发邮件至dbqq@phei.com.cn。

本书咨询联系方式：（010）88254609或hzh@phei.com.cn。

前　言

追求快乐和幸福是人生的目的和意义。如何帮助大学生朋友们快乐、幸福地应对大学生活，学会快乐的能力，为未来幸福、快乐的人生打下基础，是本书关注的重点。

因为大学时期的学习和生活的内容及目标与中学时期差异非常大，刚入校的大学生会经历一段心理调节与适应的时期。本书围绕大学生活和个体发展的几大主要方面进行讲解，内容涵盖了大学生的自我认识、人格、情绪、学习、人际交往、恋爱情感、挫折应对、职业规划、幸福、跨文化适应等主题，希望能帮助大学生们顺利度过适应期，为快乐、成功的大学生活打下基础。

本书与现在大多数同类教材相比主要有两点不同：第一，立足于积极心理学，单独设置了有关幸福的一章；第二，针对目前许多高校外国留学生增多的现状，单独设置了有关跨文化心理适应的一章。高校心理健康教育目前普遍的趋势是，以积极心理学为基础，开展发展性的心理健康教育，即心理健康教育不再只是关注心理问题和预防心理问题的发生，而是关注如何让心理状态发挥得更好，如何提升个人潜能和幸福感。本书的编写正是本着这一理念，旨在指导学生幸福、快乐、成功地度过大学生活，迈向未来人生。增加跨文化心理适应的部分，还因为越来越多的高校开始招收留学生，而且招生人数和规模越来越大，心理健康教育也正在向留学生群体普及。考虑到这一原因，加入了与跨文化心理适应相关的章节来指导留学生们顺利度过在华生活，并将此章节放在了本书的最后一章，但是针对留学生开设的心理健康课程可以把本章放在第一章来讲。对于本国学生，阅读这一章，也能对来华留学生所面临的适应困难及中外文化差异的部分有所了解，为他们将来与留学生的和谐互动提供一定的指导。

本书的编写得到了本校心理健康课程任课教师们的大力支持，大家在以往多年授课经验的基础上，注重教材内容的实用性和生动性，除了对实用性心理知识的介绍，还增加了心理测试和拓展阅读，提高了教材学习的趣味性。

参与教材编写的老师们均为浙江科技学院一线心理健康教育任课教师和心理咨询教师。教材主编为赛燕燕老师、唐芹老师，负责全书的框架结构设计、具体写作指导及统稿审稿；副主编为刘振中老师、王艳明老师，负责协助审稿。各章内容的编者如下：第一章、第二章由刘振中老师编写，第三章、第六章由王艳明老师编写，第四章由田霄燕老师编写，第五章、第七章由唐芹老师编写，第八章由唐芹老师和王莉老师编写，第九章由王杨老师编写，第十章由楼天宇老师编写，第十一章由赛燕燕老师编写。

由于编者水平有限，编写时间仓促，书中难免存在疏漏与不足之处，希望教材使用者与同行专家提出宝贵的批评意见。本书的编写和出版还离不开领导的关心和支持，感谢本校学生处金建勋处长和刘萍副处长的大力支持，没有他们的支持、鼓励和推动，就没有这本教材的面世。

希望本书的读者和教材的使用者都可以“快乐起航”，过上幸福、有意义的人生。

编者

2021年5月

目　录

第一章　心理健康与精彩人生
——大学生心理健康教育概述

生活中的心理学

心灵泉水

在奥地利的一个村庄里曾住着一位老先生。他在多年前为一个城镇聘用，负责清除山涧水池中的杂物。泉水从山上的源头流出，直达他们的市镇。他默默地在山上巡视，随时清除浮在水面上的树叶和树枝，并清除可能淤塞和污染清新水流的泥沙。不久村庄成了度假胜地。美丽的天鹅在晶莹的水上游动，附近各种营业的水车日夜转动，农田得到灌溉。

许多年过去了，有一天，镇上举行一年一度的会议。审查预算时，某人的视线停在鲜为人注意的老人的薪水上面。这位负责财务的先生说："这老头是谁？我们为何每年聘用他？这位在山里巡逻的陌生人对我们没啥用处，我们并不需要他！"经过投票，众人一致同意取消了老先生的职位。

起先并没有什么改变。直至秋天来临，树木开始落叶，折断的小树枝掉落在水池里，阻碍了泉水的流动。一天下午，有人注意到泉水出现了异样的颜色。到第二个星期，泉水开始显得阴暗。再过一周，泉水又多了一层泛在水面的泥土，不久便发出恶臭。水车转得比以前慢了，有一天终于戛然而止。天鹅和游客皆不复返，各种疾病开始侵袭小镇。

尴尬的议会秘密召开特别会议，他们发现自己犯了一个重大错误，决定重新聘用泉水的守护人。数周之后，河水又恢复了清洁。水车重新转动，新的生命力再次注入阿尔卑斯山边的小镇里。

读完上面这个小故事，你有什么想法浮现出来吗？请写在下面的空白处。

____

____

也许你会想到那些平凡但重要的工作岗位；或许你会想到决策的重要性；抑或你会从心灵泉水的标题想到朱熹的"问渠那得清如许，为有源头活水来"的诗句……不管你写了什么样的想法，都请为自己喝彩，因为它是你努力尝试形成独立观点并将它们表达出来的成果。此刻，我写下自己的观点：健康的心灵就如同泉水一样会自然流淌，但当它遭遇冲突、痛苦和不幸时，心灵之泉也可能会堵塞而成为死水，因此我们需要慢慢学习有能力及时清除内心的垃圾，成为自己心灵之泉的守护人，毋庸置疑，这一能力将帮助我们安享人生每一片段的快乐和精彩。

第一节 新的旅程，请关注心理健康

你需要知道的事：健康观念的嬗变

健康是人类永恒的话题。随着社会生产力的进步，人们对健康概念的理解也不断深化。数千年来人们一直持有“无病即健康”的观点，正如20世纪初英国出版的《简明不列颠百科全书》中将健康定义为：“没有疾病和营养不良以及虚弱状态。”这种只关注躯体疾病的传统健康观念直到现在仍然影响着大众的医疗保健观念乃至政府的卫生政策。

观念的进步常在悄然中发生，人们的健康观点也慢慢地变得更加全面。事实上，自1948年以来，联合国世界卫生组织（WHO）就一直推荐新的健康观念：“健康乃是一种身体上、精神上和社会上的完满状态，而不仅仅是没有疾病或虚弱。”新的健康观点是现代人们对健康要领的全面总结与更新，促进了健康运动的迅速发展，深刻影响了现代医学的进程，直接导致生物—心理—社会医学模式的诞生。

一、大学生心理发展特点与心理健康

（一）大学生心理发展特点

大学生年龄一般在18～24岁，处于人生的青年期（又称成年初期），已经度过了“暴风骤雨”的青春叛逆期，步入相对平稳的阶段。从发展心理学视角看，大学生在大学期间经历着认知能力、情感和人格的发展日趋完善，人生观和价值观逐步稳定的过程。其心理发展特点主要包括以下三个方面。

1. 自我意识增强但“自我统合”能力有限

自我意识是指人对自身的认识及对周围事物关系的各种体验。它是认识、情感、意志的综合体，是人心理发展过程中一个极为重要的方面。自我意识的发展不仅与年龄有关，而且与人的知识水平有关，大学时代是真正自我认识的时期。青年大学生随着对外界认识的不断提高，生活经验的不断丰富，开始关注自己的内部世界，迫切要求了解自己和发展自己。他们不仅关注自己的外表、举止，关注自己的能力、性格，更加关注自己的社会角色、社会归属、社会地位、人生价值等，反复地审视自己的整体形象。通过一定的思考、实践和学习，大学生逐渐学会了多角度、多层次地认识自己、接纳自己，自我评价日益趋近现实，并且具有强烈的自我完善的动力。大学生的自我意识明显增强，比以前更加主动地认识自己，但由于他们生活阅历有限，与社会有一定的距离，社会实践能力不强，这些都限制了他们的“自我统合”能力的发展。“自我统合”是指个体尝试把与自己有关的多个层面统合起来，形成一个自己觉得协调一致的自我整体。“自己统合”是青年心理发展的必经历程，顺利完成“自我统合”是青年期发展的关键。

2. 思维发展迅速但欠缺成熟的理性思考

随着大脑机能的不断增强、生活空间的不断扩大、社会实践活动的不断增多，大学生的认知能力获得了长足的发展。这个时期他们的感觉、知觉灵敏度、记忆力、逻辑抽象思维能力均达到相当高的水平，并且思维的独立性、批判性、创造性都有显著提高。但他们抽象思维的水平并没有达到完全成熟的程度，思维品质发展不平衡，思维的广泛性、深刻性、敏感性发展较慢。因此，他们在分析问题时容易钻牛角尖，往往把问题看得过于简单而陷入主观想当然的境地，这就难免“连当代最伟大的政治家都认为是非常棘手的问题，在大学生看来却易如反掌”，这也是大学生心理与社会性发展尚不成熟的表现之一。

3. 感情丰富但稳定性不足

大学生的情感发展日趋复杂，情感表现具有强烈跌宕、不协调的特色，因而大学时代是体验人生情感最强烈的时代。这种强烈情感的内容随着知识经验的增多、生活空间的扩大、业余生活的丰富、自我意识的增强而日臻多姿多彩，他们富于理想、兴趣广泛、关心时政、激情澎湃，情感日渐丰富且深度广度迅速发展。但由于他们对社会的复杂性、自己欲望行为的合理性缺乏足够的全面认识，加之他们风华正茂、精力旺盛、自尊感强烈而敏锐，又比较“较真”，情绪容易产生较大的波动甚至表现为两极性，要么对什么事都过度敏感，要么对什么事都淡漠处之。尤其面对意外突发事件或对自己意义重大的事情的时候，他们容易表现出既想隐藏自己的情绪又很难控制的无措，甚至因一时一事的挫折而灰心丧气、一蹶不振、自暴自弃。

（二）大学生的主要心理冲突

从大学生的心理发展特点可以看出，大学生心理发展迅速，但还没有达到真正的成熟，呈现两面性和矛盾性的特点，因此在他们的内心世界中，矛盾和冲突就在所难免。

1. 独立性和依赖性的冲突

随着自我意识的增强，特别是离开家庭、进入了具有较强社会氛围的大学校园之后，大学生的成人感迅速增强。他们渴望走向独立生活，强烈要求社会承认他们的成人资格，自信心、自尊心、独立意识都有很大提高。同时，大学校园环境也比以往自己的生活环境赋予个人更多的独立与自由空间。然而由于各种原因的限制，大学生往往有独立的想法而不能实施独立的行动。因此，在大学生身上，既有着强烈的独立意思，又有着显著的依赖行为。这种依赖性与迅速发展的独立性之间，产生了现实的矛盾冲突。

2. 理想性与现实性的冲突

每一个成长着的年轻人都会有自己的理想。由于社会经验缺乏，自我评价能力不足，大学生会理想化大学生活，并为自己设立较高的要求，等到进入大学后，就面临着理想破灭的困境：现实远非自己所想象的、所追求的那么完美，自己也非想象的那么出色。理想与现实终究是有距离的，当理想受挫，不能化为现实时，必然产生强烈的心理冲突。因此，对大学生而言，最常困扰他们的是理想自我和现实自我、理想社会与现实社会之间所产生的矛盾，并由此可能引发出许多心理上、情感上的苦恼。

3. 心理闭锁与寻求理解的冲突

大学时代是个既渴望人际又追求孤独的岁月。一方面，由于自我意识的发展，大学生更频繁地对自己的内心世界进行细致的探索、反省，常常沉醉在自己世界里。另一方面，大学生又害怕孤独，希望自己能找到一个在情感上有共鸣的知己，虽然这种需求在新生身上表现得更明显和强烈，但实际上每个大学生都有“一颗既脆弱又渴望被触摸的心”。这种心理特征上的冲突，使大学生的情感生活更为复杂。

4. 性成熟与性心理的冲突

就生理和心理发展过程而言，大学生已进入了性生理成熟和性心理趋向成熟的阶段。他们渴望与异性交往，追求美好的爱情和性。而客观上大学的学习、生活环境为他们的交往提供了更多的机会和更多的自由。但是，大学生在经济上尚未独立，且有比较艰巨的专业学习与专业训练的任务，再加上未来的不确定性，导致他们的性心理的成熟落后于性生理的成熟，由此而产生种种与性有关的心理冲突，如性认知的偏差、性欲困扰、性焦虑等，影响大学生正常的身心发展。

小知识：全国大学生心理健康日

2000年，由北京师范大学心理系团总支、学生会倡议，随后十多所高校响应，并经北京市团委、学联批准，确定每年的5月25日为“北京大学生心理健康日”。2001年，四川省、广东省也确定每年的5月25日为本省的大学生心理健康日。2004年，教育部、团中央、全国学联办公室向全国大学生发出倡议，把每年的5月25日确定为全国大学生心理健康日。随后，“5·25大学生心理健康日”在全国的高校得到认同，各高校都利用这一天开展多种形式的心理健康教育活动。“5·25”是“我爱我”的谐音，寓有“爱自己才能更好地爱他人”之意。目前，“大学生心理健康日”逐渐发展成为“心理健康周”或者“心理健康月”，各高校会利用整个五月或其中一周开展多种活动，且出现不同高校之间相互合作，共同开展大型活动的趋势，随之而来的是其在大学生中的影响力不断提升。

（三）大学生心理健康的标准

综合国内外学者的观点，再根据大学生这一群体的年龄特征、心理特征和社会角色特征，当代大学生心理健康的标准可以概括为以下七个方面。

1. 能保持对学习较浓厚的兴趣和求知欲望

智力正常是人一切活动的最基本条件，大学生的智力普遍比较优秀。心理健康的大学生有强烈的求知欲和浓厚的探索兴趣，智力结构中各要素在认识活动和实践活动中都能积极协调地参与，并能正常地发挥作用。大学生们应该珍惜学习机会，主动克服学习中的困难，同时能从学习中体验满足与快乐。

2. 能保持正确的自我意识，接纳自己

自我意识是人格的核心，指人对自己及对他人、对周围世界关系的认识和体验。心理健康的大学生对自己的认识比较接近现实，了解自己，有“自知之明”，既不狂妄自大而做力所不及的工作，也不妄自菲薄而放弃可能的发展机会。他们能面对自己的缺点和弱点，不苛求自己，善于接纳自我。

3. 能调控自己的情绪，保持良好的心境

情绪会影响人的健康，也会影响人的工作效率，还会影响人际关系。心理健康的大学生情绪稳定性好，经常保持愉快、开朗、乐观满足的心境，会管理和调节自己的情绪，情绪反应是由适当原因引起的，反应的强度适合当时的情境。

4. 能维持和谐的人际关系，接受他人

心理健康的大学生乐意与人交往，拥有广泛且深厚的人际关系。他们能用尊重、信任、友爱、宽容、理解的态度与人相处；能分享、接受和给予爱与友谊；能与他人同心协力，合作共事，乐于助人；能客观评价他人，善于发现别人的优势，宽以待人。

5. 人格和谐完整

人格是构成一个人的思想、情感及行为的特有统合模式，这个独特模式包含了一个人区别于他人的稳定而统一的心理品质。心理健康大学生的所思、所做、所言协调一致；能保持自我的独立性，适度张扬个性；人格各组成要素能够平衡发展，没有明显缺陷和偏差；能以积极进取的人生观作为人格的核心，把自己的需要、愿望、目标和行为统一起来。

6. 环境适应能力良好

心理健康的大学生在环境改变时能面对现实，对环境做出客观的认识和评价。无论顺境还是逆境，都能积极调整心态乐观应对，积极采用有效的应对策略，使自己与现实保持一种良好的适应。

7. 心理、行为符合年龄特点

不同年龄阶段的人有不同的心理和行为特征，心理健康大学生的认识水平、情感过程、言行举止都与其所处的年龄阶段相符合。例如，在大学阶段，一些男女同学开始交往恋爱，发展了感情，这是很正常的；反过来，大学里有些同学还在课桌上画着“三八”线、个别同学表现出老态龙钟，这些很可能就是心理不健康的表现。

（四）正确理解和运用大学生心理健康标准

上面所说的心理健康的标准只是一种相对的衡量尺度，在理解和应用的过程中需要注意：

（1）心理不健康与不健康的心理或行为表现不是一回事。判断一个人的心理健康状况，不能简单根据一件事、短时的情绪反应而下结论。心理不健康是较长时间里持续的不良状态，一个人偶尔出现一些不健康的心理或行为，并不意味着他就一定心理不健康。

（2）心理健康与心理不健康并非泾渭分明的对立面，而是一个连续状态。在这种情况下，正常心理和异常心理、常态心理与变态心理之间并没有确定的界限，只是程度上的差异而已。

（3）心理健康状态并非是固定不变的，而是不断变化着的。随着人的成长、经验的积累和环境的改变，心理健康状况也会有所改变。

（4）心理健康标准是一种理想尺度，它不仅提供了衡量是否健康的标准，也指明了提高心理健康水平的努力方向。每个人都可以在自己现有的基础上努力追求心理发展的更高层次，不断发挥自身的潜能。

二、训练与测试

下面《两粒沙》的故事并不完整，请根据你自己的想象，将故事补充完整。

两粒沙

第一粒沙

贝生活在海里，平静度日。太阳出来时它最高兴了，因为可以在暖暖的阳光下张开壳吐泡泡。这天，它照例在太阳下打开壳，深吸一口气，准备开始度过一天中最美好的时光。突然它感到有东西被吸到了身体里，在软软的身体上有个硬硬的东西，很难受，原来是一粒沙。它想动一动把那粒沙弄出去，可只要一动就疼得厉害。它只好把壳合起来，不敢再动。

贝开始分泌黏液。它想，或许，在黏液的湿润下，沙粒比较容易弄出去吧。可虽然有了黏液，沙粒还是固执地留在贝的身体里，纹丝不动。贝想，也许不够湿润吧，还有这些黏液好像让自己不再痛了。于是继续分泌黏液……日子一天天过去，黏液没有把沙粒弄出，却把沙粒一层层地包裹起来。每天，贝都分泌黏液包裹沙粒，却似乎忘了当初分泌黏液是为了把沙粒赶出去。渐渐地，被黏液包裹的沙粒越来越像贝的一部分。它的存在不再让贝痛苦。

接下来会发生什么呢？请补充故事。

第二粒沙

有位勇士，发誓要排除千难万险去攀登一座高峰。在众人满怀期待的目光中，勇士告别了含泪的家人，背着行囊出发了。长途跋涉中的恶劣气候没有使他退缩，疲惫与饥寒没有使他畏惧，陡峭的山势没能阻碍他前行的路，难耐的孤寂没有动摇他坚定的信念。然而，不知何时，他的鞋里落入一粒沙子。起初，他并没在意，他原本有时间和机会，把那粒沙从鞋里倒出来的。可是，在勇士眼中，这粒沙子实在是太微不足道了。的确，比起勇士一路上所遇到的其他任何困难，那粒沙子的存在简直可以忽略不计。然而，随着路程的增加，越走下去，那粒沙子越是磨脚，最后，每走一步，都伴随着锥心刺骨的疼痛。

接下来会发生什么呢？请补充故事。

三、补充阅读

追寻生命的意义

作为香港大学推荐阅读的第一本著作，弗兰克尔博士的《活出生命的意义》向我们呈现了他在“二战”期间纳粹集中营中的生活，以及在这苦难经历上所创造出来的心理治疗方法——意义疗法。

想象一下，你遭遇了巨大不幸，所有爱你的和你爱的人都不得不离开你，而你又随时遭遇侮辱、责罚甚至死亡的威胁，你觉得自己可以忍受多久？弗兰克尔博士就曾在这样的环境里度过了三年，他的双亲、哥哥、妻子在这期间不是死在牢营里，就是被送入煤气间，一家人最后仅剩下他和妹妹。面对“除了这寒碜可笑的一身之外别无余物可供丧失”的苦难处境，弗兰克尔博士通过或怀念心中珍藏着爱侣亲人的倩影，或怀着不绝如缕的幽默感，或因为宗教信仰，甚或对花草树木、晨曦夕照的一瞥等方式，穿越当时严酷的环境，找寻到自己活着的意义。此外，他还以科学家的态度去观察自己和难友在这种环境下的心理反应，他只想回答一个问题："一个普通俘虏每天生活在集中营里，会有怎样的心理历程？"此种既恳切又超然的态度着实卓越非凡，真诚又含蓄，悲悯且宽容，令人感动敬仰。

弗兰克尔博士认为，人要寻求生命意义是其生命中原始的力量。这个意义是唯一的、独特的，唯有人能够且必须予以实践；也唯有当它得以实践才能满足人追求生命意义的意志。"意义治疗"的任务，在于协助人找出他生命中的意义。每个人的生命意义都不同，每个阶段的生命意义也不同，必须由此人自己去寻找，一旦找到，他就有希望摆脱因生命空虚而产生的种种症状。

弗兰克尔博士提供了三种发现生命意义的途径，即创造和工作、体认价值（如爱）和受苦。他深信每个人都可以找到属于自己的生命意义，或通过创造和工作，或体验某种事物或爱某一个人，而在极端的情况下，当一切欢愉都被剥夺，无法避免的苦难本身正是生命的意义。作为纳粹集中营的幸存者，弗兰克尔博士体验到死的层面要远远多于且深刻于常人。他提出了这样一个观点即"悲观的乐观主义"，即如果人生的痛苦和苦难是必然的、无法避免的一场悲剧，那么就请乐观地去面对。而这就是生命想教给我们的：在绝望中寻找希望，在无意义中寻找意义，流着泪但微笑前进。

最后，用弗兰克尔博士的一句话作为结尾：我唯一怕的，是我找不到生命的意义（原文为：我唯一怕的，是我配不上所受的苦难）。

第二节　走出心灵的阴影，学会调节和求助

你需要知道的事：警惕身边的"污名"标签

1973年，美国斯坦福大学的研究者罗森汉恩做了一个著名的实验。他招募了8名被试者（包括1名研究生、3名心理学家、1名儿科医生、1名精神病学家、1名画家、1名家庭主妇）来做假患者。他们要完成的任务是把自己送进12所精神病院。到了医院后，他们说些"无意义的""空洞的"和"砰"之类的声音，除了这个症状外，所有被试者的言语和行为完全正常，并且提供给医院的信息都是真实的，除了自己的姓名和专业。结果，除一人外，其余被试者均被诊断为"精神分裂症"。

一旦进入医院，所有被试者不再表现任何症状，行为完全正常。被试者不知道自己什么时候能够被释放，直到他们分别说服医务人员他们很正常，才得以出院。在这段时间，所有被试者均把自己的经历记录下来。最初，被试者们只是偷偷在记录，后来发现这种隐藏完全没有必要，因为"记录行为"本身就被认为是他们精神病的另外一个症状。他们都希望能尽早出院，所以他们的行为表现像是模仿患者，积极配合医务人员的工作，接受所有的药物治疗（但药物不下咽，扔到厕所里冲掉）。

结果，在研究中有了关键的发现：没有一个假患者被医务人员识破！当这些人出院后，他们的心理状况被认为是"精神病缓解期"而记录在他们的病历中。

罗森汉恩的实验有力地揭示心理学中的标签效应，即一个人一旦被贴上某个标签，这个标签将掩盖这个人所有的其他特征，所有行为和人格特征都会被归因于标签上。例如，当一个孩子被贴上了“坏孩子”“差生”“笨蛋”等标签时，那个标签将掩盖他的所有其他品质，甚至优点，无论那个孩子做什么，老师和家长都认为那个孩子“差”“坏”和“笨”。你会感觉熟悉吗？是的，你有可能也经历过。因此，在生活中，我们要特别小心“污名”（带有贬低色彩）标签，它们会阻碍我们看到自己和别人的整体，并让自己和别人陷入深切痛苦中。这一节将介绍一些异常心理的表现，你很可能会发现自己或身边的人符合其中的某些表现，这很正常。要知道，正常和异常的边界是相当模糊的，一如“天才在左，疯子在右”。在这里，诚挚邀请你记住：我们学习，我们了解，我们懂得，但拒绝标签。

一、大学生常见的异常心理及其应对

（一）大学生常见的异常心理

异常心理从总体上可以分为非病理性异常心理和病理性异常心理。非病理性异常心理又称心理失衡，表现为“一般心理问题”；病理性异常心理又称心理缺损，表现为“心理障碍”。一般心理问题是轻微的心理异常，具有明显的偶发性和暂时性，常为特定的情景所诱发，在脱离诱发情景的条件下，心理活动可完全正常。心理障碍则具有明显的持久性和特异性，与一定的情景无必然的联系，并非由某情景直接诱发，但在一定的情景下可以加重。下面将分别介绍大学生常见的一般心理问题和心理障碍。

1. 一般心理问题

一般心理问题表现为以下几个方面：

（1）适应困难。对于大学生来说，环境的改变、学习方式的改变、生活习惯的改变，都需要他们积极地调整以适应各种新的变化。但是，有些学生在经过比较长的时间后仍未能很好地适应大学生活，出现各种困惑和问题。例如：有学生从小在父母的精心呵护下长大，没吃过什么苦，进入大学校园后在住宿、饮食等方面不太适应；有的学生则因无法适应集体生活而自己去校外租房，甚至不惜路途奔波而走读。

（2）学习倦怠。由于学习压力或缺乏兴趣，部分大学生会出现学习倦怠的消极心理和行为。在行为方面，往往表现出一系列不适当的逃避学习的行为，如逃课或上课不听讲、迟到早退、不交作业或抄袭作业等；在情绪方面，对学习表现出厌倦、沮丧、缺乏兴趣、缺乏成就感等情绪体验。

（3）人际敏感。大学生的人际关系直接影响他们的心理健康。在咨询中，那些人际关系敏感的学生常自述感到压抑、紧张、孤独与寂寞。大学生人际敏感的表现是：与人相处时有着较强的戒备、怀疑和忌妒心理；在人际关系上存在着种种困惑；缺少知心朋友；与别人难以交往；感到交往有困难；社交困难；不想交往等。

（4）情感困扰。许多大学生对爱情都有着美好的憧憬，也在不断追求属于自己的情感世界，然而真正在面临选择或在处理各种冲突时，由于缺乏社会阅历和生活经验，往往难以理智应对。近年来，大学生在恋爱和情感方面的问题日益凸显，如单相思的折磨、失恋的痛苦、恋爱中的冲突、纠结的情感问题等。此外，同伴影响在大学生情感困扰中的作用亦不容小觑，如同宿舍的人都有了男（女）朋友，自己没有，心理失落，情绪容易不稳定。特别需要强调的是，严重的情感失落是大学生自杀的重要诱因之一，必须重视。

（5）就业压力。招生规模的扩大、社会竞争的加剧、就业市场的不景气等，都给大学生带来很大的就业压力，甚至有“毕业就失业”的自嘲之说。就业压力导致很多学生出现诸如迷茫、郁闷、烦躁、忧虑等各种情绪困扰，这些情绪的混合体会在内心中持续发酵（因为压力源一直存在），不断冲击着个人的心理防线。而那些缺乏有力社会支持系统，自我调节能力又比较差的学生，极易淹没于不能承受的消极情绪中，出现偏执、冷漠等心理反应，甚至出现攻击他人或自我攻击的偏激行为。

2. 心理障碍

心理障碍表现为以下几个方面：

（1）焦虑症。焦虑症是以广泛和持续性焦虑或反复发作的惊恐不安为主要特征，常伴有头晕、胸闷、心悸、呼吸急促、口干、尿频、尿急、出汗、震颤等生理症状。焦虑症不同于一般的焦虑，患者焦虑情绪并非由实际的威胁或危险所引起，他们的紧张不安和恐慌程度与现实处境很不相称。

（2）强迫症。强迫症是以强迫症状为特征的心理疾病，主要表现为自发的重复行为或想法，明知没有必要却无法控制，同时伴随有痛苦的情绪体验，以至于影响正常的学习生活。强迫症通常在青少年期发病。患者常常自己极其痛苦，却又不愿意让别人知道。严重的强迫症需要专业的治疗（包括服精神类药物），有时暂时的休学甚至退学治疗也是有必要的。

（3）恐惧症。恐惧症主要表现为对某特殊物体、活动或情景产生持续的和不合理的恐惧，患者常常不得不回避其害怕的对象或情景，恐惧时常伴有头晕、晕倒、心悸、心慌、出汗等生理现象，患者对恐惧的对象或情景极力回避，虽然知道这种恐惧是过分的或不必要的，但不能控制。对大学生学习和生活影响比较大的是社交恐惧，当事人对与人或与某些人（如异性）交往感到恐惧，但又希望能与之交往或不得不与之交往，所以为此烦恼不已。

（4）网络成瘾。网络成瘾是指由过度地使用网络所导致的一种慢性或周期性的着迷状态，并产生难以抗拒的再度使用的欲望。其主要表现为：互联网使用成为生活的中心；不断增加上网时间以至于影响了正常的学习工作而不能自控；停止或减少互联网的使用会导致无聊、抑郁、愤怒等负面情绪。严重的网络成瘾往往会导致大学生学习一落千丈，最后不得不退学。

（5）饮食障碍。饮食障碍多发于女性，特别是12～18岁的青少年。以故意节制食量为主要症状，进食量远较常人为少，或仅选择低能量食谱。部分患者在病程中不能耐受饥饿，而有阵发性贪食暴食相交替。患者通常体重减轻，较常人低25%以上，严重者可达消瘦程度；极度担心发胖，常采用过度运动、致吐、导泻、服用食欲抑制药或利尿剂、藏匿或抛弃食物的方法减轻体重。很多患有厌食症的学生拒绝承认有病，不愿意配合诊治，尤其是不承认体重过轻和进食过少是病态，多数患者社会、生活功能基本正常。有暴食现象的学生常常难以控制地进食，在短时间内摄取大量食物，他们自感异常，心中有着难言的痛苦。因为严重的饮食障碍，如神经性厌食症，有可能因生理衰竭而死亡！所以，对于过度轻瘦或短期内体重骤降的同学需要多加留意。

（6）心境障碍。大学生最常见的心境障碍为抑郁障碍。抑郁障碍以显著而持久的心境低落为主要临床特征，表现为与所处环境不相称的心境低落，情绪的消沉可以从闷闷不乐到悲痛欲绝，甚至发生木僵；悲观厌世，可有自杀企图或行为；严重者可出现幻觉、妄想等精神病性症状。简而言之，抑郁障碍患者主要有“三低症状”，即情感低落、思维缓慢、语言动作减少与迟缓。

（7）精神分裂症。精神分裂症是一种常见的精神病，其发病率在精神病中居首位。其表现主要为精神活动“分裂”，即患者行为与现实分离，思维过程与情感分离，行为、情感、思维具有非现实性，难以理解，不能协调。精神分裂症的具体症状复杂多样，常表现为思维散漫、思维破裂、情感淡漠、行为怪异、妄想、幻觉等，且对疾病缺乏自知力。

（二）异常心理的应对

还记得前面那个“心灵泉水”的故事吗？与之类似是央视《心理访谈》的宣传词：“让生活失去色彩的不是伤痛，而是内心世界的困惑；让脸上失去笑容的不是磨难，而是禁闭心灵的声音。没有谁的心灵永远一尘不染。”是的，没有永远纯净的心灵，所以重要的不是害怕自己的心灵染上灰尘，而是有能力拭去心灵上的灰尘。那么如何擦拭心灵尘埃呢？

1. 自我调适方法

自我调适方法包括寻求人际支持、学会管理情绪、合理参加体育运动、接触大自然和学习心理健康知识五个方面。

（1）寻求人际支持。人际是人们获得安全感和幸福感的重要渠道。现实生活中，很多人都有切身的感受，在遇到烦恼、面临压力和困境时有亲人朋友在身边默默支持，这是一种美好的体验，也是我们走出困境的重要因素。心理学研究表明，人际支持能够预测健康，孤独的人受到健康问题困扰的危险性更大，他们经常体验更大的压力，睡眠质量较差，更容易陷入抑郁。因此，平时需带着真诚、热情和宽容之心与人交往，拥有患难与共的朋友，这是终生的财富。当你遇到无法应对的困境时，请及时向朋友和亲人寻求帮助。

（2）学会管理情绪。喜怒哀乐乃人之常情，也是生命自然的经验，但如果淹没于情绪中无法出来，就会影响我们的身心健康。大学生既情绪复杂多变又面临多种压力，容易出现情绪困扰，所以要学习管理情绪的技巧，具体可以通过与家人、朋友倾诉，转移注意力，通过放松训练等方法来管理。

（3）合理参加体育运动。体育运动是烦恼的最佳“解毒剂”。运动能够使人脑产生一种名为内啡肽的化学物质，可以让人产生愉悦感。大量研究表明，有氧运动不仅能促进身体健康，而且是消除轻度抑郁和焦虑的良药。大学生可以根据自己的特点和爱好，来选择一些自己喜欢和适合的运动项目，如散步、慢跑、游泳、打球、瑜伽等，再慢慢养成良好的运动习惯，这不仅会促进个人的身体健康，也有益于心理保健。

（4）接触大自然。大自然是我们的精神家园。走到大自然中去，融入大自然，不仅可以陶冶情操，开阔人们的视野，而且有助于身心健康。一年四季，大自然变换的色彩就是一幅幅赏心悦目的美丽画卷。大自然既养育我们的生命，也会教会我们慷慨、谦卑、包容、接受、无为等品质。先贤曾有诗偈：“春有百花秋有月，夏有凉风冬有雪。若无闲事挂心头，便是人生好时节。”自然不语，但又无所不知，愿它能教会我们更多。

（5）学习心理健康知识。知识会给我们确定感，让我们知道如何给事情赋予意义并把握事情的发展方向，增强我们的力量感。心理健康本身也有其发展规律，这些规律以知识的方式在传播。轻微的心理困扰可以通过了解某些知识得以解决。大学生可以通过多种渠道了解心理健康知识，如课堂教学、心理讲座、网络平台、心理社团、团体辅导等。

2. 心理咨询

在遇到心理困扰时，越来越多的人会选择心理咨询。心理咨询是指咨询师运用心理学的有关理论和方法，通过咨访双方助益性的特殊人际关系，帮助来访者解决心理问题，提高适应能力，并促进个性发展与潜能发挥。

心理咨询按照内容可以分为发展性咨询和障碍性咨询。大学生的心理咨询主要是发展性咨询，旨在帮助学生解决在发展过程中遇到的一般心理困扰，帮助学生更好地认识自我，接纳自我，增强自信，学会与人交往，学会管理情绪，获得更好的发展。咨询的内容包括学业、人际交往、恋爱与性、情绪调节、职业选择、个人发展等方面。

在大学校园中，很多同学已经能够主动地借助学校的心理咨询机构来获得各种帮助，但是也有一些同学对心理咨询存有偏见和误解。

（1）有心理疾病的人才去咨询。经常有同学误以为有心理疾病的人才需要咨询。如果谁去咨询中心了，那么他（或她）的问题一定很严重。有的同学遇到了很多麻烦，一直得不到有效的解决，但因为害怕别人说自己心理不正常而没有勇气去咨询。事实上，每个人在成长过程都会面临各种各样的困惑、问题，如果自己不能有效地解决，就可以主动求助于心理咨询。心理咨询的对象是有心理困扰的正常人。如果问题超出了心理咨询的范围，如较为严重的心理疾病，学校咨询机构的老师会转介到相关的精神卫生机构去做治疗。

（2）心理咨询会泄露自己的隐私。有的同学很想去咨询，但又害怕暴露自己的隐私，总担心把自己的秘密告诉别人会不安全，尤其是在自己学校的心理咨询会更不安全。其实这种担心是多余的。专业咨询师需要严格遵守职业道德和伦理守则，必须对来访者的个人情况加以保密，不得泄露给任何个人或单位。只有在特殊情况下，比如来访者可能有自杀或攻击、危害他人的倾向，咨询师才会和有关人员取得联系，以避免不良后果的发生。

（3）心理咨询是无所不能的。许多大学生会将心理咨询神化，认为心理咨询师无所不会、无所不能，就像一个“开锁匠”，什么样的心结都能一下打开，所以经常过来咨询一两次，没有达到所希求的“豁然开朗”的心境，就大失所望，再也不来了。实际上，心理咨询的进展速度和效果，不仅取决于咨询师的能力，还受到求助者本身的困扰性质、人格结构和求助动机等因素的影响。有的大学生只需要咨询一次，有的则需要咨询多次才能有所改进。

（4）心理咨询就是做思想工作。一些大学生还可能觉得心理咨询没多大用处，无非是讲些道理，做做思想工作而已。而实际上，心理咨询与思想工作是有本质区别的。思想工作的目的是说服对方服从、遵循社会规范、道德标准及集体意志，而心理咨询则是运用专门的理论和技巧，建立平等、尊重的咨访关系，营造自由探索的环境，求助者就在这样的环境里去做出最适合自己的选择。

3. 精神科治疗

如果罹患严重饮食障碍、心境障碍、精神分裂症等心理障碍，就需要前往正规的精神病医院接受药物和其他形式的治疗。精神科治疗已经超越本书的框架，就不做进一步阐述。

二、训练与测试

简易放松训练

在生活中，每个人都会紧张。当处于紧张的状态下时，我们全身的肌肉都会变得紧张起来，而肌肉的紧张会引起生理上的各种反应，如脸红、心跳、额头和手心出汗、手发抖、身体僵硬或颤抖等。这些反应也会进一步导致紧张，形成一种恶性循环。缓解紧张的有效方法之一就是放松训练，下面介绍两种常用的放松方法，请记住它们需要经常练习方能达到较好效果。

（一）呼吸放松训练

选择舒服的站姿或坐姿，双肩自然下垂，闭上双眼，然后慢慢地、深深地吸气，吸到足够多时，憋气3秒钟，再把吸进去的气缓缓地呼出。自己要配合呼吸的节奏给予一些暗示和指导语："吸……呼……吸……呼……"，注意感觉自己的呼气、吸气，体会"深深地吸进来，慢慢地呼出去"的感觉。如果你遇到紧张的场合，或是不知道自己该怎么办时，不妨先做一次深呼吸放松。

（二）肌肉放松训练

（1）预备（1分钟）：找一个舒适的姿势坐或平躺着，放松你的手脚；掌心向上；轻轻转动脚踝；头慢慢侧向一边；闭上双眼；全身放松。

（2）深呼吸（2分钟）：开始第一个深呼吸，首先深深吸气，使身体内充满空气，然后让气体从胸腔流动到喉部，再流动到鼻腔；保持（大约5秒钟），然后突然收腹，将胸腔、喉部和鼻腔内的气体全部吐出；感受一下全身放松的感觉；现在开始第二个深呼吸；慢慢地、深深地吸气；呼气；然后第三个深呼吸；静静感受全身舒适放松的感觉。

（3）脚趾肌肉放松（1分钟）：现在将脚趾弯曲，紧紧抓住地板；保持紧张状态（10秒钟），松开脚趾，放松；深呼吸；然后将脚趾尽量张开，向上向外伸展；保持紧张状态（10秒钟），放松，体会脚部那种舒适温暖的感觉。

（4）腿部肌肉放松（30秒钟）：绷紧双腿，伸直上抬，腿离地面20厘米，保持（10秒钟），然后放松，让双腿充分放松；继续缓慢地深呼吸。

（5）臀部肌肉放松（30秒钟）：夹紧臀部肌肉，收紧肛门，使之保持紧张10秒钟，然后松开；缓慢地深呼吸，全身放松。

（6）腹部肌肉放松（30秒钟）：尽量收紧腹部，好像别人向你腹部打来一拳，你在收腹躲避，保持收腹10秒钟后，松开肌肉；感受温暖放松的感觉。

（7）肩部肌肉放松（30秒钟）：将双臂平放体侧，尽量提升双肩向上，保持5秒钟，然后放松。

（8）臂部肌肉放松（30秒钟）：将双手掌心向上平放在座椅扶手上，握紧拳头，使双手及前部肌肉保持紧张5秒钟，然后放松；侧平举张开双臂做扩胸状，体会臂部的紧张感5秒钟，然后放松。

（9）收紧面部肌肉（1分钟）：皱起前额部肌肉，保持状态（5秒钟），然后放松；皱起眉头，保持状态（5秒钟），然后放松；皱起鼻子和脸部肌肉，保持5秒钟，然后放松；用舌头抵住下颚的门齿，口尽量张开，头向后抬，保持5秒后放松。

（10）收紧全身肌肉（1分钟）：收紧全身每一部分肌肉；保持状态（10秒钟）；突然同时放松；全身充分放松，四肢放松；静静地躺上一会儿。

以上从脚到头的肌肉放松训练，建议在早晨醒来和夜晚临睡前各做一遍，或者在感到焦虑紧张时做。

三、补充阅读

爱是心灵的捕手

1997年，美国导演格斯·范·桑特完成自己的第14部电影《心灵捕手》（又称《骄阳似我》），影片讲述了一位聪明绝顶却叛逆不羁的年轻人威尔在心理咨询师桑恩的帮助下，治愈童年期遭受遗弃和虐待的创伤，重新打开心扉去拥抱生命，追求爱情，开始全新的生活。整个影片融入心理咨询的诸多关键要素，使其成为助人工作者必看的一部电影。请跟随我们一起领略心理咨询师桑恩高明的访谈技巧。

第一次访谈以带有肢体动作的激烈冲突宣告结束。威尔用他的才智和敏锐毫无顾忌地批评甚至羞辱咨询师，桑恩在底线反复被触碰的情况下（威尔侮辱了他的爱人），愤怒地掐住威尔的脖子，并警告他说话小心点。就这样，在一根烟还没有抽完的时间里，第一次咨询很快就结束了。在这里，我们可以看到威尔利用他非常惯用的与人打交道的方式，以攻击的方式激起他人的愤怒，实现了其拒绝他人的目的。因此，咨询一开始就面临着巨大的风险，咨询师中了威尔的招数，一样被刺痛，甚至更痛，他面临一个选择，是继续还是终止咨询，而答案是继续。顺便说一下，在真实的心理咨询中，若咨询师对求助者实施暴力或剥削，他将受到法律和行业规范的处罚，电影为了夸张的效果才这么设计，请勿当真。

第二次访谈是在湖边进行的。桑恩首先坦诚自己被威尔伤害的感受，然后真诚地表达自己对威尔的理解：“看到你，我没有看到聪明自信，我看到的是一个被吓傻的狂妄孩子。”在这次咨询中，威尔第一次感受到有人可以承接自己的攻击，第一次感受到人可以真诚表达自己对别人的感受而不用害怕关系的破裂，第一次看到人可以带着伤痛而继续勇敢投入到生活中（咨询的作用中有一部分就是求助者可以看到咨询师“虽瑕犹荣”地过自己的生活），第一次明白书本的知识根本无法替代自己去生活。在这里，忍不住摘录那段震撼人心的台词：“你只是个孩子，你根本不晓得你在说什么。问你艺术，你可能会提出艺术书籍中的粗浅论调，有关米开朗基罗，你知道很多，他的满腔政治热情，他与教皇相交莫逆，和他的耽于性爱，你对他很清楚吧？但你知道西斯廷教堂的气味吗？你没试过站在那儿，昂首眺望天花板上的名画吧？你肯定未见过吧？如果我问关于女人的事，你大可以向我如数家珍般诉说，你可能上过几次床，但你没法说出在女人身旁醒来时，那份内心真正的喜悦。你年轻彪悍，我如果和你谈论战争，你大可以向我大抛莎士比亚，背诵‘共赴战场，亲爱的朋友’，但你从未亲临战阵，未试过把挚友的头拥入怀里，看着他吸着最后一口气，凝望着你，向你求助。我问你何为爱情，你可能会吟风弄月，但你未试过全情投入真心倾倒，四目交投时彼此了解对方的心，好比上帝安排天使下凡只献给你，把你从地狱深渊拯救出来，对她百般关怀的感受你也从未试过，你从未试过对她的深情款款矢志厮守，明知她患了绝症也在所不惜，你从未尝试过痛失挚爱的感受……”说完这段话后，桑恩发出了邀请：“除非你愿意谈谈你自己，否则我不知道你到底是谁。现在该你了。”是的，在心理咨询中，愿意谈论自己是面对困境的第一步。

接下来的两次咨询，威尔陷入长时间的沉默中。沉默是访谈中很常见的现象，同时也是考验咨询师的时刻。威尔沉默，桑恩一样沉默着。他绝不先开口，而是等待威尔开口。这种沉默传递两种意思：一是威尔有沉默的权利；二是威尔可以自由选择开始咨询的时间。终于，在玩了很长时间的“瞪眼游戏”后，威尔主动开口讲话了，在这一瞬间，心理咨询才正式开始了。第一个谈话的主题就是爱情，威尔自卑的消极情绪和过强的自我防御，致使他害怕与女友间建立亲密的关系，桑恩通过自己和爱人之间的故事向威尔传递真实就是美的道理，“不完美才是好东西，它可以选择谁进入我的世界……你的女生也不完美，关键是，你们是否合适。”

后面的三次咨询中，桑恩温柔而坚定地反复面质威尔的生活、爱情和人生，并陪着威尔一起面对幼年时曾经受过的创伤。让我们复原电影的最后一个高潮，威尔第七次来到了桑恩的治疗室，桑恩拿着威尔的卷宗，那上面有他的种种问题和受虐经历，对他说：“所有这些痛苦感受都不是你的错。”威尔开始的时候会说：“我知道。”请注意，此时的威尔是带着笑容说的，说明这个知道只停留在理性层面。桑恩继续反复说：“这不是你的错。”威尔的情绪发生了变化，他懊恼地说：“你不要戏弄我。”但桑恩继续说：“这不是你的错。”终于，威尔的心理防线崩溃了，他扑在西恩的身上，紧紧抱着桑恩，像婴儿一样痛哭。痛哭是“吓傻的孩子”威尔接触到自己的软弱和害怕后的自然反应，而桑恩的拥抱则象征着重要他人的接受，在告诉威尔“我就在这里”。心理咨询学家将这一过程称为“修正性情感体验”，即威尔的真实情感反应得到了一个与以前拒绝完全不同的回应。当威尔的内心被人看见时，就不再需要假装强硬。

第八次访谈是整个咨询的总结和相互道别，很平淡，但内在的温情却满溢出来。也许这就是生活本来的味道，平淡但真实。

整个影片映射出心理咨询的本质：以一个人的状态，咨询师陪着求助者走一段路，当旅程结束时，咨询师和求助者都带着那份滋养自己的关系挥手告别，继续各自的生活。

第三节　心理健康与大学生个人成长

你需要知道的事：放弃还是投入，这是一个问题。

顾城在《避免》中写道：“你不愿意种花。你说，我不愿看见它，一点点凋落。是的，为了避免结束，你避免了一切开始。”无独有偶，王家卫导演的电影《东邪西毒》中也有类似台词："从小我就懂得保护自己，我知道想要不被人拒绝，最好的办法就是先拒绝别人。"

顾城和王家卫都以其独特的敏感性描绘出人类内心中一种固着的担心：不可避免的丧失和痛苦。面对这一困境，有的人会放弃经历生活的多种可能性，缩小自己生活的范围，以减少伤害的发生；另一些人则努力投入到生活中去，他们珍惜所遇到的人和事，并将可能的伤痛当成生活的见证。那么，现在请思考：你想要过怎样的生活呢？

一、心理健康与个人成长

大学时期是人生身心发展的另一个高峰期，同样也是充满各种全新挑战的人生阶段。众所周知，大学生要面临一系列如专业知识储备、智力潜能开发、个性品质优化、人际沟通交流、亲密关系经营、求职择业准备等重大人生课题。而这些人生课题的顺利完成，离不开健康的心理状态，这是因为心理健康的个体更容易发展出有利于其个人发展的个性品质，如积极适应、承担责任和共情等。这些品质充盈着个体的内心，成为其力量的来源，并帮助他们穿越人生中的各种境遇，走向更辉煌的人生。接下来将介绍几个联结着心理健康水平与大学生个人发展的个性品质，我们同样认为它们也是心理健康教育的目标和落脚点。

（一）积极适应

适应是每个人在不同环境、不同时期都要面临的现实问题。它是指个人在实现与环境有效互动的过程中，通过积极调节来满足自身的需要，保持与环境和谐统一的过程与状态。适应既是主体对环境变化所做出的一种反应，又是一个重建平衡的心理调节过程。从总体上看，人与环境的适应通过两种途径来实现：一是改变自我，二是改变环境。通常情况下，人们只能在一定限度里选择环境、改变环境。大多数的时候，人与环境的适应，要求人自身做出调节，适应既定的环境。例如，有的高中生的理想可能是考取名牌高校，但由于诸多因素没达成个人愿望，结果进入了一所并不理想的大学。在这种情况下，要改变环境并不是一件容易的事情。此外，随着角色的转变，大学生面临很多以前未曾经历的新事情，如长时间远离家乡和父母、学习方法和形式的转变、人际交往复杂性增加等，这些都需要他们积极调整并加以适应。因此个人想实现大学期间的良好发展，最有效的办法就是积极适应。那么，如何才能培养积极适应的能力呢？

积极适应需要开放和勇敢的心理品质。开放是指我们愿意跳出自己的舒适圈，去体验一些不熟悉的变化与挑战。勇敢则是指当我们面临陌生的事情和人，在可能遇到挫折的情况下，仍然努力去尝试新鲜的生活。下面用一个穿换衣服的故事来说明这两个品质。假如你有件非常心爱的衣服，不管走到哪里都喜欢穿上它。有一天你看见另外一些很好看的衣服，内心想要试穿一下，但只有脱下原来的衣服，你才能穿上新衣服。这时候你可能面临换还是不换的两难选择，而你终于决定试试新衣服时，它意味着你暂时将心爱熟悉的衣服放到一边去，裸露自己的肌肤，然后再穿上一件不知效果如何的新衣服。这就是开放和勇敢。

对于大学生来说，有很多方式可以让自己处于一种开放的状态中，如勇敢参加各种各样的聚会；主动找陌生人聊天；听各种不同专业的讲座；到图书馆里闭着眼睛随便拿一本书去读读；把朋友介绍给你的另一个朋友等，慢慢地你的世界会变得五彩斑斓，生活也充满了激情和惊喜。

（二）承担责任

在《不能承受的生命之轻》一书中，米兰·昆德拉先引述尼采有关永恒轮回的神秘想法："想想吧，有朝一日，一切都将以我们经历过的方式再现，而且这种反复还将无限重复下去！"这个被尼采称为"最沉重负担"的永恒轮回触发昆德拉对"轻与重"的思索——"但是，重便真的残酷，而轻便真的美丽？"然后昆德拉给出了自己的回应："最沉重的负担压迫着我们，让我们臣服于它，把我们压到地上。但在历代的爱情诗中，女人总渴望承受一个男性身体的重量。于是，最沉重的负担同时也成了最强盛的生命力的影像。负担越重，我们的生命越贴近大地，它就越真切实在。相反，当负担完全缺失，人就会变得比空气还轻，就会飘起来，就会远离大地和地上的生命，人也就只是一个半真的存在，其运动也会变得自由而没有意义。"

昆德拉这段饱含存在主义哲学思想的论述提示着承担对个体成熟的意义和重要性。承担是一个有点沉重的词语，它意味着我们需要牺牲某些任性；面对重重困难；放弃眼前的欢愉；肩负那些指向成长的阵痛。在这些阵痛中，我们学会坚持、忍耐和豁达等品质，而它们恰是丰厚我们生命色彩的颜料。请看下面的小故事：

十字架的故事

每个人都背负着一个沉重的十字架，在缓慢而艰难地向前行走。途中，有一个人忽然停了下来。他心想："这个十字架实在是太沉重了，就这样背着它，得走到何年何月？！"于是，他向上帝祷告说："上帝，这实在太沉重了，请允许我砍掉一些。"然后，他就将十字架砍掉了一小块。砍掉之后走起来，的确是轻松了很多，他的步伐也不由得加快了。就这样一直走啊走，又走了很久，他又想："虽然刚才已经将十字架砍掉了一块，但它还是太重了。"为了能够更快更轻松地前行，这次，他决定将十字架再砍掉一大块。砍完之后，他一下子感到轻松了许多，毫不费力地就走到了队伍的最前面，并暗暗得意于自己的聪明举措。走着走着，前边忽然出现了一个又深又宽的沟壑，沟上没有桥，周围也没有路，他在沟边思考了半天，始终想不到过桥的方法。后面的人都慢慢地赶上来了，他们用自己背负的十字架搭在沟上，做成桥，从容不迫地跨越了沟壑。他也想如法炮制，只可惜他的十字架之前已经被砍掉了长长的一大截，根本无法做成桥帮助他跨越沟壑！最终，当其他人都在朝着目标继续前进时，他却只能困在原地，垂头丧气，追悔莫及。

你可以在空白处写下看完这个小故事后的感悟。

____

____

其实每个人都背负着各种各样的十字架在前行，它也许是学习的压力，也许是父母的期望，也许是必须承担的责任和义务。但是，也就是这些十字架，构成了我们在这个世界上存在着的理由和价值，而且当沟壑出现时，它们也是帮助我们跨越沟壑的工具。真正的轻松从来不是让人飘起来的"轻"，而是我们内心因一次次承担而积淀的力量足以应对生活中的"重"。

（三）爱之智慧

前面在谈论承担责任的过程中，似乎不断传递着承担越多越好的观点，其实这绝不是故事的全部。我们知道，远超过个人承受能力范围的压力会摧毁自己的身心健康，导致悲剧性的后果。因此，当我们面对着不能承受的压力，就需要向他人寻求帮助，而这正是“爱”的体现之一。

派克医生在《少有人走的路》一书中将爱理解为“为了促进自我和他人心智成熟，而具有的一种自我完善的意愿”，我们深以为然。从本质上看，智慧的爱是长期的和渐进的过程，它的方向是爱的双方心智不断成熟。这意味着真正意义上的爱，既是爱自己，也是爱他人。那些不爱自己的人，绝不可能去爱他人。我们推动他人心智的成熟，自己的心智也不会停滞不前。我们强化自身成长的力量，才能成为他人力量的源泉。我们终归会意识到，爱自己与爱他人，其实是并行不悖的两条轨道，二者之间越来越近，其界限最后模糊不清，甚至完全泯灭。此外，爱还意味着持续努力，超越自我界限，它绝不仅仅停留在口头上，还要以行动来表达。

在大学生活中，常见的爱的行动有寻求帮助、给予帮助和懂得拒绝。可以看到，这三种行动都同时包含着爱自己和爱别人。寻求帮助一方面意味着我们承认遇到了独自无法解决的困境，希望别人能分担压力，这是爱自己的表现；另一方面，向某一特定对象寻求帮助传递着我们对其能力和彼此关系的信任，这是爱他人的表达。给予帮助也有类似的过程，给予帮助本身就是爱别人的体现，但谁也没法否认，给予他人力所能及的帮助是一件快乐的事情，它可以证明我们的能力和重要性，而爱自己的感觉就在其中。懂得拒绝要稍微复杂些，因为拒绝很容易被误解为是一种有敌意的行为，但其实它所包含的内容要丰富得多。试想一下，如果你答应给予某人帮助，但最终无法履行承诺，它会导致什么结果呢？很可能你们双方都很受挫，甚至关系破裂。因此，面对没法提供帮助的请求，拒绝反而是最好的爱己爱人的方式。那么如何拒绝别人呢？我们借用自体心理学家科胡特的“不含敌意的坚决”来表述。因为无法帮助别人的受挫感及别人被拒绝后的反应，都可能激发出我们的敌意，这种有敌意的感觉最终会损害我们爱的能力，而“不含敌意的坚决”表示我们用温柔成熟的态度去坚守自己的界限：“我拒绝你的这一请求，但我仍然和你在一起。”

（四）同感共情

同感共情是指能够设身处地地站在别人的立场来考虑问题，即能够体会他人的情绪和想法、理解他人的立场和感受，并有能力将这种理解反馈给别人。这是一个复杂、强烈但又微妙温和的存在方式，它意味着我们能敏锐觉察他人内心中的复杂体验，将自己的触角暂时伸入他人的生活中，在其中探索但不做任何评价。以同感共情的方式与他人接触，意味着在某段时间里，为了无偏见地进入他人的世界，我们要抛开自己的看法和价值观，或者说，我们需要暂时放弃自我。

美国心理治疗大师欧文·亚龙曾在《给心理治疗师的礼物》一书中举过这样一个例子，它很好地阐释了何为同感共情：

一个从青春期就开始和总是批判一切的父亲进行斗争的乳腺癌患者，她希望两人能够有某种程度的和解，能够开始一段新的关系，所以她十分期待父亲开车带她去大学这件事，因为这给两个人提供单独相处几个小时的机会。但是这次盼望已久的旅行却成了一场灾难：她的父亲总是在抱怨路边丑陋的、满是垃圾的小河。而她根本没有看到什么垃圾，相反看到的是一条没有受过污染的、充满原野气息的小溪。她找不到任何方式能够回应她的父亲，最后只得沉默。结果整个旅途就是他们看着自己的车窗外，互不理睬。

后来她独自一人重游故地，非常惊讶地发现原来路边各有一条河。“这一次我成了司机”，她十分伤感地说，“而从驾驶员的位置上看到的小河正如我父亲所描述的那样丑陋而被污染”，但是当她学会从父亲的窗口看世界的时候，已经太晚了，她的父亲早就去世了。

这是一个悲伤的故事，它提醒着我们只有学会从他人的窗口看这个世界，才能真正理解别人，与之相遇。事实上，在人生的很多困难时刻，作为一个人，我们所需要的只是带着同感共情的温柔陪伴。

（五）成为自己

我们认为成为自己是个人发展的终极目标：每个人都想成为一个与其他人不同的、有独自特点的人。成为自己意味着我们对生活经验的全然开放，敏锐觉察自己的内心想法和情感，越来越信任自己的选择。毋庸置疑，成为自己之路非常曲折艰难，因为它意味着人们要抛开曾以为是真正自我的一部分的面具，探究存在于自身内部的那些狂乱而猛烈的情感，认识自己的本来面目，这可能是一种令人极度不安的经验。不过，一旦人们有了思想、感受和存在的自由，他们便会朝着这一目标迈进。

美国人本主义心理学家卡尔·罗杰斯在《成为一个人意味着什么》一书中，将自己描述成“从面具中走出来”或“抛开面具”的过程。他如实写道：“……变得越来越接近他真正的自己。他开始抛弃那用来对付生活的伪装面具或扮演的角色。他力图发现某种更本质、更接近于他真实自身的东西。”根据自己的人性观和心理咨询经验，罗杰斯向人们展示了“成为自己”后的个体所具有的特征：对经验开放，容忍不确定性；信任自己的机体；出于自己内在的评价，过自己想要的生活，而不是依赖他人提出的生活标准；愿意成为一个变化的过程，而不愿做某种单纯的成品。他最后总结成为自己“应该是一个流动的过程，而非一成不变的实体；是一条奔腾的江河，而非坚硬的顽石；是潜能不断变化实现的集锦，而非若干固定特征的简单汇集”。

罗杰斯关于成为自己的诗意表达在《盔甲骑士》的故事中。《盔甲骑士》讲的是一个勇敢、富有爱心的骑士，他屡立战功，受到国王和百姓的赞赏，获得了一副金光闪闪的盔甲。骑士身披闪耀的盔甲，随时准备跳上战马，向四面八方冲去，向邪恶的骑士挑战；杀死作恶多端的恶龙；拯救遇难的美丽少女……即使在家里，他也穿着轧轧作响的盔甲自我陶醉，吃饭睡觉都不愿意脱下，甚至连他美丽的妻子和可爱的儿子都记不清他的面容了，最后连他也忘记了自己的真面孔。终于有一天妻子无法忍受了，准备和儿子一起离开他，这时，骑士才感到惊慌，他想脱下盔甲，可是盔甲已经生锈，再也脱不下来了！

骑士去请求全国最有名的大力士铁匠帮忙，结果却无功而返。骑士终于意识到问题的严重性，于是他做出了一个重大的决定，到远方寻找能解开盔甲的人。以前，他总是为别人出征，这是生平第一次为自己出征。

在国王的小丑乐袋的指点下，他决定去漫无边际的大森林中寻找亚瑟王的老师、神秘的魔法师梅林。在梅林的指导下，骑士开始了解脱盔甲、寻找自我的征程。就像那个快乐的小丑乐袋所说的那样——万般痛苦须遍尝。骑士的历险处处险象环生，在历经沉默之堡、知识之堡和志勇之堡后，骑士终于在真理之巅“撒手”，放下自己人格的面具，发自他内心深处的泪水最终融化了已经锈住的盔甲。

二、训练与测试

请选择一个安静的场所，闭上眼睛，跟随着呼吸慢慢放松下来，然后将关注力放在自己身上。你带着独一无二的美好本质降生在世上，拥有上天所赋予人的一切，你快乐、有爱心、诚实、健康、幸福、有创意、有爱自己和爱别人的能力。随着时间的推移，你的美好本质转变为某种具体的事物。你有一个特别的称呼、某种特定的模样、独特的行走方式和特殊的爱好与愿望等。因此，此刻当你注视自己时，请给自己一个大大的欣赏。带着这些欣赏和美好，让我们拨动时间的齿轮，展望一下未来的你。现在请想象你来到大学毕业典礼现场，你希望那时的你和现在的你有什么不同呢？有什么事情是你希望那时的你已经做过的呢？你会怎样描述自己的大学生活呢？那时的你会对现在的你说些什么呢？不论想象中你那时会是什么样的，请允许自己知道：生命是一个不断发展新事物的过程，充满着美好和可能性。好，此刻请你慢慢睁开眼睛，看看周围的世界，然后用画笔将你想象中的未来自己和未来生活描绘出来。附上两位学生的作品。

三、补充阅读

尼克·胡哲：像雕塑一样活着

曾经有一个小男孩瞪大眼睛打量了尼克很久，最后终于吐出一句：“你总算还有一个头。”这是尼克·胡哲在他演讲时必讲的一个小插曲。只要看一眼尼克，你就会立刻理解为什么小男孩会这么说，进而感叹为什么上帝要制造这样的生命。

尼克出生于1982年12月4日。他一生下来就没有双臂和双腿，只在左侧臀部以下的位置有一个带着两个脚趾头的小“脚”。看到儿子这个样子，他的父亲吓了一大跳，甚至忍不住跑到医院产房外呕吐；他的母亲也无法接受这一残酷的事实，直到尼克4个月大时她才敢抱他。可想而知，这样的躯体给尼克造成了多大的困难。他所能利用的身体部位，只有一个长着两根脚趾的小脚，被他妹妹戏称为“小鸡腿”，因为尼克家的宠物狗曾经误以为那个是鸡腿，想要吃掉它。

尼克不能走路，不能拿东西，并且总要忍受被围观的耻辱。这一度使他非常消沉，以至于想要在浴缸里淹死自己。还好，在最后一刻，他脑海中浮现出父母在自己坟墓前哭泣的样子，于是他放弃了。这是他人生中最正确的选择。活下来，使他有机会看到，原来他的人生有着无尽的希望。

在尼克19岁的时候，他打电话给学校，推销自己的演讲。在被拒绝52次之后，他获得了一个5分钟的演讲机会和50美元的薪水。从此，他的演讲生涯拉开了序幕。他嗓音富有磁性，思路清晰，语言幽默，最关键的是，他有与众不同的人生经历可以与别人分享，给所有人坚持下去的力量。在多年磨炼当中，他具备了异常坚韧的心智和丰富的阅历。这些精神上的素养弥补了肉体上的缺陷，帮助尼克超越了健全的大多数人，取得非凡的成就。

如今，他已经在全球34个国家发表过超过1 500场演讲，每年要接到超过3万个来自世界各地的邀请。所有看过他的视频或听过他演讲的人，都无不发自内心地佩服这个曾被预言“永远得不到爱”的人。他已经成为世人心目中与命运顽强斗争的象征，或者说，一尊活的雕塑。

在演讲中，尼克说：“人生最可悲的并非失去四肢，而是没有生存希望及目标！人们经常埋怨什么也做不来，但如果我们只记挂着想拥有或欠缺的东西，而不去珍惜所拥有的，那根本改变不了问题！真正改变命运的，并不是我们的机遇，而是我们的态度。”

“有人问我，我觉得自己是这世界上最快乐的人吗？我要说是的。我对人生的三个真谛——价值、目标、宗旨都很清楚，我知道我要往哪里去，所以我很快乐。无论怎样，满足于你所拥有的，比如我，就很珍惜我的‘小鸡腿’，不要放弃，爱别人，每天向前走一小步，你一定可以完成人生的目标。”

引用腾讯图片视觉精选之《视界》第23期，有修改

第二章　自我之歌
——“我”的美丽与哀愁

生活中的心理学

失落的一角

有个圆因为缺了一角而感到很不快乐，它动身去找失落的一角。它向前滚动，唱着这样一首歌：“喔，我要去找失落的一角，啊哈哈，上路啦，去找我那失落的一角。”它忍受烈日的暴晒、大雨的冰凉，寒冷的冰雪把它冻僵，太阳出来又把它暖热。因为缺了一角，不能滚得很快，所以也会停下来跟小虫说说话，或者闻闻花香，还可以和甲虫赛跑，甚至还有美丽的蝴蝶在它身上驻足，这是它感到最愉快的时候。

它一路前进，渡过海洋，穿过沼泽和森林，上山，下山，一边走一边唱，终于看到了一角。“我找到了失落的一角。”它唱了起来：“我找到了失落的一角，千里独行不怕路迢迢。我找到了……”“且慢。”那一角说：“先别唱什么千里独行不怕路迢迢，我不是你失落的一角。我不是谁的一角，我是自己的一角。就算我是谁失落的一角，相信也不会是你的。”“喔。”它伤心地说：“打搅你了，真对不起。”它继续上路，又找到其他一些角，但是要么太小，要么太大，要么太尖锐，要么太方正，总没有合适的。有一回，它好像找到合适的一角，但是没抓牢，又掉了；另外一次，它抓得太紧，弄碎了。它继续前行，遇到了危险，跌进了坑洞，撞上了石墙。

后来有一天，他遇上了另外的一角，看起来很合适，于是就问：“你是我失落的一角吗？”“我不是，我可以当别人的一角，同时又是自己的一角，只要两个人在一起合适就行。”于是它们组合在一起，变成了一个完整的圆，一起继续向前滚动，因为不再缺少什么，所以越滚越快，快到不能停下来跟小虫说说话，不能闻闻花香，不能让蝴蝶在它身上落脚，甚至再也唱不出欢乐的歌。天啊，它什么都不缺，却没法唱歌了。

它想了想，终于明白了这里面有些问题，它停了下来，轻轻地把那一角放下，从容地走开。它一边走，一边轻轻地唱：“喔，我要去找失落的一角，啊哈哈，上路啦，去找我那失落的一角。”它又可以和小虫说说话，又可以让蝴蝶停在身上了。

读完上面这个小故事，你有什么想法和感受浮现出来吗？请写在下面的空白处。

____

____

曾看见一位朋友的个性签名是：“时间留下美丽和一片狼藉，庆幸我们还有运气唱歌。”是的，在我们谈论“自我”之前，请清清嗓子，调整呼吸。静默片刻，然后跟随节拍，轻轻而从容地去唱一首“自我之歌”。

第一节　自我的迷思

你需要知道的事：自我意识的诞生

婴儿从什么时候开始有自我意识了呢？这一问题困扰了发展心理学家很多年。1972年，心理学家阿姆斯特丹借用动物学家盖勒帕在黑猩猩研究中使用的点红实验（以测定黑猩猩是否知觉“自我”这个客体），使有关婴儿自我意识诞生的研究取得了突破性进展。点红实验的被试者是88名3～24个月大小的婴儿。实验开始，在婴儿毫无察觉的情况下，研究人员在其鼻子上涂一个无刺激红点，然后观察婴儿照镜子时的反应。研究者假设，如果婴儿在镜子里能立即发现自己鼻子上的红点，并用手去摸它或试图抹掉，表明婴儿已能区分自己的形象和加在自己形象上的东西，这种行为可作为自我意识出现的标志。研究结果显示，婴儿自我意识的发展要经历以下三个阶段。第一个是游戏伙伴阶段：6～10个月，此阶段婴儿对镜中自我的影像很感兴趣，但认不出他自己。第二个是退缩阶段：13～20个月，此时婴儿特别注意镜子里的影像与镜子外的东西的对应关系，对镜中影像的动作伴随自己的动作更是显得好奇，但似乎不愿与“他”交往。第三个是自我意识出现阶段：20～24个月。这是婴儿自我意识发展上的质的飞跃阶段，这时婴儿能明确意识到自己鼻子上的红点并立刻用手去摸。此后的相关研究证实了阿姆斯特丹的发现：1岁前的婴儿不能区分作为主体的自己和外部的客体，他们还没有自我意识；2岁左右的儿童才能抹掉不属于自己的“红点”，他们具备了自我意识。

自我意识的诞生是个体发展历程中的关键，它意味着我们可以分清“我”与“非我”。从此，我们的生命故事有了言说的可能，即我可以表达那些发生在自己身上的经验，并具有存在的连续感。

一、大学生自我意识概述

很多同学也许都有这样的经验，在过去或现在的某一时刻内心充满矛盾困惑，渴望了解真实的自己，渴望理解自己过去的经历，渴望知道自己将走向何处……当这些问题困扰自己时，应该恭喜自己，这表明我们开始了关于自我的探索。自我探索的过程充满着坎坷、挣扎、痛苦、喜悦和自豪，五味杂陈，纠结并快乐着。那么什么是自我意识？大学生自我意识又有哪些独特性呢？下面将进行详细阐述。

（一）自我和自我意识

在心理学上，自我是指一个独特的、持久的同一身份的我，主要包括主体我（I）和客体我（me）。主体我是行动者和观测者，客体我是作为认知对象的被观测者。自我意识是个体对自己作为主体我对客体我的意识，个体对自己存在状态的意识，即人们对自己身心状态及对自己与周围世界的关系的意识，是人的意识发展的最高阶段。正如马克斯韦尔·马尔兹所言：“不管我们是否意识到，我们每个人都有一幅自我的‘蓝图’或一幅自画像。我们的意识里对此可能不够具体清晰，也可能不了解，但它却是存在的，而且完整详细地摆在那里。”诚然如此，自我意识是每个人内在的一张心灵图像，它是我们对自己的根本认定，决定着我们的生活态度、价值观和幸福感。

自我意识是一个具有多维度、多层次的复杂心理系统，可以从内容、形式和观念等方面对其结构进行划分。

自我之歌

惠特曼

我赞美我自己，歌唱我自己，
我所讲的一切，将对你们也一样适合，
因为属于我的每一个原子，也同样属于你。
我邀了我的灵魂同我一道闲游，
我俯首下视，悠闲地观察一片夏天的草叶。
我的舌，我的血液中的每个原子，都是由这泥土、这空气构成的，
我在这里生长，我的父母在这里生长，他们的父母也同样在这里生长，
我现在三十七岁了，身体相当健康，
希望继续不停地唱下去直到死亡。
教条和学派且暂时搁开，
退后一步，满足于现在它们所已给我的一切，但绝不能把它们全遗忘，
不论是善是恶，我将随意之所及，
毫无顾忌，以一种原始的活力述说自然。

1. 物质自我、社会自我和心理自我

从内容上讲，自我意识具有三个层面：物质自我、社会自我和心理自我。

物质自我是指个体对自己的生理属性及自己的所属（人、物）的意识，包括个体对自己的身体、外貌、服饰、个人财产、亲人和家庭环境等方面的意识。比如，“我个子很高”“我家庭和睦”“我的新衣服很好看”等。

社会自我是指个体对自己社会属性的意识，包括对自己在各种社会关系中的角色、地位、权利、名誉、人际关系等方面的意识。随着个体的社会化程度的加深，个体获得了一定的社会经验，逐步意识到自己在社会中要担任一定的角色，这就产生了社会自我。比如，“我是一个有原则的人”“我是一个受欢迎的人”等。

心理自我是指个体对自己心理属性的意识，包括对自己智力、性格、气质、信念、理想、能力、情感、行为模式等方面的意识。比如，“我的性格比较内向”“我的情感很丰富”等。心理自我是自我意识中最核心、最持久的部分。

2. 自我认识、自我体验和自我调控

从形式上看，自我意识可以分成三个层面：自我认识、自我体验和自我调控。

自我认识是自我意识的认知成分，是主体我对客体我的认识，包括自我感觉、自我观

察、自我观念、自我分析和自我评价等，主要解决“我是一个什么样的人”“我为什么是这样一个人”等问题。

自我体验是自己对自己的一种情绪体验，是主体我对客体我的一种态度，主要表现为一个人的自我感受、自爱、自尊、自卑、自傲、责任感等，主要解决“我这个人怎样”“我对自己是否满意”等问题。

自我调控是自我意识在意志和行为方面的表现，是主体我对客体我的制约，它包括自立、自主、自制、自强、自律和自我监督等，主要解决“我能成为什么样的人”“我怎样改变现状成为理想的那种人”等问题。

3. 现实自我、投射自我和理想自我

从观念上分，自我意识可以分为三个层面：现实自我、投射自我和理想自我。

现实自我是个体从自己的立场出发对自己目前实际状况的看法，即对实在的我的认识。比如，“我现在是一名大学生”“目前我的家庭情况比较窘迫”等。

投射自我又称镜中自我，是个体想象中他人对自己的看法，想象他人心目中自己的形象，想象他人对自己的评价，以及由此而产生的自我感。比如，“我觉得大家都认为我长得很漂亮”“我觉得别人都看不起自己”等，这些都是投射自我。投射自我和现实自我之间往往会有一定距离，当这个距离加大时，个体就会强烈地感受到自己不被别人所了解。

理想自我是个体从自己的立场出发对将来的自己的希望，是个体想要达到的完善形象。比如，“我希望今后的我更受异性欢迎”“我希望将来能成为一位企业高管”等。理想自我是个体追求的目标，不一定和现实自我一致。如果两者差距过大，就会给个体带来挫败感。

（二）大学生的自我意识

1. 大学生自我意识的发展

大学阶段是完成个体社会化的关键阶段，自我意识也在这一阶段得到了迅速发展，其自我认识、自我体验、自我控制逐步协调一致。但在自我意识逐步成熟、确立的过程中，大学生们一路艰辛，尝遍酸甜苦辣，并为解决内心的矛盾冲突进行了不懈努力。一般来说，大学生自我意识的发展会出现一个分化—冲突—统一的过程。

（1）大学生自我意识的分化。进入青年期，原来完整笼统的我被打破了，大学生的自我意识一分为二，出现了两个我：一是“主体我”（I），即理想自我，它是根据主观的自我和主观感受的社会现实所希望自己未来成为什么样的人而达成的自我状态，处于观察者的地位。二是“客体我”（Me），即现实自我，它是指当前实际所达到的自我状态，即我现在是什么样的人，处于被观察者的地位。因此，大学生既是观察者又是被观察者。

自我意识的明显分化，使大学生主动、迅速地关注自己的内心世界和行为，产生了新的认识、体验，开始意识到那些自己从来不曾注意到的有关“我”的许多方面和细节，从而促进了他们自我的发展。于是，自我内心活动复杂起来，自我沉思、自我分析、自我反省明显增多，并开始考虑自己应该怎样做、能怎样做、不应该怎样做等人生问题。由此而来的种种情绪（激动、不安、焦虑、喜悦等）显著增加，体验更多的“成长的烦恼”。

在自我意识的分化时期，大学生的理想自我（主体我）和现实自我（客体我）如果能

够保持大致平衡，即自己能够真实地表现自己的能力、性格、欲望等，既不用掩饰自己的努力，又不怕暴露自己的缺点，从而有利于发挥自己的实际能力，促进自身健康发展。但是，在现实生活中也时常会出现理想自我和现实自我的不平衡，从而产生失衡感。

现实自我占优势的大学生，往往表现出较强的虚荣心和自我陶醉感，特别在乎他人对自己的评价，期望事事处处得到他人的赞赏。他们担心暴露自己的缺点，常常炫耀自己的知识，追新猎奇，哗众取宠，以换取他人的赞赏。

理想自我占优势的大学生，往往将“客体我”萎缩到实际能力之下，总认为自己事事处处不如人。他们往往自卑感较强，因为自己某方面的欠缺，如口才不好、身材不高、相貌一般、家境贫寒、能力不强而苦恼，甚至放弃应有的努力，形成自我怜悯或伤感的心理状态。

（2）大学生自我意识的矛盾。

①“理想我”与“现实我”的矛盾。这可以说是大学生自我意识矛盾最突出、最集中的表现。大学生对未来充满信心，抱负水平较高，成就欲望较强，但由于他们生活范围相对狭窄，社会交往比较单一，缺乏社会阅历，自我认识的参照点较少，因此，不能很好地将理想与现实结合起来，从而使“理想我”与“现实我”之间产生较大差距。这种差距既会给大学生带来苦恼和不满，又会激发大学生奋发进取的积极性，但如果这种矛盾与冲突过于强烈，不能及时加以调适，则会导致自我意识的分裂，从而带来一系列心理问题。

② 独立意向与依附心理的矛盾。步入大学后，大学生的独立意识迅速发展，他们希望能在经济、生活、学习、思想等方面独立，希望摆脱成人的管束，自主地处理所遇到的一些问题，但他们在心理上又依赖成人，无法真正做到人格上的独立，这种独立意向与依附心理的矛盾也一直困扰着他们。

③ 自尊与自卑的矛盾。大学生渴望成功和他人的尊重，他们争强好胜，不甘落后，自尊心很强，对自己的能力、才华和未来充满自信。然而进入大学后，群英荟萃，许多大学生发现“山外有山”，尤其是当学习、文体、社交等方面显露出某些不足时，有些大学生就会陷入怀疑自己、否定自己的不良情绪中，产生强烈的自卑心理。还有一些大学生自我要求过于完美，一旦意识到自己与所追求的“完人”差距太大时，往往从自尊自信的高峰跌入自卑的低谷，导致对现实自我的强烈否定。

④ 追求上进与自我消沉的矛盾。许多大学生都有较强的上进心，他们希望通过努力来实现自身的价值。但在追求上进时，困难、挫折在所难免，不少大学生经常出现情绪波动。在困难面前望而生畏，消极退缩，虽然退缩但又不甘放弃，心中依然想追求、想奋进。所以我们经常看到有些大学生时而信心满满，斗志昂扬，时而颓废消沉，落寞惆怅。他们的内心极为矛盾，困惑、烦躁，不安、焦虑也由此而生。

（3）大学生自我意识的统一。自我意识的矛盾冲突，一方面给大学生带来了不安与焦虑，另一方面又会成为一种动力，它促使自我意识的不断调整，寻找自我意识的统一，即实现“理想我”与“现实我”的统一，达到自我意识的整合。由于个人的社会背景、生活经验、智力水平、追求目标等方面的差异，自我意识统一的结果也有所不同。一般来说，自我意识的统一会表现出以下几种类型。

① 自我肯定型。自我肯定型大学生的特点是能比较清晰、客观地认识“现实我”，而所确立的“理想我”也比较现实、积极，符合社会要求，并且能够根据现实情况不断调整

“理想我”的位置，以“理想我”来指导“现实我”的发展，对自我充满信心。

② 自我否定型。自我否定型大学生表现为对“现实我”评价过低，“理想我”和“现实我”差距太大，心理上常处于消极防御状态，因而生活中总是遇到挫折，感到前途渺茫，表现出自卑、缺乏信心和勇气。有的学生往往在一定程度上放弃“理想我”，屈从“现实我”。由于无力改变现状，进而在一定程度上否定现实自我，并最终走向对自我的否定。

③ 自我矛盾型。自我矛盾型大学生的特点是自我认识、自我体验、自我调节的不确定性明显，内心处于不断的矛盾冲突之中，遇事优柔寡断、举棋不定，新的自我迟迟不能确立，致使积极的自我难以产生，自我调节缺乏稳定性和确定性。

④ 自我扩张型。自我扩张型大学生对“现实我”的认识和评价过高，虚假的“理想我”占优势，并认为“理想我”的实现轻而易举，于是“理想我”和“现实我”达到虚伪统一，常常表现为狂妄自大、自吹自擂，以自我为中心，片面夸大自己的价值等。

⑤ 自我萎缩型。自我萎缩型的大学生表现为“理想我”极度匮乏甚至丧失，对“现实我”又极为不满，从而导致自卑心理非常严重，有的人可能会出现自我拒绝，乃至理想自我与现实自我的对抗，严重者可以导致精神分裂症或者因绝望而轻生。

经过分化、矛盾和统一，大学生的自我意识发生了很大的变化。过了这一阶段，自我意识就逐渐趋于稳定。此外，有研究表明，大学生的自我意识发展并不明显随着年龄的增长而上升，而是略呈不均衡状态，基本趋势是大学一年级自我意识水平最高，大学四年级次之，大学二年级第三，大学三年级最低。大学二年级末三年级初是大学生自我意识发展的“转折时期”。

2. 大学生自我意识的特点

大学生作为青年人中的一个特殊群体，其自我意识有着自身的特点，具体表现在以下几个方面。

（1）自我认识意识增强。大学生的自我认识更为自觉和主动，且更系统、更稳定。他们不仅主动地通过自己和周围人的比较来认识自己，而且力图将社会的期望内化为自我的品质，并对自己做出比较客观的评价；不仅关注自己的外表、行为、举止等外在因素，而且更关注自己的性格、智力、交际、组织能力等内在因素。

（2）自我评价趋于成熟。大学生自我评价与他人评价之间有显著的相关性。周围同学、朋友对他们衣着、仪表、风度等的看法，会改变他们对自我的认识；学校老师对大学生学习能力的评价，会影响他们自我发展的方向；父母的态度也会激起他们强烈的自我意识；另外，大众传媒的作用也不可低估。随着大学生活的继续，大学生的知识不断增加，社会经验日益丰富，大多数人对自己的分析评价逐渐变得客观、全面，对自我的认识和评价基本与现实一致，并开始围绕个人发展、理想目标、前途命运等问题进行积极主动的自我探索。

（3）自我体验强烈而复杂。与其他青年群体相比较，大学生自我体验的强度较大，具有敏感性、丰富性、深刻性等特点。大学生被称为各种社会群体中“最善感”的一个年龄阶段或群体。从整体上看，大学生自我体验的情绪、情感基调是积极的、健康的。多数同学喜欢自己，对自己满意，表现为自尊、自爱、自信、自强。自我体验的复杂性主要表现为敏感和闭锁，而且波动性大。凡是涉及“我”及与“我”相联系的许多事物，都经常引起大学生的情绪和情感反应。部分同学对他人的言行与态度十分敏感，但却经常把自己的情感体验封闭起来。因此，内心体验起伏较大，取得成绩时容易产生积极、肯定的自我体验，甚至骄傲自满、忘乎所以；遇到挫折时又容易产生消极、否定的情感体验，甚至自暴自弃、悲观失望，情绪的两极性表现明显。

（4）自控能力明显提高。大学生自我控制的自觉性、坚持性、独立性和稳定性显著发展，有强烈的自我设计、自我规划的愿望，对自己的控制方式逐步从外部控制向内部控制转变，行为过程中常能以内心信念和社会期望来规划、要求自己，按照自我设计的目标自觉调节行为，自控能力显著提高。

二、训练与测试

认识你是谁

1. 问问他人

征求父母、老师、一般同学、朋友的意见，看看他们眼中“我”是一个什么样的人，让他们来评价一下你自己。

2. 问问自己

请给自己一点时间，静下心来问问自己“我是谁”，自己评价一下自己：“我是……”（可参照下表）。

形容词检核表

□有恒心的	□积极的	□坦白直率的	□缺乏想象力的	□感觉敏锐的
□自我反省的	□外向的	□重实际的	□不切实际的	□富想象力的
□善解人意的	□感性的	□追根究底的	□有责任感的	□有同情心的
□坚强不屈的	□耐心的	□冷静沉着的	□安分守己的	□一板一眼的
□支配心强的	□开放的	□为别人设想的	□喜复杂事物的	□重物质的
□不爱出风头的	□简朴的	□缺乏条理的	□善分析的	□冲动的
□有主见的	□保守的	□有计划的	□有效率的	□有野心的
□顺从的	□合作的	□善交际的	□机智的	□细心的
□有说服力的	□节俭的	□善言辞的	□独立的	□具体的
□爱冒险的	□慷慨的	□情绪化的	□好表现的	□有自信的
□真诚的	□友善的	□爱动脑筋的	□理想化的	□谨慎的
□亲切的	□固执的	□难理解的	□富创意的	□拘谨的
□文静的	□含蓄的	□害羞的	□好奇的	□依赖的
□理智的	□精确的	□活跃的	□乐观的	□助人的

3. 全面认识自己

结合自己和他人的评价，完成下表。

自我认识表

项　目	被调查者	调查结果
父母眼中的我		
老师眼中的我		
同学、朋友眼中的我		
自己理想中的我		
现实中的我		

通过完成这项活动，相信你已经从总体上对自己有了一个比较全面而清晰的认识了。

三、补充阅读

不能忘却的千寻

《千与千寻》给人的整体感觉很干净，色彩繁复而且很明亮，什么感觉都有些淡淡的，平和、舒服、柔和，浸润内心柔软的地方，于是身心自然开放，静静跟随千寻的神隐之旅。不过请注意，在这段旅程中，千万不能忘记自己的名字。

名字是一个具有象征意义的符号，它联结着我们与原生家庭乃至家族的关系，蕴含着家人的期盼、标示着自己在大家族中的位置（如辈分）等，因此它是人存在世界上的一个证明，正如白龙对千寻所说的："不要忘记你自己的名字，否则，你就找不到回家的路了！"没有"名字"的人是无法被看到的，他们成为一个个隐形人，失去歌唱"自我"的能力。

电影中汤婆婆强令千寻改名，把"千寻"改成了"千"。汤婆婆让千寻忘记自己的名字，目的就是要她忘记她与另外一个世界的联系，失去自我，死心塌地地为她工作一辈子。名字是自我的象征，如果忘记了名字，就是迷失了自我。如果连自我都迷失了，忘记了自己是谁，自然就找不到回家的路了。

因为魔法，千寻差点忘记自己的本名，好在白龙记得她的名字，然而白龙却完全忘记了自己的名字。他迷失了自我，跟随汤婆婆学法术，唯命是听，甚至最后听了汤婆婆的命令，去偷钱婆婆的印章，差点失去了性命。很有意思的现实比喻，我们可以帮别人找到自我，我们鼓励他人过他们想过的生活，我们甚至记得他人的"名字"，可是我们对自己呢？圣·奥古斯丁有一句很经典的描述："人类惊讶于自然界高山的巍峨、海浪的汹涌、河流的绵长、大洋的广阔及星体运动的神奇，但对自己，却是擦肩而过，漠然无省。"从什么时候开始，我们失去了对自己的兴趣，把自我放在阴暗的小角落，任由其落满灰尘。这是怎样的悲哀和无解呢？是时候，是时候我们要慢慢地进入自己的内在，细腻品味自己，与自己待在一起，而不是一次次擦肩而过。

带着名字（自我）的庇护，千寻就拥有力量去经历成长所带来的各种挑战，如敢于面对父母变成猪的事实、接待腐烂神、保护白龙、改变无脸男还有拜访钱婆婆等，并在这个过程中不断成熟。请将关注力放在千寻的电车之旅。为了救白龙并向钱婆婆表达歉意，千

寻做出了去拜访钱婆婆的决定，这是她根据自己独立的自由意志做出的选择，她听从她内心的声音。这是一趟吉凶未卜的旅程，千寻的身上并无任何足以面对危险的装备，她所能倚靠的依然只有自己。然而那一刻千寻却没有了慌张与迟疑，她神情安详，行动坚定，她知道她究竟要什么，她究竟在做什么，她并不怀疑。她的眼中于是呈现出惊人的美丽画面：水泊波光闪动，落木苍翠绵延，灿烂的霞光映照着遥远的地平线……宫崎骏先生曾经说过，所有的成长到最后总是一次旅行。千寻的旅行没有语言，静默、静默，在静默中千寻、坊宝宝、仆人和无脸男都将关注力放在自己的内心上，这就是成长的契机，而钱婆婆和她的住所提供了成长所需的环境。钱婆婆的乡间小木屋内都是很简单普通的生活必需品，自己做饭、做衣服。她对千寻很宽容，对于偷了她印章的白龙也很宽容，无脸男在她那里心满意足地吃着盘子里的食物，小老鼠和苍蝇也找到了自己的位置，在那里体会到劳动的价值。一切都是那么得充实，温暖，而且平静。这种温馨环境给予每个拜访的人内心真实的鼓励，帮助他们成为真实的自己，所以我们可以看到无脸男愿意待在钱婆婆身边，而坊宝宝最后可以站起来。

白龙过来迎接千寻，千寻在和钱婆婆告别时说出自己的真实名字是荻野千寻，钱婆婆说了一段很棒的话：“千寻……真是好名字，要好好珍惜哟。”很平实的话，但深触内心。当千寻坐在白龙身上俯冲而下的时候，相似的情景让她记起小时候落水被救。她曾落入一条叫琥珀川的河，被一条形如白龙的河神所救，记忆告诉她，身下的白龙正是当年救她的河神，此刻她顿悟白龙的原名叫琥珀川。同时这个名字也深深敲打了白龙深处的记忆，他想起了自己的原名——“赈早见琥珀川”。于是，龙鳞褪去，眼泪涌出。电影用闪亮的眼睛和眼泪来展现当我们找到自我，内心所收获的震撼和幸福。那种全然自由的状态，心里没有恐惧，只有感动和欣喜。在电影结束时，白龙说他可以和汤婆婆商量不再做她的弟子，此刻的白龙可以更加自由地选择想要的生活。是的，当可以拥抱自我时，我们就收获了更多的可能性。

《第十放映室》曾这样评论宫崎骏先生：“他明白要想让世人警醒，那他的语言反而要温和，因为过分刺耳的呐喊有时会令脆弱的人类掩起耳朵……看他的作品，就像在人类狭窄的后脑上，开了一个广阔的天窗，让人不由自主地相信梦想的力量，因为梦想的存在，是人类借以与神比肩的理由……这个宫崎骏世界也许远远不是最好，或最真实的，但它却是目前最成熟和最完整的。”《千与千寻》是宫崎骏先生送给我们的温和梦想故事，它包含太多的意义，而我们强调的是千寻找寻回家之路（真我）的历程。找寻过程中的酸甜苦辣都凝结在它的片尾曲中：

“内心深处在呼唤你，我要找到你。虽然悲伤在重演，但我仍坚信不疑。我们总是擦肩而过，但我无能为力。虽然前途很渺茫，但我仍寻找光明。莫名的生存然后死去，我不知为何来到这里，因为你我的存在变得很有意义。我的梦想一次次地破灭，不想回忆心中悲伤。那就让我把心事轻轻地歌唱，即使镜片破碎也会映出新的景色，即使梦想破碎也会留下美好回忆，我仍相信一定会和你在某处相遇，就算遇到困难我也不会轻易放弃。

在梦中时时梦到你，你会在那里。无论旅途多么艰险，我都不会哭泣。Cause I believe you can always，always with me，So I can' t feel fear and become strong and strong。

当太阳从东方升起，唤醒沉睡大地，我已感觉到我的存在，是那么有意义。所有的闪耀都在身边，You always with me，从此不再寻找，从此不会孤单。”

怎能忘记千寻……

第二节　自我的困惑

你需要知道的事：谁是最可爱的人

现在给你看四段人物访谈视频，请从中选择你最喜欢的人和最不喜欢的人：

第一段视频中主持人访谈的是个非常优秀的成功人士，他在自己所从事的领域里面取得了很辉煌的成就，在接受主持人采访时，他的态度非常自然，谈吐不俗，表现得非常有自信，没有一点羞涩的表情，他的精彩表现，不时地赢得台下观众的阵阵掌声；

第二段视频中接受主持人访谈的也是个非常优秀的成功人士，不过他在台上的表现略有些羞涩，在主持人向观众介绍他所取得的成就时，他表现得非常紧张，竟把桌上的咖啡杯碰倒了，咖啡还将主持人的裤子淋湿了；

第三段视频中接受主持人访谈的是个非常普通的人，他不像上面两位成功人士那样有着不俗的成绩，整个采访过程中，他虽然不太紧张，但也没有什么吸引人的发言，一点也不出彩；

第四段视频中接受主持人访谈的也是个很普通的人，在采访的过程中，他表现得非常紧张，和第二段录像中一样，他也把身边的咖啡杯弄倒了，淋湿了主持人的衣服。

你会选择什么呢？请记录下来。

这是社会心理学家阿伦森所做的实验，目的是证明一个社会心理效应：出丑效应（又称仰巴脚效应）。你也许已经猜到，第四个人是最不受欢迎的人，而第二个人则备受人们青睐。为什么呢？因为如果一个人表现得完美无缺，普通人往往认为己不如人而感到惴惴不安，这样失衡的人际关系是难以保持长久的，它很可能导致一方生活在自卑和压抑之中，且这种完美的感觉会让别人感觉很不真实，不值得信赖。相反，如果一个优秀的人偶尔出现失误或出丑，我们会觉得自己离这个人很近，更接地气，从而增加他的人格魅力。事实上，最终获得成功的总是那些有点小缺点的人。

然而很多大学生并不能忍受自己的小缺点，过于在乎别人的评价，进而导致很多与自我有关的烦恼。

一、大学生常见的自我意识偏差

人贵有自知之明，然而准确客观地认识自我确实不易，大学生在成长过程中经常会经历自我意识的困扰或偏差。如果这些困扰在自身能力应对范围内，或这些偏差不会明显影响到正常生活和学习的话，它们往往会成为自我成长的机会。反之，如果困扰或偏差升级为心结或心理问题，持久影响到生活质量的话，就需要引起关注了。下面将介绍大学生群体中普遍存在的自我意识偏差。

（一）自卑

自卑是个体自己瞧不起自己，是个体对自己的不满、否定的情感体验，往往是自尊心屡屡受挫的结果。自卑者的独白是：“我永远都不够好。”不少大学生都存在不同程度的自卑心理，他们往往只看到自己的缺点，怀疑自己的能力而忽略自己的价值和长处，或者夸大自己的不足，感到自己在任何方面都不如别人，严重者还可能会由自我否定发展为自我厌恶，甚至走向自我毁灭。过分自卑者常表现出过分敏感，很在意别人的评价，害怕暴露自己的弱点，因此遇到事情时缩手缩脚，缺乏主动性，害怕改变，难以接受新事物，遇到困难也不愿意付出努力。

需要注意的是，有些人会采用一些消极心理防御方式来减少自卑的感受，看上去他们没有感受到自卑，但实际上他们的行为可能会给心理健康带来一定影响。常见的消极防御方式有悦人型、回避型、表现型和对抗型四种。

悦人型：常按照能给自己带来赞扬的方式去行动，如向别人表示友善、赞许、取悦别人等。通过这些取悦别人的方式来获得自信。

回避型：回避他人的评价，从而达到保持自信的目的。这种人会尽一切努力远离矛盾、失败、困难和挫折，给人感觉胆怯和压抑。

表现型：因为对自身价值感觉良好且想方设法引起别人对自己的注意，进而减少自卑感。这种人努力想获得地位和声誉，虚荣心强，有时会以不够恰当的方式来获得他人的注意或满足自己的虚荣心，反而得不到别人的认可。

对抗型：因为常常听到不好的评价又不愿意接受，从而对别人产生敌意，拒绝接受甚至贬低别人合理和建设性的建议。这种人喜欢争执和狡辩，攻击性强。

（二）自傲

自傲就是自己过高地评价自己，情绪上盲目乐观的一种自我意识误区。自傲者的独白是：“我永远都是最好的，你们怎么能和我比！”他们以自我为中心，唯我独尊，倾向于放大自己的长处，甚至把缺点也视为长处，贬低或无视他人的优点，看不起别人，不能接受别人的批评，不易处理好人际关系。而且自傲者常因盲目乐观而对自己提出过高要求，承担无法完成的任务、义务而导致失败，导致别人的不信任，造成情感挫伤和内心冲突。在现实中自傲心理往往伴有某些非理智行为，对什么都不满，逆反心理严重，情绪化表现非常强，处理事务时往往虚假掩饰，越不行越逞能，打肿脸充胖子，具有明显的消极自我防御心理。

（三）苛求完美

苛求完美的大学生对自己持过很高的要求，期望自己完美无缺，却不顾自己的实际状况，对自己“不完美”的地方过分看重，总对自己不满意，活得特别累，有的甚至会对他人、环境有过高期望和要求，这也会导致人际关系紧张和对生活的不满。他们的独白是：“我必须是完美的，我必须做得比别人都好。”因此，即使他们在外人看来已经很优秀，但他们体验到的多是不满和不快，很少有幸福感和快乐感。

（四）自我同一性混乱

自我同一性的概念最早是由心理学家埃里克森提出来的，但埃里克森对自我同一性的阐释比较模糊，而心理学家玛西亚是自我同一性研究的集大成者，他沿用埃里克森的自我同一性观点，认为自我同一性标志着儿童期的结束和成年期的开始，它是人格形成和发展的重要条件。他对同一性的界定是个体将自身动力、能力、心眼和历史进行组织，纳入一个连贯一致的自我形象中。如果青少年无法将这些方面和各种选择整合起来，或者他们根本没有能力选择，那么同一性混乱就发生了。

玛西亚以探索（是不是主动积极去探索自己）和承诺（是不是已经确定自己是这样的）为变量对自我同一性进行研究，提出以下四种同一性状态。

1. 同一性达成

同一性达成是指经历了一段可能性选择的探索并呈现出相对固定的承诺。它表明个体考虑了各种实际选项，做出了选择，并实践选择。在结束高中学习生活之前，似乎没有学生能够达到这种情形。跨入大学校门的学生也需要花一定的时间做出决定。对一些成人来说，在他们生命中的某一阶段，也许会达成稳固的自我同一性。之后，还可能放弃前一种同一性，而形成新的同一性。对某一个体而言，自我同一性一旦达成，也不意味着一成不变。

2. 同一性拒斥

同一性拒斥是指从未经历同一性危机就对一定的目标、价值观和信念做出了承诺。个体过早地将自我意象固定化，没有考虑各种选择的可能，而停止了同一性的探求。同一性拒斥的青少年往往缺乏主见，遵从他人的目标、价值观和生活方式。这里的他人包括父母、宗教群体等。同一性完成过早的人会显得刻板与肤浅，不会沉思，应变能力差，但很少会忧虑。这类人倾向于与父母保持密切的关系，并采纳父母的价值观。他们喜欢有组织、有秩序的生活，尊重权威。

3. 同一性弥散

同一性弥散是和同一性拒斥联系在一起的，是指没有探索也没有固定的承诺。个体很少“发现自己”，不知道自己是谁，不知道想做什么，没有明确的发展方向。经历着同一性弥散的青少年无法成功地做出选择，或者他们会逃避思考问题。缺乏兴趣，孤独，对未来不抱希望，或者可能很叛逆。他们宁可塞着耳塞听音乐或睡觉，也不愿意接触父母和老师。

4. 同一性延缓

同一性延缓是指正处于可能选择的探索过程中并积极考虑各种可能的选择，但没有达成最后的承诺。大学生在探索自己的过程中，不断地去发现自我，积极考虑各种选择，虽然没有达成最后的承诺，但也是建立牢固自我同一性的重要部分。对大学生来说，自我同一性的达成是一个逐渐缓慢的探索过程，而不是一个外在的急剧变化过程，延期选择很正常，且是健康有益的。

从玛西亚对同一性的分类和描述来看，同一性混乱的大学生有以下特点：

（1）缺乏主见、遵从他人的目标、价值观和生活方式。

（2）缺少独立性，依赖他人为自己做决定。

（3）缺少主动性，很少主动去探索自己。
（4）自我认识缺少统整性。

二、训练与测试

给自己的情书

王菲在《笑忘书》里唱道：“将这样的感触，写一封情书，送给我自己，感动得要哭，很久没哭，不失为天大的幸福。将这一份礼物，这一封情书，给自己祝福，可以不在乎，才能对别人在乎。”我们每天关注微信、关注QQ、刷朋友圈、刷存在感……可我们留多少时间来关注自己呢？我们向别人表达爱意和欣赏，但有没有向自己表达喜欢和感激呢？我们留恋外面的风景，可能不能也听听内心的声音呢？此刻，我们邀请你选择一个安静的环境，准备好纸和笔，然后放松自己，跟随内心的声音，写一封给自己的情书。请将它看作一次发现自己、享受新奇的历程，而终点则指向我们整个的生命历程。请看两位同学给自己的情书。

第一封情书

亲爱的自己：

请不要欣喜，也不要惊讶，这是一封简单的小情书，你要认真地看完，然后铭记于心。你知道吗，一个人可以受伤，可以绝望，但是绝对不能对生活失去信心。不管过去有多少次疼痛，你要知道那已经成为过去。所以你要活在现在，活在未来。相信爱，相信温暖及其他。从现在起要好好爱自己，做一个阳光的女孩，美好，乐观且积极向上，要让心里充满阳光；做一个骄傲的女子，不人云亦云，你只做自己，世界上唯一的你；做一个爱笑的女子，不悲伤，不绝望，你要知道一定开心才能微笑；做一个温暖的女子，信任，包容，爱你身边的每一个人；做一个坚韧的女子，勇敢无畏，你步伐坚定且面带微笑，去迎接以后那些未知的坎坷；做一个知足的女子，不羡慕，不忌妒，珍惜自己所拥有的；做一个精致的女子，有良好的饮食和生活习惯，不慵不懒，让健康和美丽渗透在你每一个生活细节中；做一个聪明的女子，与人交往，与人共事，不能懒笨，也不能有心机，恰到好处才是真的聪明。

丫头，你真的很慵懒，你慵懒得可以什么都不做，就那么静静地看着宝贵的时间一分一秒地流逝一下午，而那个下午你只是发呆。你说对有些人而言，一寸光阴一寸金，而对你而言，慵懒一个下午，也是千金难买的。那个下午，你看到窗台上的旱莲在阳光下生机勃勃，听到了风轻轻地哼着进行曲，而后从你的脸颊掠过，看到了阳光从桌面上慢慢地移开，直至退到地平线以下。于是你张开双臂去拥抱黑夜，等待黎明，迎接清晨的第一缕阳光，新旧更替是这么得自然而然，所以，你从不在意这岁月是否在自己的脸上无情地留下印记。

第二封情书

亲爱的我：

从没想过能下决心给你写这封情书。你总是那样安静，像静谧柔顺的小白菊，浅绿的叶梗在澄澈的清水中慢慢荡漾。你默默看着书，做着手头上的作业，我也静静地凝视着你，仿佛一切尘埃在空气和时光中静止，你是那么得令我心动。

我同样悸动于你那活泼的一面，在你绽放璀璨的笑靥时，看见你活泼可爱的那一面，我的心又不禁怦然跳动。

我并不在意你的外在而更注重你内心的纯朴，那个令我着迷并无法捉摸的部分，使我们深深堕入那流淌的爱河。

此时此刻，我只想用这同样质朴的语言来表达我对你的爱意。

我执着于你的每个投足间的细微动作！

我沉醉于你脸上每个有趣细小的表情！

在每时每刻的相遇与接触中，或许你不曾发现藏在我心中那热烈的情感。但就是今时今刻，当我写下这封信便希望你能欣然接受它，接受这份隐匿的情感。

三、补充阅读

阿德勒的自卑与超越

阿尔弗雷德·阿德勒，奥地利精神病学家，个体心理学的创始人。他的一生，是一个男人努力克服自卑感的优秀样板。他1870年在维也纳出生，是家里六个孩子中的老三，上面有一个哥哥和一个姐姐。他的童年生活一直笼罩在哥哥的阴影和死亡的阴影下。小时候他不断患病，可怕的佝偻病严重影响了他在体育运动和室外游戏中的表现，让他在强壮的哥哥和其他玩伴面前倍感自卑。他四岁时几乎因患肺炎而丧生，还有两次差点被卡车撞死。由于阿德勒身体较弱，他得到了妈妈的特殊照顾，然而，这在他弟弟出生后就结束了。他回忆说："在我两岁之前，妈妈对我很宠爱，但弟弟出生后，她的注意力就转移了，我有一种被废黜的感觉。"

阿德勒在学校也深受自卑感的困扰。他成绩平平，有一年他的数学非常糟糕，不得不重读这门课。他的老师劝告其父亲带阿德勒离开学校，跟鞋匠当学徒。这件事激发了阿德勒的动力，他发疯地学习，不久成为全班优秀学生。由于小时候目睹一个哥哥的夭折及自己不断遭受死亡的威胁，阿德勒自小就决定以医生作为终生职业，并于1895年进入维也纳大学学习医学。

在弗洛伊德的指导下，阿德勒进行精神分析的研究。他于1902年开始与弗洛伊德合作，当时弗洛伊德的释梦理论受到主流舆论的攻击，阿德勒撰写文章捍卫弗洛伊德的释梦理论，弗洛伊德邀请阿德勒出席他的星期三小组讨论会，在1910年，阿德勒被任命为小组的首席主席。

然而，他与弗洛伊德一开始就在人性的理解上存有异议，由于两人性格原因，这种理论上的分歧最终以决裂的方式收场。1911年，阿德勒在星期三小组做最后一次讲演后，提出辞职，小组中有几个成员追随阿德勒，形成了最初命名为自由精神分析研究会的组织，该名字意在表达他们反对弗洛伊德要求他们附属于其理论的想法。后来阿德勒把名称改为个体心理学协会，创建了一个刊物，他对弗洛伊德理论的另一种解释最终获得广泛的认可。从1926年起，阿德勒多次访问美国，为大量的听众讲课。1934年他定居纽约。1937年，阿德勒受聘赴两个城市演讲。过分劳累的原因，让他终于因心脏病突发，而死于苏格兰亚的阿伯登。

《自卑与超越》是阿德勒从个体心理学观点出发，阐明人生道路和人生意义的通俗性读物，但通俗中包含着极深的哲理和巨大的学术价值。书中不仅涉及人为什么活着，心灵与肉体的关系，自卑感和优越感，家庭和学校对人的影响，而且还谈及了早期记忆、梦、犯罪及爱情、婚姻等内容。在书中，他着重论述了自卑感的形成，它对个人的影响，个人如何超越自卑感，如何将自卑感转变为对优越地位的追求以取得成就。阿德勒提出每个人都有不同程度的自卑感，但自卑感本身并不是变态的，它是一个人在追求优越地位时的一种正常的发展过程。然而如果一个人不能正确处理自己的自卑感，而是逃避或无视，那么自卑感就无法消除，当一个人面对一个他无法应付的问题时，他表示自己绝对无法解决这个问题，此时出现的便是自卑情结。与自卑感所激起的追求优越行为不同，自卑情结只会让人产生一种无助感，而不是驱使他们去建立优越感。

追求优越是对自卑感的超越，它因每个人赋予生活的意义而不同。那么怎样才能真正超越自卑呢？关键在于正确对待职业、社会和性，在于正确理解生活。为此，阿德勒提出社会兴趣这一概念，所谓的社会兴趣是指个体对所有社会成员的一种情感，或者是对人类本性的一种态度，表现为个体为了社会进步而不是个人利益与他人进行合作。阿德勒认为带着社会兴趣去追求优越感是超越自卑感的最佳途径。例如，成功的商人通过成就来获得优越感和个人满足，但只有他们实现兼顾社会其他人利益的目标时，如提供物美价廉的产品、设立慈善基金、创造就业机会等。那些为了全社会利益而追求权力和地位的人才会真正体会到生活的兴趣和意义。那么怎样才能培养孩子的社会兴趣呢？阿德勒强调母亲的关键作用：第一步，母亲要对孩子充满兴趣，让孩子与外界建立一种初步的、积极的联系；第二步，母亲将孩子的兴趣转移到父亲身上，引入另外一个合作的角色；第三步，母亲引导孩子进一步扩大社会接触，对他人产生兴趣。

概览阿德勒的一生及其著作，似乎看到一位倔强而热情的老人坐在面前，将他的一生经验和智慧娓娓道来，听着听着就觉得这些朴实而具有影响力的话语印刻在内心里，于是不再讨厌自己的自卑，而是努力去追求带着社会兴趣的超越。

第三节 自我的完善

你需要知道的事：糖果诱惑实验

1960年，美国斯坦福大学心理学家瓦特·米伽尔把一些4岁左右的孩子带到一间陈设简陋的房子，然后给他们每人一颗非常好吃的软糖，同时告诉他们，如果马上吃软糖只能吃1颗；如果20分钟后再吃，将奖励1颗软糖，也就是说，总共可以吃到两颗软糖。在实验中，有些孩子急不可待，马上把糖吃掉了。另一些孩子却能等待对他们来说是无尽长的20分钟，为了使自己耐住性子，他们有的闭上眼睛不看糖，或头枕双臂、自言自语、唱歌，有的甚至睡着了，最终他们得到了盼望已久的两颗糖。

实验并没有就此终止，研究者继续对这些儿童进行长达14年的追踪，一直到他们高中毕业。追踪研究的结果显示，那些能等待并最后吃到两颗软糖的孩子，在青少年时期，仍能等待机遇而不急于求成，他们具有一种为了更大更远的目标而暂时牺牲眼前利益的能力，即自控能力。而那些急不可待只吃1颗软糖的孩子，在青少年时期，则表现得比较固执、虚荣或优柔寡断，当欲望产生的时候，无法控制自己，一定要马上满足欲望，否则就无法静下心来继续做后面的事情。总之，那些善于等待和自控的孩子，在行为表现和学业竞争等各个方面的成功率，远远高于那些急躁而不能自控的孩子。

现在，请问自己，面对“糖果”的诱惑，你能拒绝吗?

一、自我完善的途径和方法

真正有自知之明的人不仅知道自己是一个什么样的人，知道自己是如何变成现在的样子的，而且还知道如何改变现在的自己，实现自我完善。

（一）全面认识自我

全面认识自我是完善自我的基础，也是心理健康的基础。如果一个人能对自我有一个全面、恰当的认识和评价，就能根据自己的实际情况，选择相应的目标而为之努力奋斗。

心理学家乔瑟夫和哈里在20世纪50年代提出了人际沟通的乔哈里窗理论，后来这一理论亦被运用到自我意识的训练上。自我意识的乔哈里窗包括开放我、盲目我、隐私我和未知我四个部分。

1. 开放我

“开放我”又称“公众我”，是自己知道别人也知道的信息，如我们的性别、身高、职业、工作生活所在地等。“开放我”是自我最基本的信息，也是了解自我、评价自我的基本依据。

2. 盲目我

“盲目我”属于个体自我认识的盲点，是自己不知道而别人知道的部分，即俗话所说的“当局者迷，旁观者清”。比如，一个人的无意识动作、无意识的表情和语言等，自己觉察不到，但别人却能觉察到。

3. 隐藏我

“隐藏我”是自我的隐藏区，是自己知道而别人不知道的部分，就是通常所说的隐私、个人秘密，不愿意或不能让别人知道的事实或心理，如你的某些经历、希望、心愿、阴谋、秘密，以及好恶等。几乎每个人都需要“隐藏我”，人们也公认这一部分是个人隐私，不需要让他人知道的。

4. 未知我

“未知我”又称“潜在我”，是自己和别人都不知道的部分。通常指一些潜在能力或特性，也包括一些能量巨大但无法表现出来的潜意识内容。

	自己知道	自己未知
他人知道	开放我	盲目我
他人未知	隐藏我	未知我

（二）全面认识自我的途径

自我认识既是一个复杂的、不断变化和丰富的过程，又是一个充满矛盾和挑战的过程。我们可以通过我与他人的关系中来认识自我，从我与事情的关系中认识自我，还可以从我与自己的关系中认识自我。自我认识的具体途径包括他人反馈、社会比较、活动结果和自我内省。

1. 他人反馈

他人反馈之所以是我们认识自己的途径，其主要原因在于人类对自身价值的判断有一种与生俱来的不确定性——我们对自己的认识在很大程度上取决于他人对我们的看法。如果我们说出来的笑话让他们开怀，我们就对自己逗笑的能力充满自信；如果我们受到他人的赞扬，我们就开始留意自己的优点。反之，如果我们进入一间屋子，人们甚至不屑于瞥上一眼，或者当我们告诉他们事情时，他们马上表现出不耐烦，我们很可能会对自己产生怀疑，觉得自己一无是处。当然不是所有他人的评价都是有价值的，重要的是那些比较了解和熟悉我们的人的评价（如家人、好朋友），要特别重视比较一致性的评价（如周围大部分人都做出相同评价）。如果你的大多数朋友都提到他们很喜欢和你待在一起，那么你可以说自己是一个受欢迎的人。此外，需要特别提醒的是要多方听取别人的评价然后再进行综合性分析，这样可以避免以偏概全、乱贴标签的可能性。

有些反馈是他人直接告诉你的，有些则是你通过别人的行为而得到的结论，这种通过观察别人的反应而形成自我意识的过程就是反射性评价。社会心理学家库利用镜像自我来描述反射性评价。镜像自我就是以他人为镜子，我们通过他人的眼睛看到了自己。库利认为，在个体自我意识发展过程中，个体会想象另一个人是如何看待自己的，这种想象决定个体如何感觉自己。

2. 社会比较

我们生活在群体中，所以不可避免会与别人进行比较，尤其是与同龄人进行比较成为我们了解自己的重要途径。社会心理学家费斯汀格提出社会比较理论，该理论假设人们想要知道自己真正的样子，可以通过将自己和他人进行比较来实现。当个体发现自己对自己的评价和类似于自己条件（如性别、年龄、职业）的他人一致时，就加强了自我评价的信心，大大提高了安全感；相反，如果发现有差距，内心就会感受到很大的威胁。因此比较非常讲究艺术，我们既可以选择向上比较（与比自己好的人比），也可以向下比较（与比自己差的人比）。向上比较能够帮助我们看到自身的不足或缺憾，看到未来发展的方向和目标，克制自大心理，努力赶上去；向下比较可以帮助我们发现自身的优势和成就，克服自卑，获得自我价值感和满足感。

3. 活动结果

活动结果在很大程度上能够反映自身的体力、智力、动机、兴趣等内在力量，而且活动成果的价值有时能够直接标志成自身的价值，因此我们可以通过对活动结果的分析来认识自我。取得好的活动成果，可以使人进一步认识自己的能力，发现自我的价值，从而进一步开发自己的潜能，激发自信。任何一种活动都是一种学习，所谓“经一事，长一智”。所以大学生要有针对性地参加一些实践活动，让自己在活动中认识自己，在活动中体验成败。

4. 自我内省

曾子云："吾日三省吾身。"我们可以通过反省自己、分析自己来了解自己。在进行自我内省时，除了觉察自己做得不好的地方，重点是对自己的言行思想保持觉知，鼓励自己做得好的方面，对于做得不够好的地方，争取下次做得更好，努力完善自己。自我内省看似容易，其实很困难，我们难免会因为自己的情绪和愿望等而影响对自己全面客观的认识。还要注意自我内省的时机，平静、沉着的状态最有利于自我观察，例如每晚入睡前或清晨醒来是比较适宜的内省时间。

（三）积极悦纳自我

悦纳自我就是喜欢自己，接受自己，包括自己的不足。悦纳自我并不意味着自我妥协和放纵，忽略自己的不足，盲目地自我陶醉，而是能够以积极的心态，理性对待自己的优势和不足，自信、自尊、自爱，避免陷入自我否定和自责自怨的痛苦旋涡中。

一个可以自我接纳和自我关爱的人，既能够得到别人的喜爱和尊重，又能理性平和地看待周围人的特点，尤其是缺点，因此可以与他人建立良好的人际关系，并从中获益。良好的人际关系反过来又增加其悦纳自我的程度，进而形成良性循环。那么怎么做到悦纳自我呢？

1. 检查自我期望

我们都会不断勾勒理想自我的形象，对自己有很多的期望。合理的自我期望犹如助推器，能够促使我们努力变得更好。而自我期望与现实自我反差太大，将理想自我放在一个无法或难以企及的高度，那么这样的期望就会成为自我发展的负担和阻力。比如，一个非常内向不善交往的人期望自己成为社交高手，这样的期望可能不太恰当，他极有可能会在追求过程中不断受挫，反而更加不喜欢自己。

2. 接纳自己的缺憾与不足

金无足赤，人无完人。任何人都不可能完美无缺，在面对自己的缺憾与不足时，是否能够坦然接受，这是检验一个人心理成熟水平的试金石。正如西方的谚语所说："垃圾只是放错地方的宝贝。"如果能够看到自己的缺憾和不足在某些情况下可以变成帮助我们生活的工具，我们的内心就会平和，更愿意接受此刻的自己。例如，"吹毛求疵"的人是好的质量监督员，"谨小慎微"的人是称职的仓库管理员等。同时，自身的缺憾与不足是激励人们前进的动力，人们常说："知耻而后勇。"每一个带着缺憾和不足去追求卓越的平凡人总可以带给我们心灵上的震撼。此外，即使我们真的不喜欢自己的不足，那也不妨碍接纳它们的存在。它们一直都在，只是没有那么强烈地影响我们的生活。我们暂时不需要对它们做什么，慢慢地积攒力量，能够承接自己的不足，这是我们悦纳自己的关键。

3. 学会欣赏自己的优点

欣赏自己，就是懂得发现自己的优点并肯定自己。"天生我材必有用"，每个人都需要发现自己做得好的地方，主动肯定自己的价值，体验价值感、自豪感、愉快感和满足感。当我们遇到挫折时，大部分人的第一个反应是寻找自己做得不好的地方，然后陷入自责和懊悔中。然而，如果我们此时能把关注点放在自己的优点上，很可能就会体验到完全不一样的感觉，而且可以让自己平静下来，静能生慧，也许就能够找到处理挫折的办法和主意。因此，我们在平时就可以训练自己多发现和关注自己的优点，记录一些自认为值得欣赏的事情，经过长时间的积累，身上的优点会成为我们跋涉生命之河最有助益的工具。

（四）有效调控自我

自我调控是伴随自我认识、自我体验而产生的各种思想倾向和行为倾向，调控经常表现为对个体思想和行为的发动、支配、维持和定向。自我调控的核心内容是：“我将如何成为理想的那种人”“我将如何实现理想的人生”“我将如何改变自己”。可以通过以下两个方面来尝试有效地进行自我控制。

1. 建立正确的自我目标

人的行为特点是有目的性的。大学生的行为有没有目的性，其结果很不一样。一般来说，有目标指向的行为要比无目标指向的行为更具持久性，也更容易获得成功。

建立正确的自我目标，关键是要根据个人特点和社会需要来进行设计，做一个“自如的我、独特的我、最好的我、社会欢迎的我”。“自如的我”是指给自己设计可望、可及又难及的目标，即对自己有吸引力，同时只要付出相当的努力就能达成的目标，从而能够在坦然面对自己的客观现实时，不失积极地生活。“独特的我”是指不一味地追求时尚，在刻意模仿中失去自我，而是能够保持自己的独立性，对生活有自己的观点和思考。“最好的我”是指立足于现实，选择适合自己的人生道路，尽最大努力，达到最佳水平。“社会欢迎的我”是指将自己和社会价值联系在一起，用自己的言行影响更多的人，共同形成一种积极和谐的社会氛围，为社会进步贡献自己的力量。

2. 积极乐观地看待问题

在生活中，困难和挫折在所难免，然而重要的不是困难和挫折本身，而是我们对待它们的态度。从积极乐观的角度去看问题，因为相信好的结果可能出现，我们会继续努力解决问题，并且即使最终失败了，我们也可以从过程中学习到有益的东西，这样我们对自己的生活更有了控制感。反之，从消极悲观的视角去看问题，我们可能很快就放弃了希望和努力，也放弃了成功的可能性。如果我们认为一件事是不可能的，我们就会找各种理由来证实这种不可能。比如，你报名去竞选学生干部，如果你认为自己竞选不上，你的内心就会有各种消极的声音出现：“我的能力不足”“我没有当过学生干部的经验”“同学们不喜欢我”等，结果你真的无法当上学生干部。对大学生来说，培养自己的积极乐观看待问题的心态和能力是一件尤为重要的事情，需要长期不懈地保持觉察。

宋代柴陵郁禅师在摔跤悟道后留有诗偈云：“我有明珠一颗，久被尘劳关锁。今朝尘尽光生，照破山河万朵。”多美的自信表达，每个人的自我都宛如明珠一样，天然纯正，光亮透彻。自我完善就是我们观察内心的明珠，用心呵护它，清除它表面的尘埃，这样它的光芒就可以照亮我们人生前行的道路。

二、训练与测试

用空椅子技术来整合自我

空椅子技术是格式塔学派（又称完形心理学派）常用的一种技术，是将个人的内心外显出来的方式之一，它的本质就是一种角色扮演。这种技术适合处理我们内在的矛盾冲突，如内心觉得应该去做某件事，但同时又不想去做，或者内心总有一个反责备批评自己的声音。因为内心的冲突会消耗我们的能量，如果长时间身陷其中，那么我们就没有力量去应对外界环境的考验。

空椅子技术借助两张椅子分别代表内心的矛盾双方。我们先坐在其中一张椅子上，扮演内心冲突情境的一方，然后再换坐到另一张椅子上，扮演内心冲突情境的另一方。通过反复体验矛盾，并推动双方持续进行对话，我们内在的对立与冲突可以获得较高层次的整合，即学习去接纳这种对立的存在并使之并存，而不是要去消除一个人的某些人格特质。

我们来看一个例子，假设你（其实是内心的一部分）不喜欢自己的羞怯，你觉得它阻碍了你的人际交往，它让你不敢参加班委竞选，无法参加社团活动，交不到新朋友，甚至上课发言都会感到很紧张等，总之你希望早日摆脱羞怯的苦恼。那么你可以先将羞怯放在对面的空椅子上，然后尽可能多地表达你对羞怯的责怪，体会自己当时的感受和想法，可能会愤怒、讨厌和失望等；然后交换位置，你将自己放在羞怯的位置上，说说在听到对方这么表达时，羞怯的感受和想法，可能会委屈、无助和害怕等，然后将所有的感受和想法都说出来。之后，再换位置，再次表达在听到羞怯这么说的时候，自己的想法和感受。如此反复对话，直到你和羞怯双方都能理解对方希望保护我们的目的（羞怯也是在保护我们，它可以避免我们遭受不确定环境因素的伤害）。一旦内心中矛盾双方可以整合，那么我们的力量感就会增加。

这种方法适合所有我们不能接受的特质，不过最开始的时候可能会有点困难，需要不断练习。另外，需要注意的是，使用空椅子技术进行整合自我需要一些条件：

（1）你需要安静下来，好好观察一下自己的特质与自己对它的感受和想法。

（2）你需要有能力抽离一方的角色，可以感受到另一方的意义和价值。

（3）你需要全身心投入这一过程中。

（4）你需要具有自我慈悲之心，愿意耐心地守候自己。

三、补充阅读

I Am What I Am

2003年4月1日，我在小县城里读高三，信息闭塞，中午放学回家路上从同学口中得知张国荣跳楼自杀的消息，基本无感，只是记住了这个信息。时光逝去，在岁月和生活安排的种种机缘下，一次次感受到张国荣的风华绝代。在这一过程中，我深深理解一位老师曾经说过的：“心是需要等待的。”等待是准备的过程，只有准备好的心灵才有能力去品味那些丰饶自己心灵的人和事。张国荣的一生有太多故事可说，而那首《我》无疑是张国荣对生命本真的赞歌。

记得第一次听到《我》这首歌，是在咨询室里，一位学生来访者唱给自己听的。他的歌声忧伤又有力，苍凉而真挚，充满厚重之感，听得我忍不住心疼，忍不住赞叹。他唱完后，我说：“唱得真好听。这是谁的歌？”他很惊讶地问：“真的吗？这是张国荣的歌。”现在关于那一次咨询就这么点印象，这位学生我只见过一次，此后就没有再见过，真心祝愿他的生活平实安稳。

咨询结束后，我搜索了张国荣的《我》，看了他的演唱会现场，终于懂得灵魂歌者的魅力。有这样一类歌和歌者，无论时代如何变迁，无论社会如何进步，只要人性依旧，我们内心中的繁复心绪就能够在歌声中得以倾诉，于是不再孤单无助，如赤子般相信生活的美好，然后眼神坚定地走向未来。香港文化评论人梁文道曾经说过：“香港大部分歌手唱歌都在唱别人写给他的东西，但是张国荣唱的歌，你会觉得那真的是他在唱给你听，是他在唱，是他的话。”此言诚不虚也。你看，张国荣用天赋的颓废阴郁神情与朦胧纠结的眼神，加之词人犀利毒辣的歌词铺垫，把握住一种自信与性感，将万千人群的胸臆心绪吐露在每个音符之中，用独特的嗓音与技巧，汇成首首感情饱满的佳作，令人感受到一种强烈且温情的共鸣，余音绕梁，不绝于耳。正如我们讲自己的故事，那些带着爱恨情仇的经历总可以打动听者的心灵。张国荣的《我》唱的就是自己的心声，所以深情，所以动人，所以不能忘怀。在2000年名为“热情”的演唱会上，张国荣身着浴袍，赤着双脚，头戴长假发，用歌声诠释着人的坦荡情怀，以及自爱与自尊。

韩寒在《写给我的偶像张国荣》中说：“我甚至想，如果你还活着，机缘巧合，兴许能和你吃上一顿饭，说上几句话。”我想我或许没有机会和他吃上一顿饭，说上几句话，但可以亲眼见一见他在舞台上的翩翩风姿，亲耳听一听他的醇厚嗓音，早早买好一场首映的电影票，翻看满幅满版都是他莞尔或沉默的正面和侧面的杂志……死亡是终极的，它把遗憾留给活的人。然而，除了遗憾，张国荣留给我们弥为珍贵的财富，一如《我》的歌声，无论于怎样的痛苦中，听起来都满是生的希望，我们怎能辜负这造物主的荣光呢！张国荣及他的“我”向我们呈现何为本真的生活：勇敢而坦白，谦卑而自信，为真我而活！

附上《我》的国语版和粤语版歌词。

我

作词：林夕　作曲：张国荣

国语版：

I Am What I Am
我永远都爱这样的我
快乐是 快乐的方式不只一种
最荣幸是 谁都是造物者的光荣
不用闪躲 为我喜欢的生活而活
不用粉墨 就站在光明的角落
我就是我 是颜色不一样的烟火
天空海阔 要做最坚强的泡沫
我喜欢我 让蔷薇开出一种结果
孤独的沙漠里 一样盛放的赤裸裸
多么高兴 在琉璃屋中快乐生活

对世界说什么是光明和磊落
我就是我 是颜色不一样的烟火
天空海阔 要做最坚强的泡沫
我喜欢我 让蔷薇开出一种结果
孤独的沙漠里 一样盛放的赤裸裸
粤语版：
I Am What I Am
我是我　多么特别的我
多庆幸　大地有不只一种足印
神做世人　种种色色都有他公允
我很庆幸　站在我屋顶快乐做人
拿着我心　告诉世界何谓勇敢
我是什么　在十个当中只得一个
葡萄园里　响起水仙子的赞歌
我是什么　是万世沙砾当中一颗
石头大这么多　我也会喜欢这个我
我很庆幸　万物众生中磊落做人
怀着诚恳　告诉世界何谓勇敢
石头大这么多　感激天生这个我
我是什么　在十个当中只得一个
葡萄园里　响起水仙子的赞歌
我是什么　是万世沙砾当中一颗
石头大这么多　我也会喜欢这个我

第三章　认识人格
——你本来就很美

生活中的心理学

即使你喜欢所有的音乐，你也会有所偏好。在下面这些不同类型的音乐中，你会喜欢哪三种呢？

蓝调、爵士、古典音乐、民族音乐、摇滚乐、重金属音乐、乡村音乐、电影原声带、宗教音乐、流行音乐、街头音乐、乡土音乐、电子音乐。

在最近的一项研究中，Peter Rentfrow和Samuel Gosling发现人们喜欢的音乐类型和他们的人格类型是相关的（Rentfrow & Gosling，2003）。看看你的选择是否和他们的研究相匹配。

（1）珍惜艺术体验、有较好的语言能力、善于容忍的个体一般喜欢令人反思的、复杂的音乐，如蓝调、爵士、古典音乐和民族音乐。

（2）对新事物充满好奇、喜欢冒险而且体力充沛的个体喜欢强烈的、反叛性的音乐，如摇滚乐和重金属音乐。

（3）充满激情的、外向的、可靠的、乐于助人的个体倾向于喜欢积极向上的传统音乐，如乡村音乐、宗教音乐和流行音乐。

（4）善于交谈、充满激情、外表很有吸引力并且拒绝老套的个体一般喜欢有活力的、节奏感比较强的音乐，如街头音乐、乡土音乐和电子音乐。

毋庸置疑，人格特征会影响我们日常生活中的行为。

——摘自《心理学导论》（第11版）

第一节　人格概述

你需要知道的事：已有人格理论并非百分之百科学

科学心理学发展至今，“科学”二字的含义更多的是指一种态度，而非事实。多数的心理学实验研究结果，是基于对数据的概率分析得出的，因而其理论的价值更多的是为我们的日常经验提供一种看起来相对科学的可能性解释而已。

以人格心理学为例，常见的心理学家关于人格的定义就有50多种。每一种理论，甚至每一个心理学家都有自己的定义。这种现象反映出我们对于人格认识的长期性和复杂性。虽然关于人格尚无定论，但是了解相关知识作为一般的参考和学习，对于了解我们自己依旧很有益处。

一、实用的理论

（一）人格的含义及特征

人格“Personality”一词最初源于古希腊语里戏剧中演员戴的“面具”。面具随人物角色的不同而变换，体现了角色的特点和人物的性格。在诸多的定义中，有两种经典的定义具有较大的参考价值。一种定义是从人格的成因角度，把人格定义为“个体在先天生物遗传素质的基础上，通过与后天社会环境的相互作用而形成起来的相对稳定和独特的心理行为模式”。指明这种稳定而独特的人格模式，是受到先后天因素共同作用而形成的。另一种定义是从结构的角度，提出人格是构成一个人的思想、情感及行为的特有模式，这个独特模式包含了一个人区别于他人的稳定而统一的心理品质，这些心理品质包括气质、性格等内容。

人格的特征包括独特性、稳定性、综合性和功能性。

1. 独特性——区别于他人

不同的先后天因素（遗传、成熟、环境、教育等）形成了每个人独特的心理特点。我们可以试着在脑海里幻想任何一个熟悉的人物形象，都能直观地觉察到对方与他人的不同，不会将朋友A和朋友B相混淆。

2. 稳定性——在不同的时间地点都能影响人的思想、情感

俗话说“江山易改，禀性难移”。人格的稳定性是指一个人在不同的时间、地点、场合的行为表现都呈现出一致性。人格突然毫无征兆的极端变化，往往是提示异常的信号。所以，我们可以预期自己或朋友下次见面的时候，对方还是老样子，不会突然变成另一个人。

3. 统合性——人格是由多种成分构成的一个有机整体，具有内在的一致性

统合性是心理健康的重要指标，当人格结构各方面彼此和谐一致时，人格才是健康的；而当人格各组成部分表现不一致时，就会造成心理冲突。

4. 功能性——外界环境对人的作用是以人格为中介起作用的

人格在一定程度上会影响到一个人的生活方式，甚至会决定某些人的命运，因而是人生成败的根源之一。俗话说“性格决定命运”，虽然性格和命运之间并无确凿的证据证明两者是因果关系，但是我们确实可以想象到，在面对困难、挫折、失败的时候，不同的心理品质所带来的影响是不同的。

（二）人格形成和发展的影响因素

“冰冻三尺，非一日之寒”，人格的形成是各种先后天因素长期影响的结果。

1. 生物遗传因素——遗传是人格不可缺少的影响因素

西方学者通过研究双生子发现：遗传是人格不可缺少的影响因素，但只对智力、气质等因素有较大的影响。人的价值观、信念、性格等人格特质则受后天环境因素的影响更多。人格的发展过程是遗传交互作用的结果。

科学故事：明尼苏达的双生子研究

在过去的20多年里，明尼苏达大学的心理学家对成长在不同家庭里的同卵双生子进行了研究。在大学里，那些重逢的同卵双生子接受了大量的医学检查和心理测验。这些检测的结果表明，即使同卵双生子被分开抚养，他们之间的相似程度也比异卵双生子更高。像那些生活在一起的同卵双生子一样，被分开抚养的同卵双生子在外表和说话声音上都惊人地相似。更令观察者惊诧的是，这些同卵双生子有着一样的面部表情和一样的手部动作，甚至连一些神经质的小动作（如咬指甲、用手指敲桌子等）都一模一样。分开生活的同卵双生子往往也表现出类似的天赋才能。例如，两个同卵双生子的生活环境虽然相差很大，但是他们依然会在艺术、音乐、舞蹈、戏剧或运动方面表现出相同的才能。尽管如此，当我们对那些重聚的同卵双生子之间的相似性进行解释时，也一定要持谨慎的态度。

——《心理学导论》（第11版）

2. 社会文化因素——社会文化塑造着社会成员的人格特征

社会文化使其成员的人格结构朝着相似的方向发展，这种相似性具有维系社会稳定的功能。不同的民族，风俗文化不同，民族特征也不同。米德等人研究了三个源自同一祖先的新几内亚民族的人格特征，发现居住在山丘地带的阿拉比修族，崇尚男女平等的生活原则，成员之间相互友爱，团结协作，很少有争斗，一派亲和景象；居住在河川地带的孟都古姆族，生活以狩猎为主，男女间有权力与地位之争，对孩子处罚严厉，这个民族的成员表现出攻击性强、冷酷无情、忌妒心强、妄自尊大、争强好胜等人格特征；居住在湖泊地带的张布里族，女强男弱，这里女性每日劳作，掌握着经济实权，占主体地位，男性则从事艺术、工艺与祭祀活动，肩负着孩子的养育责任，处于从属地位。这种社会分工使女人表现出刚毅、支配、自主与快活的性格，男人则有明显的自卑感。

3. 家庭环境因素——家庭的差异和不同教养方式对人格有重要影响

家庭是儿童成长的最初环境，社会和时代的要求，往往是通过家庭在儿童心灵上刻下烙印的。儿童作为天生的模仿者，父母的言传身教会使孩子潜移默化地受到熏陶和影响。父母在养育孩子的过程中，表现出了自己的人格，并有意无意地影响和塑造着孩子的人格。家庭教养方式一般分为三类：权威型、放纵型和民主型。许多研究表明，在民主开放的家庭氛围中成长起来的孩子更容易形成自信、乐观、平等、活泼、善于交往等积极的人格品质和良好的亲子关系。

4. 学校教育因素——学校是人格社会化的主要场所

学校是除了家庭以外对学生实施教育的又一重要场所，良好的校规和积极的榜样对学生人格的形成具有指导定向作用。而且，教师的人格特征、行为模式与思维方式也会对学生产生巨大影响。研究表明，在性情冷酷、刻板、专横的老师所管辖的班集体中，学生的欺骗行为增多；在友好、民主的老师所管辖的班集体中，学生的欺骗行为则大大减少。教师对学生的积极期望，可以产生一种“皮格马利翁效应”，影响学生朝积极的方向发展；教师对待学生的公平性，也会促进学生正义人格的形成。另外，学校还是同龄人聚集的场所，同伴群体对个人的人格发展具有“弃恶扬善”的作用。

5. 早期童年经验——早期童年经验会对个体的人格造成正面或负面的影响

中国有句俗语：“三岁看大，七岁看老。”强调个体早期经验对人格的影响。儿童时期是人的生理、心理发展的关键时期，为一生的发展打下重要根基。精神分析专家认为，幸福的童年有利于儿童健康人格的发展，不幸的童年则容易对人格的发育产生不利的影响。另外，如果童年时代养不成良好的习惯，不仅后天矫正起来非常困难，而且还潜藏着种种危险。有专家做过杰出青年与死刑犯青年的童年和教育分析，发现他们的最大差异，就在于行为习惯与人格品德方面。由此可见，童年时代的早期经历对人格发展的影响不可小觑。

综上所述，人格是先天和后天的“合金”，是遗传与环境交互作用的结果。遗传决定了人格发展的可能性，环境决定了人格发展的现实性，在人格的形成过程中，各因素对人格的形成和发展起到了不同的作用。

（三）气质理论——人格中的先天因素

气质理论源于公元前400年古希腊医生希波克拉底提出的体液说，他认为人体内有四种体液，每种体液都与特定的人格相关。四种体液间配合的比例不同，形成了不同类型的人。后来罗马医生盖伦进一步确定了希波克拉底的气质类型。虽然这种解释并没有确凿的科学依据，但后来的学者发现，在日常生活中确实能观察到这四种类型的典型代表，因而具有一定的使用价值。

（1）胆汁质（兴奋型）——夏天里的一团火；这类人精力旺盛，直率、热情，行动敏捷，情绪易于激动，心境变换剧烈。

（2）多血质（活泼型）——喜怒哀乐都展现出来，可塑性强；多血质的人具有活泼好动，反应迅速，情绪发生快而多变，兴趣容易转移等特征。

（3）黏液质（安静型）——冰冷耐寒；黏液质的人安静、稳重，反应缓慢，沉默寡言，情绪不易外露，注意稳定难于转移，善于忍耐。

（4）抑郁质（抑制性）——秋风落叶；抑郁质的人孤僻，行动迟缓，情感体验深刻，善于觉察别人不易觉察到的细小事物。

科学故事：四个不同气质的人

苏联心理学家达维多娃讲过一个故事，形象地描述了在同一情境中，四种气质类型的人不同的行为表现。

四个不同气质类型的人去剧院看戏，但同时都迟到了。

这时胆汁质的人就和检票员争吵，企图闯入剧院。他辩解说，剧院里的钟快了，他进去看戏不会影响别人，并且企图推开检票员闯入剧场。

多血质的人面对这样的情况，立刻明白，检票员是不会放他进入剧场的，但是通过楼厅进场比较容易，于是就跑到楼上去了。

黏液质的人看到检票员不让他进入剧场，就想：“第一场不太精彩，我在小卖部等一会，幕间休息时再进去。”

抑郁质的人会想：“我运气真不好，偶尔看一次戏，就这样倒霉。”接着就回家去了。

资料来源：张毅. 影响人生的118个心理习惯［M］. 北京：中国纺织出版社，2008.

（四）性格理论——人格中的后天因素

已有的人格理论，其核心内容聚焦于个体的性格部分，因此我们也可以把经典的人格理论看成对性格的解读。

1. A—B 型人格

该理论近年来多用于研究人格和工作压力的关系。A 型人格的主要特点是性情急躁，缺乏耐性。他们成就欲高、紧迫感强，但办事匆忙，社会适应性差，属不安定型人格。A型人格易患心脏病，其行为模式有三种基本成分：①时间紧迫感，做事快、感到时间不够用；②长期亢奋状态，每天大部分时间处于紧张状态；③多面出击，总想同时做一件以上的事。

B 型人格的主要特点是不温不火，举止稳当。他们满足感强，喜欢慢节奏，在需要审慎思考和耐心的工作中表现比 A 型人好。

近年的研究又提出了一种C型人格。典型的 C型人格克制压抑，不表现负面情绪，特别是经常压抑自己的愤怒情绪，容易生闷气，尽量回避各种冲突；过分与别人合作，没有底线；对别人过分耐心，容易服从权威；生活和工作中没有主见和目标，不确定性多，有孤独感或无助感。

2. 内—外向人格

外向型是指个体的兴趣和关注点指向外部客体，内向型是指个体的兴趣和关注点指向内部主体。任何人都有内向和外向这两种特征，但其中一种可能会占优势。

外向型的人心理活动倾向于外部，其活动主要由所面临的外界事物引发、影响和支配，心境也随外界环境的变化而变化。内向型的人心理活动倾向于自己内部的心理世界，比较注重内部感受，容易按照自己的内心来解释和对待外界事物。

性格特点方面，外向型的人活泼外向，开朗，善于交际，情感外露，不拘小节，灵活、环境适应能力强，同时，自制力和坚持性稍差，比较容易浅尝辄止，有时会显得粗心、不够谨慎。内向型的人感情细腻内敛、安静，善于沉思，处事谨慎，做事深思熟虑，自制力强。反应相对较慢，不善交际，应变能力较弱。

想一想

你的人格是A型人格，还是B型人格？你内向的时候多，还是外向的时候多？

3. 精神分析的人格理论

弗洛伊德认为潜意识中的性本能是人心理的基本动力，是决定人和社会发展的永恒力量。他修订了自己早期把精神活动分为意识和无意识的这种二分法，而引入了本我、自我、超我的人格结构。超我和自我都是人格的控制系统，但自我控制的是本我的盲目激情，以保持机体免受损害；而超我则有是非标准，它不仅力图使本我延迟得到满足，而且可能使本我完全不能获得满足。

（1）本我：本我是原始本能的自然表现，人格中最难接近而又最有力的部分，类似于“无意识”，遵守“快乐原则”。本我包括人类本能性的内驱力和被压抑的习惯倾向，简单地追求快乐和回避痛苦。心理动机的力多被围困在本我中，通过减少紧张的意向表现起来。年龄越小，本我作用越重要，婴儿几乎全部处于本我状态。本我可能闯入梦境。

（2）自我：自我是从本我中发展出来的本我与现实世界的中介，遵守“现实原则”，是意识的组成部分。作为无意识结构的本我，不能直接接触现实世界，为了调和个体与现实世界的交互作用，必须通过自我。随着儿童长大，他们发现不能凭冲动随心所欲，要考虑后果和现实经验，这种合理的思维方式就是自我。

（3）超我：超我包括良心和自我理想，超我遵守“道德原则”，部分属于潜意识，部分属于意识。前者是超我中惩罚性、消极性和批判性的部分，告诉个体不能违背良心；后者是由积极的雄心、理想构成的，是抽象的东西，使个体为之奋斗。超我代表着道德标准和人类生活的高级方向。

曾经有这么一则趣谈，假设你被一位熟悉的异性朋友吸引，此时你的本我会喊道：“我想马上得到她！”你的超我严厉地回答道：“不许有这种邪念！”而你的自我则说道：“不能胡来，但我可以有一个追求计划。”这个解释虽然简单，却表现了弗洛伊德学人格理论的核心思想。

4. 人格特质理论

特质是指使个体在各种情况下的行为具有一致性和持久性的品质或特征。特质理论认为特质是决定个体行为的基本特性，是人格的有效组成元素，也是评测人格常用的基本单位。我们每个人都是“先天的特质理论家”，在评价自己和周围人的时候，经常运用关于人格特质的诸多词汇。

（1）奥尔波特的特质理论

美国心理学家奥尔波特于1937年提出了人格特质理论。他把人格特质分为两大类：一类称为共同特质，共同特质是指在同一特定社会文化形态下，群体或多数人共有的特质；另一类称为个人特质，个人特质是指个人身上独具的特质（使个体之间人格上有了差异），根据在生活中的作用又分为首要特质、中心特质和次要特质。首要特质是指一个人最典型、最概括的特质，影响人各方面的行为，与其他人有根本区别的特质（表现在生活中的各方面）。中心特质是构成个体独特性的特质，在某些方面而非所有时候起作用，通常用5～10个特质词汇即可描述出一个人身上的中心特质。相对首要特质和中心特质而言，次要特质则较少表露，只在某些场合偶尔表现出来。

（2）人格特质的大五人格理论

大五人格理论是目前人格研究领域较为科学的一种人格特质理论体系。它把每个人的人格分为5个维度：因素1是外倾性，用于评估一个人是内向还是外向的；因素2是宜人性，得高分者对人友好、有教养和关心他人，得分低者则冷漠、自我中心或对人抱有敌意；因素3是责任心，责任心强者一般自律性也很强，工作努力、认真，缺乏责任心者往往办事马虎，不可靠；因素4是情绪稳定性，得分高者情绪消极，有神经过敏倾向，多是坏脾气；因素5是开放性，得分高者聪明，不拘泥于过去经验，对新思想持开放态度，并努力使自己的修养水平不断提高。每个人的人格特质都会在这5个维度上得到一个分数，据此得出自己的人格曲线。

二、训练与测试

气质测试60题

指导语：下面60道题可以帮助你大致确定自己的气质类型。在回答这些问题时，你认为很符合自己情况的，记2分；比较符合的，记1分；介于符合与不符合之间的，记0分；比较不符合的，记-1分；完全不符合的，记-2分。本测试结果仅供参考，如有疑问请联系专业心理咨询师。

胆汁质（A）	2	6	9	14	17	21	27	31	36	38	42	48	50	54	58	合计
多血质（B）	4	8	11	16	19	23	25	29	34	40	44	46	52	56	60	合计
黏液质（C）	1	7	10	13	18	22	26	30	33	39	43	45	49	55	57	合计
抑郁质（D）	3	5	12	15	20	24	28	32	35	37	41	47	51	53	59	合计
汇总：A（ ） B（ ） C（ ） D（ ）																

1. 做事力求稳妥，不做无把握的事情。

2. 遇到可气的事就怒不可遏，想把心里话全说出来才痛快。

3. 宁肯一个人干事，也不愿意很多人在一起。

4. 到一个新环境很快就能够适应。

5. 厌恶那些强烈的刺激，如尖叫、噪声、危险镜头等。

6. 和人争吵时，总是先发制人，喜欢挑衅。

7. 喜欢安静的环境。

8. 喜欢和人交往。

9. 羡慕那种能够克制自己感情的人。

10. 生活有规律，很少违反作息制度。

11. 在多数情况下情绪是乐观的。

12. 遇到陌生人感到很拘束。

13. 遇到令人气愤的事情，能很好地进行自我控制。

14. 做事总是有旺盛的精力。

15. 遇到问题常常举棋不定，优柔寡断。

16. 在人群中从不觉得过分拘束。

17. 情绪高涨时，觉得干什么都有趣；情绪低落时，又觉得干什么都没有意思。

18. 当注意力集中于某一事物时，别的事很难使我分心。

19. 理解问题总是比别人快。

20. 碰到危险情境时，常有一种极度恐惧感。

21. 对学习、工作、事业怀有很高的热情。

22. 能够长时间做枯燥、单调的工作。

23. 符合兴趣的事情，干起来劲头十足，否则就不想干。

24. 一点小事就会引起情绪波动。

25. 讨厌做那种需要耐心、细致的工作。

26. 与人交往不卑不亢。

27. 喜欢参加热烈的活动。

28. 爱看感情细腻、描写人物内心活动的文学作品。

29. 工作学习时间长了，常感到厌倦。

30. 不喜欢长时间谈论一个问题，愿意实际动手干。

31. 宁愿侃侃而谈，不愿窃窃私语。

32. 别人说我总是闷闷不乐。

33. 理解问题常比别人慢些。

34. 疲倦时只要短暂的休息就能精神抖擞，重新投入工作。

35. 心里有话宁愿自己想，也不愿说出来。

36. 认准一个目标就希望尽快实现，不达目的，誓不罢休。

37. 学习或工作同样一段时间后，常比别人更疲倦。

38. 做事有些莽撞，常常不考虑后果。

39. 老师或师傅讲授新知识、新技术时，总希望他讲慢些，多重复几遍。

40. 能够很快忘记那些不愉快的事情。

41. 做作业或完成一件工作总比别人花的时间多。

42. 喜欢运动量大的剧烈体育运动，或参加各种文艺活动。

43. 不能很快把注意力从一件事情转移到另一件事情上去。

44. 接受一个任务后，就希望把它迅速解决。

45. 认为墨守成规比冒风险强些。

46. 能够同时注意几件事物。

47. 当我烦闷的时候，别人很难使我高兴起来。

48. 爱看情节起伏跌宕、激动人心的小说。

49. 对工作抱认真严谨、始终一贯的态度。

50. 和周围人们的关系总是相处不好。

51. 喜欢复习学过的知识，重复做已经掌握的工作。

52. 希望做变化大、花样多的工作。

53. 小时候会背的诗歌，我似乎比别人记得清楚。

54. 别人说我“出语伤人”，可我并不觉得是这样。

55. 在体育活动中，常因反应慢而落后。

56. 反应敏捷，头脑机智。

57. 喜欢有条理而不甚麻烦的工作。

58. 兴奋的事常使我失眠。

59. 老师讲新概念，常常听不懂，但是弄懂以后就很难忘记。

60. 假如工作枯燥无味，马上就会情绪低落。

评分与解释

1. 如果某类气质得分明显高出其他三种，均高出4分以上，则可定为该类气质。如果该类气质得分超过20分，则为典型；如果该类得分在10～20分，则为一般型。

2. 两种气质类型得分接近，其差异低于3分，而且又明显高于其他两种，高出4分以上的，则可定为这两种气质的混合型。

3. 三种气质得分均高于第四种，而且接近，则为三种气质的混合型。

4. 如果4栏分数皆不高且相近（<3分），则为四种气质的混合型。

此外，凡是在1、3、5、…奇数题上答“2”或者“1”，或者在2、4、6、…偶数题上答“−1”或“−2”，每题各得1分，否则得半分。如果你是男性，总分在0～10分则非常内向，11～25分比较内向，26～35分介于内外向之间，36～50分比较外向，51～60分非常外向。如果你是女性，总分在0～10分非常内向，11～21分比较内向，22～31分介于内外向之间，32～45分比较外向，46～60分非常外向。

A. 如果某一项或两项的得分超过20分，则为典型的该气质，如胆液质项超过20分，则为典型的胆汁质；黏液质和抑郁质项得分超过20分，则为典型黏液－抑郁质混合型。

B. 如果某一项或者两项以上得分在20分以下、10分以上，其他各项得分较低，则为该项一般气质。

C. 若各项得分都在10分以下，但是某项或者几项得分较为高（相差5分以上），则为略倾向于该项气质（或几项混合）。例如，略偏黏液质型；多血质－胆汁质混合型。

D. 其余类推。

一般说来，正分值越高，表明被测试者越具有该项气质的典型特征；反之，分值越低或者越负，表明越不具备该项特征。

三、补充阅读与思考

成功的领导人外向还是内向?

传统观念总是认为领导者都是那些积极表现、勇于发言、擅长发号施令、制订计划的人，通常在人群中处于最主导的地位。然而事实未必如此。沃顿商学院管理学教授亚当·格兰特（Adam Grant）与两位同事近期就领导力和群体动力学发表最新研究，对最高效的领导者往往是外向的人这一传统假设提出了质疑。

事实上，在某些环境下，内向的领导者要比外向的领导者更加高效，关键就在于被领导的人。格兰特在与哈佛商学院的弗兰切斯卡·吉诺（Francesca Gino）及北卡罗来纳大学克南-弗拉格勒商学院的大卫·霍夫曼（David Hofmann）共同撰写的研究报告中提出了这一论点。这份报告于美国管理学会学报上发表，题为“对外向型领导者的挑战：员工主动性的作用”（Reversing the Extraverted Leadership Advantage：The Role of Collective Employee Proactivity）。

这份报告指出，外向型领导风格意味着成为注意力的中心：开朗、决断、大胆、能言善辩并有能力占据主导地位。这种领导者能提供明确的权力结构和发展方向。但是，如果这些领导者所管理的员工同样具有良好的主动性并勇于发言，就有可能产生摩擦。而如果把这些员工与内向型领导组合起来，就可以通往成功。

这对于任何想要改善领导风格的领导者和管理者而言都具有一定的指导意义。“纵观当下流行的领导力研究报告，外向的性格总是一致被看作是成为一名领导者及高效领导者的最重要因素，”格兰特表示，“但我认为这种观点并不完善。某些情况下，内向型领导者可能比外向型领导者更为有效，而传统观点并没有涉及这一领域。”

在这种背景下，格兰特和他的研究伙伴试图以某种容易跟踪生产力和团队效率的经营业务为对象，就上述问题进行观察分析。最终，他们选取了比萨外送连锁店。

“我们希望选取那些容易比较业务绩效的企业，且组织内部的人员所从事的工作具有同质性，”格兰特表示，“作为有领导者及被领导者的组织，如果各分店的盈利性出现差异，那么就可以证明领导者对群体的真实影响。”

1. 主动性带来的威胁

研究人员从一家全国性的比萨外送公司获取数据。向130家门店发送了调查问卷，其中57家门店反馈了完整的信息，这些反馈来自57位门店经理和374位员工。为了排除不受领导力影响的地段差异等因素，研究人员还对比萨订单的平均价格和工作小时数进行了控制。在问卷中，领导者需对自己的外向程度进行评分——即通过言辞、决断力、开朗的性格和主导力能够在多大程度上引导注意力。而员工则需对自己在门店工作中的主动行为进行评分，如积极改善流程、纠正不良行为、大胆表达自己的想法及发表对工作问题的意见。

格兰特和他的研究伙伴发现领导者及其员工呈现出一种直接简单的反向关系：如果员工主动性高，内向型管理人员能够带领他们创造更高的盈利；如果员工不是那么的积极主动，那么外向型管理人员则更能够带领他们创造高盈利。“在动态且不确定的经济中，这种主动的行为尤其重要，但由于外向型领导者本身就容易成为注意力的中心，因此员工太过主动反而可能令他们遭受威胁，”格兰特表示，“相反，内向型领导者更倾向于认真听取建议，并支持员工发挥主观能动性。”

同时，格兰特还进一步指出，如果将积极主动的员工与外向型领导者相组合，那么不仅仅会阻碍，甚至可能会损害公司的经营效率。他认为：“如果外向型领导者不能很好地接受建议，就会让员工感到沮丧，降低他们对工作的积极性。同时，还会让他们变得不愿分享观点，从而限制创造力和创新。”

事实上，性格冲突可能会导致组织内权力无法发挥，造成领导与员工的公开对抗。如果公司或群体采取的是扁平式的组织架构，这一问题则会更为突出。举例来说，如果平级的同事近期内获得提升成为领导，或是新领导的能力和技巧尚未成熟的情况下，就有可能“诱发员工对权威的挑战，并让领导遭受威胁”。格兰特把这种情况称为“地位不确定”（Status Uncertainty）。

“如果你是一家比萨连锁店的管理人员，你通常会将其作为全职工作，而你管理的人员可能是些高中生和大学生，他们有着不一样的志向，有时还很可能对你这个领导根本不屑一顾，”格兰特说道，“这时，如果有员工提出改善流程，从而能在‘超级碗’比赛当晚送出更多的比萨或是有员工提出发放新的优惠券或特别优惠的建议时，外向型领导会觉得他们的‘地位受到了威胁’。他们很可能会说‘我才是这里的负责人。让我重申一下我的权力’。”而内向型领导人则不那么在乎职级、地位和权力，他们说得不多，并愿意花更多的时间来听取建议，如果遇到同样的情况，他们很可能会安静地采纳并执行这些建议。这种领导者不会太在意自我，也不会想象员工可能要夺取他们的位置、施加自己的观点。

2. 叠T恤比赛带来的启示

研究小组还进行了另一项研究，对外向型领导的行为进行仔细观察，而不仅仅依赖于这些领导者的自我描述。研究人员在美国东南部的一所大学选取了163位大学生，并把他们分为不同的小组，每个小组都有成员和组长。他们的任务是在10分钟之内叠好尽量多的T恤，叠的最多的小组的每位成员都可以获得一个iPod作为奖励。

研究人员随机挑选了部分学生作为组长，既有外向型的，又有内向型的。对于外向型的组长，研究人员向他们展示了那些以大胆、能言善辩和决断力著称的著名领导人的例子，如小马丁·路德·金和杰克·威尔士。而针对内向型的组长，研究人员则向他们展示了类似圣雄甘地和亚伯拉罕·林肯等安静保守的著名领导者形象。之后，需要两组人员按照所展示的风格来有效地领导他们的团队。与此同时，研究人员还选取了另外两名大学生作为“盟友”，并将其分配给两个小组，暗中让他们采取被动或主动的表现。配合采取主动表现的“盟友”需要向组长建议一种新型高效的叠衣服方式。

研究人员发现在外向型领导风格和主动性行为之间存在着重要的互动关系，与比萨研究的结果一致。盟友采取被动表现时，外向型领导风格带领下的团队取得了更好的绩效；而当盟友采取主动表现时，则是内向型领导风格下的团队取得更高的成绩。“当盟友表现积极时，小组成员会认为外向型领导人不能很好地接受意见，因此也就不愿意卖力工作，”研究人员在报告中如此分析。

领导者和员工关系及劳动关系之间权力的对抗变得非常明显，格兰特说：“当领导者重申权力，员工表示‘我们才不会为你卖力工作’时，权力的对抗就会结束。”然而员工会认为：“瞧，这些领导人根本不接受好的意见……我们没必要对他们表示尊敬。我们可不想让这种人夺第一。我们希望在一天结束的时候，能让他们体会到我们的意见是有价值的，我们的贡献能够得到认可。”

有趣的是，就盈利性而言，外向型领导者和内向型领导者本身并不存在孰优孰劣。格兰特和他的研究伙伴发现，真正的差异来自领导者和被领导者的组合。

“事实证明内向型和外向型领导风格的效率不分上下，但成员组合的方式不同，就会对结果造成差异，”格兰特表示，“作为一名社会科学家，这样的结论无疑有着重大的意义——一个组织内的成员结构非常复杂，你很难说哪种风格就一定比另一种风格更有效……我们的研究着重在于何种环境下哪种风格更有效，而不是简单地尝试证明哪种更好——我认为这根本就是个错误的命题。”

既然结论如此，那么为什么整体而言流行观点都认为外向型的人才是更好的领导者呢？报告给出了几个可能的原因：其中之一就是“晕轮效应”（Halo Effect）。“造成这种观点的原因可能是因为外向型领导人更符合东西方文化中人们对于魅力型领导者的描绘。”

（来源：哈佛《商业评论》）

第二节　人格与心理健康

你需要知道的事：成功往往基于追求“卓越”而不是追求“完美”

从某一点上来讲，对完美的追求往往能帮助人们取得较高的成就。但是不合实际的高标准与一种称为“完美主义”的人格特质都会带来消极的影响。你可以想象，一个完美主义倾向的大学生总是希望得到高分。但是有些学生过于追求完美导致适应不良，其典型的表现就是学习成绩不好（Accordino，Accodion，& Slaney，2000）。

具有不良完美主义倾向的人往往给自己设定种种无法达到的高标准。这使他们觉得自己总是失败。完美主义的学生容易批评自己，害怕犯错误，常常陷入重度抑郁。

对许多学生来说，过分的完美主义通常源于父母严厉的教养方式，也和父母追求完美的教育风格有关。如果父母在感情上给予子女足够的支持，那么，他们的种种期望也许不是问题。不过，严格而高标准的父母经常使得孩子感觉无论自己做什么都不够好。就像曾经提到过的，父母的感情支持是针对学生自我怀疑和抑郁的一剂良方。

中世纪Navajo人喜欢在错综复杂的地毯上留下一个小小的瑕疵。Navajo织工有意地在每条地毯上都留下错误是为了提醒人们，人类并不完美。这也给我们上了一课：人生没有必要追求完美。经历了一些事以后，你就会对自己的错误感到释然（Castro & Rice，2003）。从长远来看，成功往往基于追求“卓越”而不是追求“完美”。

——《心理学导论》（第11版）

一、实用的理论

（一）艾森克的人格理论

艾森克的人格理论结合了类型与特质的概念，提出了人格的维度理论，从人格的特质和维度的研究出发，将人格特征分为三个基本的维度，即E维度：内－外向（Introversion-extroversion）；N维度：情绪稳定性（Neuroticism）；P维度：精神质（Psychoticism）。

E、N维度与古希腊盖伦的气质学说相吻合，以E维作X轴、N维作Y轴作一平面图，构成四个象限（与气质类型的关系）：外向－情绪不稳定（胆汁质）、外向－情绪稳定（多血质）、内向－情绪稳定（黏液质）和内向－情绪不稳定（抑郁质）。

气质学说理论认为：胆汁质（Choleric Type），具有过多的黄胆汁，容易激怒；多血质（Sanguine Type），具有过多的血液，充满活力和动力；黏液质（Phlegmatic Type），具有过多的黏液，使人迟缓或懒惰；抑郁质（Melancholic Type），具有过多的黑胆汁，通常表现为忧郁和悲哀。

（二）人格维度

艾森克继承先前实验心理学家的工作成果，通过对实验、问卷与观察所得到的大量的人的特质资料的因素分析，深入研究了人格维度。他认为研究人格特质有时可能会含混，只有研究人格维度才能清楚。他指出，维度乃是代表一个连续的尺度。每一个人都可以被测定在这个连续尺度上所占有的特定的位置，即测定每一个人具有该维度所代表的某一特质的多少。此外，19世纪还有心理学家提出人格图解的雏形，他们认为人格可以从两个直角维度来进行描写。

按德国心理学家W. 冯特的假设，一个维度是从情绪性强过渡到情绪性弱，另一个维度是从可变性过渡到不变性。艾森克则提出外－内倾、神经质、精神质、智力和守旧性－激进主义五个维度，但认为外－内倾、神经质和精神质是人格的三个基本维度。

最早对外－内倾概念做过研究的是奥地利精神病学家O. 格罗斯。以后在瑞士心理学家C. G. 荣格的著作中把外－内倾概念引入人格研究。后来又有不少学者对外－内体面型的人做了不少实际研究。

艾森克的外－内倾概念，除了具有其本身的一般含义外，还与神经系统的兴奋过程与抑制过程相联系。兴奋过程可以易化正在进行的感觉、认知和活动；抑制过程可以干扰或影响正在进行的感觉、认知和活动。他发现高外倾性的人兴奋过程发生慢、强度弱、持续时间短，而抑制过程发生快、强度强、维持时间长。这种人难以形成条件反射。高内倾性的人兴奋过程发生快、强度强、持续时间长，而抑制过程发生慢、强度弱、维持时间短。这种人容易形成条件反射。

1976年雷维尔等人做了一项有关工作效果的研究。他们推论内倾的人在正常条件下，大脑皮层上已具有高度的兴奋水平，如进一步提高他们的兴奋水平，那么就会降低他们的工作效果；外倾的人正常条件下大脑皮层兴奋水平相对较低，若提高他们的兴奋水平，就会提高他们的工作效果。他们的实际研究结果，证实了上述推论，支持了艾森克的观点。

艾森克对情绪性、自强度、焦虑（包括驱力）等进行研究后发现它们都是统一的。他把这一维度称为神经质。在他的用语中神经质与精神疾病并无必然的关系。艾森克指出情绪性（神经质）不稳定的人喜怒无常，容易激动；情绪性（神经质）稳定的人反应缓慢轻微，并且很容易恢复平静。他又进一步指出情绪性（神经质）与植物性神经系统特别是交感神经系统的机能相联系。艾森克认为可以用外－内倾和神经质两个维度来表示正常人格的神经症和精神病态人格。

艾森克认为精神质独立于神经质。它代表一种倔强固执、粗暴强横和铁石心肠的特点，并非暗指精神病。研究表明，精神质也可以用维度来表示，从正常范围过渡到极度不正常的一端。它在所有的人身上都存在，只是程度不同而已。得高分者表现为孤独、不关心他人、心肠冷酷、缺乏情感和移情作用、对旁人有敌意、攻击性强等特点。低分者表现为温柔、善感等特点。如果个体表现出明显的精神质，则易导致行为异常。艾森克认为精神质与神经质维度一起可以表示各种神经症和各种精神病。

艾森克认为，有关外－内倾和神经质两个维度的实验研究，几乎完全确定在人格测量描述系统中这两项因素处于醒目和稳定的地位。他又将外－内倾和神经质作为两个互相垂直的人格维度，以外－内倾为纬，以神经质为经（表现为情绪稳定的一端和情绪不稳定的一端），绘制成人格结构图（见下图）。艾森克在两维空间中组织起他认为基本的32种人格特质，且与古代的四种气质类型相对应。这种人格结构的图解被许多心理学家所接受。从图上不仅可以看出人格的四种类型（稳定外倾型、稳定内倾型、不稳定外倾型和不稳定内倾型）范围内所包含的8种人格特质，还可以根据个体某一高分数的特质，看图查出其所属的人格类型，或与维度的结合预测某个体可能会出现的特定的人格问题。

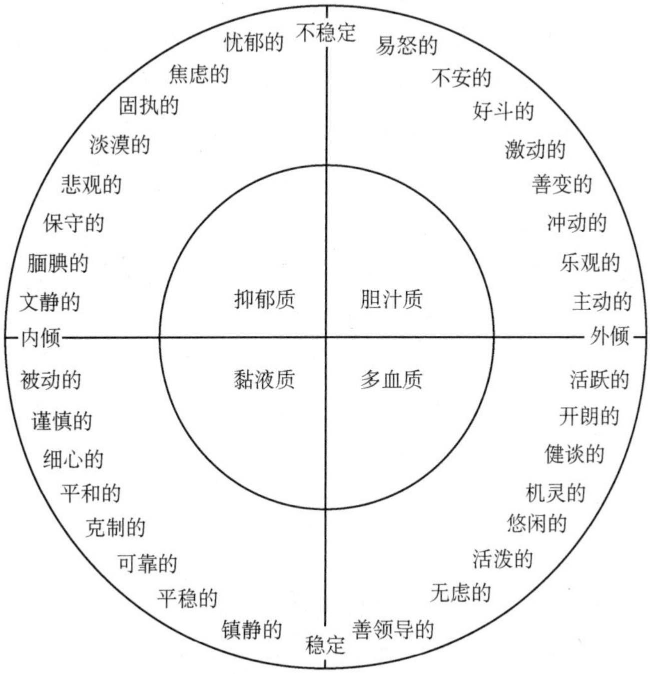

图 气质象限分类

艾森克以外－内倾、神经质与精神质三种人格维度为基础，于1975年制定了艾森克人格问卷（EPQ）。它是由艾森克早期编制的若干人格量表形成的。EPQ是一种自陈量表，有成人（共90个项目）和少年（共81个项目）两种形式，各包括四个量表：E－外－内倾；N－神经质；P－精神质；L－谎造或自身隐蔽（即效度量表）。由于该问卷具有较高的信度和效度，用其所测得的结果可同时得到多种实验心理学研究的印证，因此它也是验证人格维度的理论根据。

各分量表的意义不同，E量表：测量性格的内、外倾向；N量表：测量情绪的稳定性；上述两个量表均为双极量表，也就是说分数高与分数低都有意义，但两极之间没有一个截然的分界，只有程度的区别。如E量表分由低向高的变化，代表由内向转外向的一种程度上的变化：非常内向——内向——比较内向——内外向平衡——比较外向——外向——非常外向。P量表：单极量表，即只有P分高时才有意义，P分低被认为是正常的。L量表：原本为一个效度量表，测量回答问题的真实性。同时，它本身也代表一种稳定的人格功能，如可测量社会纯朴性。L分的高低与许多因素有关，如年龄（成人：随年龄增加而升高，儿童：随年龄增加而下降）、性别（女性偏高）、民族等。

（三）人格结构层次的假说

艾森克还对大量的人的特质资料采用因素分析方法进行研究，提出了独特的人格结构层次理论。该理论概括性的图解见下图。从图中可以看到艾森克把人格结构分为类型、特质、习惯反应和特殊反应四个水平。底层特殊反应水平，是个体对一次实验的反应或在日常生活中所表现出来的一些最基本的“个别反应”（如最简单的一举一动），属误差因素，其上为习惯反应水平，如重复实验或生活情境重新出现，一个人就会以相似的方式反应，属特殊因素。特质水平，是由一个人的习惯反应所构成的个人的人格特质，属群因素。最上层的类型水平，是基于人格特质的相互关系而显示的类型（例如，由社会性、冲动性、活动性、活泼性、兴奋性等人格特质构成的外倾类型，由持续性、僵硬性、主观性、羞耻性、易感性等人格特质构成的内倾类型），属一般因素。

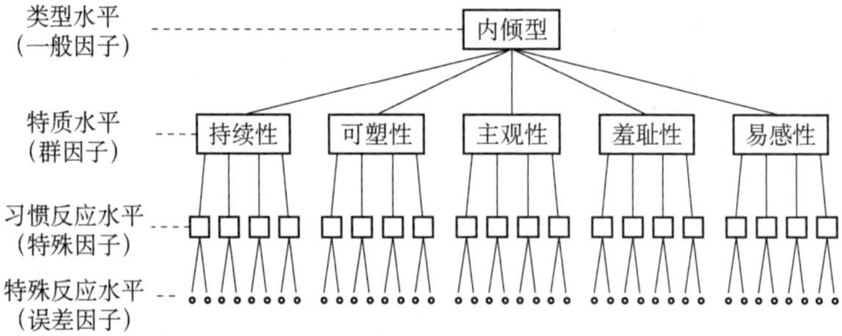

图　艾森克的人格层次模型

（四）影响

艾森克对人格的研究从人格的特质转向人格维度，提出了人格的三个基本维度。这不仅为实验室内许多实验所证实，而且得到数学统计和行为观察之佐证，受到各国心理学家的重视，还广泛地应用于医疗、教育和司法领域。艾森克人格问卷（EPQ）是用途较广的人格量表，它已被一些国家译出或修订。中国的艾森克测验由陈仲庚等人于1981年修订。

艾森克的人格研究不像许多美国心理学家从事或偏重特质水平，而是集中于类型。他认为特质是观察到的个体的行为倾向的集合体，类型是观察到的特质的集合体。他把人格类型看作某些特质的组织。他提出的人格理论主要是属于层次性质的一种类型。每一种类型结构的层次明确，因此人格就可分解为有据可查、有数可计的要素。这是心理学家多年来一直探讨而难以确定的东西。许多心理学家认为，在特质和类型的关系上，艾森克解决得相当出色。在其类型结构的层次的论述中，表明了他的人格观点并没有排除环境的作用，但人格的生物倾向性仍是他的理论的主要方面。

二、训练与测试

艾森克人格问卷（EPQ）（成人）

1. 你是否有许多不同的业余爱好？
2. 你是否在做任何事情以前都要停下来仔细思考？
3. 你的心境是否常有起伏？
4. 你曾有过明知是别人的功劳而你去接受奖励的事吗？
5. 你是否健谈？
6. 欠债会使你不安吗？
7. 你曾无缘无故觉得“真是难受”吗？
8. 你曾贪图过身外之物吗？
9. 你是否在晚上小心翼翼地关好门窗？
10. 你是否比较活跃？
11. 你在见到小孩或动物受折磨时是否会感到非常难过？
12. 你是否常常为自己不该做而做了的事，不该说而说了的话而紧张？
13. 你喜欢跳降落伞吗？
14. 通常你能在热闹联欢会中尽情地玩吗？
15. 你容易激动吗？
16. 你曾经将自己的过错推给别人吗？
17. 你喜欢会见陌生人吗？
18. 你是否相信保险制度是一种好办法？
19. 你是一个容易伤感情的人吗？
20. 你所有的习惯都是好的吗？
21. 在社交场合你是否总不愿露头角？
22. 你会服用奇异或危险作用的药物吗？
23. 你常有“厌倦”之感吗？
24. 你曾拿过别人的东西吗（哪怕一针一线）？
25. 你是否常爱外出？
26. 你是否以伤害你所爱的人而感到乐趣？
27. 你常为有罪恶之感所苦恼吗？
28. 你在谈论中是否有时不懂装懂？
29. 你是否宁愿去看书也不愿去多见人？
30. 你有要伤害你的仇人吗？
31. 你觉得自己是一个神经过敏的人吗？
32. 对人有所失礼时你是否经常要表示歉意？
33. 你有许多朋友吗？
34. 你是否喜爱讲些有时确能伤害人的笑话？

35. 你是一个多忧多虑的人吗？
36. 你在童年时是否按照吩咐要做什么便做什么，毫无怨言？
37. 你认为你是一个乐天派吗？
38. 你很讲究礼貌和整洁吗？
39. 你是否总在担心会发生可怕的事情？
40. 你曾损坏或遗失过别人的东西吗？
41. 交新朋友时一般是你采取主动吗？
42. 当别人向你诉苦时，你是否容易理解他们的苦衷？
43. 你认为自己很紧张，如同“拉紧的弦”一样吗？
44. 在没有废纸篓时，你是否将废纸扔在地板上？
45. 当你与别人在一起时，你是否言语很少？
46. 你是否认为结婚制度过时了，应该废止？
47. 你是否有时感到自己可怜？
48. 你是否有时有点自夸？
49. 你是否很容易将一个沉寂的集会搞得活跃起来？
50. 你是否讨厌那种小心翼翼地开车的人？
51. 你为你的健康担忧吗？
52. 你曾讲过什么人的坏话吗？
53. 你是否喜欢对朋友讲笑话和有趣的故事？
54. 你小时候曾对父母粗暴无礼吗？
55. 你是否喜欢与人混在一起？
56. 你如果知道自己工作有错误，这会使你感到难过吗？
57. 你患失眠吗？
58. 你吃饭前必定洗手吗？
59. 你常无缘无故感到无精打采和倦怠吗？
60. 和别人玩游戏时，你有过欺骗行为吗？
61. 你是否喜欢从事一些动作迅速的工作？
62. 你的母亲是一位善良的妇人吗？
63. 你是否常常觉得人生非常无味？
64. 你曾利用过某人为自己取得好处吗？
65. 你是否常常参加许多活动，超过你的时间所允许？
66. 是否有几个人总在躲避你？
67. 你是否为你的容貌而非常烦恼？
68. 你是否觉得人们为了未来有保障而办理储蓄和保险所花的时间太多？
69. 你曾有过不如死了为好的愿望吗？
70. 如果有把握永远不会被别人发现，你会逃税吗？
71. 你能使一个集会顺利进行吗？
72. 你能克制自己不对人无礼吗？
73. 遇到一次难堪的经历后，你是否在一段很长的时间内还感到难受？

74. 你患有“神经过敏”吗?
75. 你曾经故意说些什么来伤害别人的感情吗?
76. 你与别人的友谊是否容易破裂，虽然不是你的过错?
77. 你常感到孤单吗?
78. 当人家寻你的差错，找你工作中的缺点时，你是否容易在精神上受挫伤?
79. 你赴约会或上班曾迟到过吗?
80. 你喜欢忙忙碌碌地过日子吗?
81. 你愿意别人怕你吗?
82. 你是否觉得有时浑身是劲，而有时又是懒洋洋的吗?
83. 你有时把今天应做的事拖到明天去做吗?
84. 别人认为你是生机勃勃的吗?
85. 别人是否对你说了许多谎话?
86. 你是否对某些事物容易冒火?
87. 当你犯了错误时，你是否常常愿意承认它?
88. 你会为动物落入圈套被捉拿而感到很难过吗?

按P、E、N、L可将EPQ中88个问题分为四类，并按顺序答题，P卷共有23题，包括2、6、9、11、18、22、26、30、34、38、42、46、50、56、62、66、68、72、75、76、81、85、88。E卷共有21题：1、5、10、13、14、17、21、25、29、33、37、41、45、49、53、55、61、65、71、80、84。N卷共24题：3、7、12、15、19、23、27、31、35、39、43、47、51、57、59、63、67、69、73、74、77、78、82、86。L卷共20题：4、8、16、20、24、28、32、36、40、44、48、52、54、58、60、64、70、79、83、87。

EPQ（成人）计分法

分别数出受试者在每道题上批“√”的数目。打“√”者算一分，无“√”者不计分。因此四类题（P、E、N、L）的满分分别为23、21、24、20分。很少有人得满分，也很少有人得0分，大多数位于0至满分之间。得出的粗分，还要换算成标准分（*T*分）。换算方法请参照成人P、E、N、L的*T*分表。本测试结果仅供参考，如有疑问请联系专业心理咨询师。

标准分数换算

EPQ 标准分数换算采用标准T分数的换算方法：

$$T = 50 + \frac{10(X - M)}{\text{SD}}$$

公式中，*X*表示某受试者的问卷粗分，*M*和SD分别表示该人群样本的均数和标准差。然后将均数换成50，标准差换算成10，即以50为中值，以10为一个标准差。

根据标准差的面积分布，得知在*T*/43.3至*T*/56.7的人数约占50%；在*T*/38.5至*T*/61.5的区域内，人数约占全体的75%；在*T*/38.5至*T*/43.3和*T*/56.7至*T*/61.5这两个区域的人数各占全体的12.5%，共计25%。一般认为，*T*/38.6以内的为内向，*T*/61.5以外的为外向。其他量表类推。在实际生活中有上述各类型的人，但各类型的人数是多少，尚缺乏精确研究。

除内向或外向外，还有情绪稳定或不稳定之分，因此将*X*轴为E维度，*Y*轴为N维度，在T/50处垂直相交，可分四相，即内向—稳定；内向—不稳定；外向—稳定；外向—不稳定。在此剖析图找到E和N的交点，便得知某受试者的个性特点。

解释

1. E分特高（典型的外向）：爱交际，喜参加联欢会，朋友多，需要有人同他说话，不爱一人阅读和做研究，渴望兴奋的事，喜冒险，向外发展，行动受一时冲动影响。喜实际的工作，回答问题迅速，漫不经心，随和，乐观，喜欢谈笑，宁愿动而不愿静，倾向进攻，总而言之，E分特高的人是情绪失控的人，不是一个很踏实的人。

2. E分特低（典型的内向）：安静、离群、内省、喜爱读书而不喜欢接触人。保守，与人保持一定距离（除非挚友），倾向于事前有计划，做事瞻前顾后，不凭一时冲动。不喜欢兴奋的事，日常生活有规律，严谨。很少有进攻行为，多少有些悲观。踏实可靠。价值观念以伦理做标准。

3. N分特高（典型情绪不稳定）：焦虑、紧张、易怒、往往又有抑郁、睡眠不好，患有各种心身障碍。对各种刺激的反应都过于强烈，情绪激动后又很难平复下来。由于强烈的情绪反应而影响了正常适应。不可理喻，有时走上危险的道路。在与外向结合时，这种人容易冒火，以致激动，进攻。概括地说，N分特高的人是一个紧张的人，好抱偏见，以致错误。

4. N分很低（情绪稳定）：倾向于情绪反应缓慢、弱，即使激起了情绪，也很快会平复下来，通常是平静的，即使生点气也是有节制的，并且不紧张。

5. P分高的成人：独处、不关心人。常有麻烦，在哪里都不合适。可能是残忍的，不人道的，缺乏同情心，感觉迟钝，对人抱敌意，即使是对亲友也如此。喜欢一些古怪的不平常的事情，不惧安危。喜恶作剧，总要捣乱。

以上是各型的极端例子，实际上很少有如此典型的人，大多处于两极端之间，不过是倾向于某一端而已。

三、补充阅读与思考

借由正念保持对情绪的敬意

如今，正念在精神和健康问题领域中的应用，已通过一系列基于正念的疗法而广为人知，包括正念减压（卡巴金，1996）、正念认知疗法（西格尔等，2002）、接受与承诺治疗（海斯与史密斯，2005）及辩证行为疗法（迪梅夫与莱恩汉，2001）。通过戴维森（2003）、西格尔（2007）等杰出专家的工作，以及心灵与生命学院组织的对一位神经学家的对话所进行的研究，正念练习也在世界范围内获得了接纳和认同。大量有关正念的学术研究成果被发表，证实了正念在心理健康领域的应用成效（孔与姆拉克，2009）。

什么是正念呢？在卡巴金（2005）的描述中，正念是“时时刻刻，以一种特定的方式对正在发生的事情保持非判断性的觉知，即尽可能地不反应、不判断，并打开心扉安住于当下。”正念是一种存在方式，而不是造作方式（孔，2009）。正念的目的是让我们对自己的思想、感觉、情绪保持持续的觉知，将它们客体化，原样接纳而不需改变或调整它们（古纳拉塔纳，1991）。从这个意义上来说，正念对情绪是友好的，因为保持觉知能使人以非对抗性的中立态度充分认识种种情绪和感觉（孔，2004），并学会全心全意、真诚地对它们做出回应。

尽管在很大程度上，西方心理学倾向于将精神、大脑和身体（以及心）作为各自独立的实体来研究，但在大多数亚洲的哲学和文化思想中并非如此。汉字中的正念，就是将心、神与当下结合在一起，因此正念意味着一个人在当下心神合一的状态。如果我们首先用精神来处理情绪，就会倾向于认知性地思考、评价它们（如"我想我生气了"），这会引发大量与愤怒本身无关的内心对话（如"我没有朋友"）。不过，如果我们用心—神（heart-mind）来处理情绪，在愤怒感产生时觉察到它（如"我感觉到自己正在生气"），我们就能学习与这种感受共处（如脉搏加速、胃部收缩等），而不会无意识地触发与愤怒无关的想法。留心和善待与情绪相关的身体感受，正是学习培养对情绪敬重的第一步。

保持正念，也包括对心—神每时每刻经历的事情保持无意识。这种无意识本身是中性的，不受当时的感受的影响。比如说，对焦虑的觉知本身并不会产生焦虑。正念能帮助人对正在发生的事情保持觉知，从而减少对还没发生的事情陷入妄想。因此，人们体验的是正在发生的事情本身。简言之，正念能使人用一种中立、客观、开放的态度来面对当前现实，而不是在现实中注入主观情绪和不着边际的想法。

据《柯林斯词典》（吉尔摩等，1995）所说，对感觉的尊重意味着采取一种"依从或尊重""感激、尊敬""给予适当关注或体谅"的态度。培养对情绪的敬意，包括学习关注、接受和尊重正在发生的事，这样人们才能发现情绪中隐藏的内涵和意义，以获得更多自省和自觉的机会。与这种情绪对待方式类似的体验就是潜入湖、海中——深水显得那样寂静，却隐藏着繁多的生命，丰富、美丽、充满希望，抑或充满危险。虽然从水面上看并不明显。

18世纪波斯诗人和苏菲派神秘主义者鲁米（Rumi）在他的诗歌《客栈》（The Guest House）中贴切地描述了我们对情绪可持的态度。鲁米认为，人人都像一个客栈，每天都被新的客人——"喜悦、沮丧、贪吝"——造访。他建议我们接待每位客人都如贵宾一般，"阴暗的念头、羞耻、怨恨，在门口笑脸相迎，邀请它们进来"，这样才能开放地面对每位客人可能带来的微妙信息。这首诗强调了一个观点，就是情绪犹如不速之客，偶尔会意外登门。因此，如同想阻止海浪冲上沙滩，试图阻止情绪产生只会是压力重重和徒劳一场。相反，我们应该专注于自己的态度，回应这些不请自来的客人。通过培养对情绪的敬意，我们能学会在每一种情绪生起时欢迎它，将它们视为传递重要信息的贵客，而不是要对付的敌人。

"品味"的概念（弗里亚与森德拉扬，2007）为培养这种敬重的态度提供了很好的理论框架，也表明了正念在其中的作用。根据弗里亚和森德拉扬的观点，"品味"一词（来自中文概念）强调了一种"自省式的觉知"，在这种觉知中，情绪所期待的目标是体验而不是成为被体验的事物。"品味"的意思包括细细品尝味道本身，并将它和它包含的个体特征作为一个整体去欣赏。比如说，"品味"近似于品尝食物，而非仅仅吃掉食物。

品味自己的情绪有助于获得"体验性的超脱"，也就是"默观中的超脱"（弗里亚与森德拉扬，2007），它能让人认识到很细微的情绪。根据作者的观点，品味可以把粗大的情绪转变得更精细。粗大情绪的特征是"明显的身体不安和行为表现等，是相对简单的事件——情绪关系"。相比之下，精细的情绪会被感受得更深，且不易表现为外在行为，它包含的意义也可能超过当前事件的直观含义。例如，粗大的情绪往往导致回避、反击或逃跑等简单的结果。而精细情绪的体验通常是多层面的，它能使人对事物做出更全面的评价，充分体会其中含意，防止冲动的反应，练习克制或随时做出回应（弗里亚与森德拉扬，2007）。我个人认为，粗大和精细的情绪并没有高下之分。然而，精细的情绪通常更微妙，更不易察觉，除非我们学习去注意它。

为了培养对情绪的敬重和超脱，我们需要让自己的思想安静下来，充分容许自己和每一种情绪相处，以便能把握其更广泛的意义。就这点而言，尊重、品味和正念，在培养对情绪的敬重时扮演着互补的角色。尊重鼓励我们去欢迎情绪，品味邀请我们以富有意义的方式融入情绪，正念则为我们的实践和自律提供了技巧。

——贝琳达·秀鸾·孔博士

第三节　人格的培养

你需要知道的事：一般而言，人格的塑造是有限度的

个人在成年之后，人格基本成型，如果没有特殊的际遇，很难再变成另外一个人。而且，在心理咨询中，往往会把一个人人格的突然转变视为异常的信号。寄望于自己变成另外一个人，也不能说没有可能，只是需要付出常人难以想象的代价和努力，而且失败的可能居多，这种寄望本身可能是一种不成熟的表现。对人格合理的期待应该是努力在已有的基础上完善自我，成长自己，把个体已有人格的内在力量和潜能实现最大化。

一、实用的理论

（一）人本主义理论——高峰体验与个人成长

人本主义理论特别关注人类如何发挥自己的潜能，它聚焦于人类的经验，遇到的问题、潜能和理想。人本主义对人的诠释是乐观的，它认为人天生具有善良的本性，寻求着把自身的潜能都发挥出来的途径。

按照人本主义者的观点，我们之所以成为今天的我们，很大程度上取决于我们曾经做出的各种选择。人本主义观点强调个体的即时主观体验或现实知觉的作用，而不是过去学习的作用。人本主义相信，每个人的头脑中都有一个“真实世界”，为了理解一个人的行为，我们必须了解这个人的主观世界是怎样的，因为，只有本人的主观世界才是他头脑中对客观世界“真实的”反映。

许多心理学家提出的学说都可归入人本主义心理学理论，其中，最著名的是，马斯洛（1908—1970）的“自我实现”学说和罗杰斯（1902—1987）的“自我”理论。

（二）马斯洛的“自我实现”学说

在马斯洛的早期研究中，他对取得特殊成就者的生活经历具有浓厚的兴趣，他想知道这些人与普通人究竟有什么差别。为了找到答案，马斯洛开始研究一些名人，如伟大的科学家爱因斯坦、威廉·詹姆士和约翰·米尔，美国总统亚当斯、林肯和罗斯福，诗人惠特曼等。此后，他又研究了一批艺术家、作家和富有创造性的人。然而，就在马斯洛对这些名人、伟人的研究过程中，他的思想发生了彻底的变化。马斯洛发现，成功并不是名人的专利，不论你是木工、职员、学生或家庭主妇，都能够使自己的生活美满、充实并有创造性。马斯洛把这种充分发挥个人潜能的过程称为“自我实现”（Maslow，1954）。

自我实现者是能够充分发挥自己潜能的人，也是在生活中极有创造性的人。马斯洛选择了一批他认为的自我实现者进行调查。研究结果发现，不论是政要名流还是读书不多的劳动者，在他们这些人中，都能够找到自我实现者。而这类人身上的很多品质是一致的。

以下是自我实现者的一些共同特点：

（1）正确认识现实的能力。他们能够正确判断现实情境，对虚假的和欺骗性的东西非常敏感，能够诚实地提出自己的观点。

（2）愉快地接受自我、他人和自然。他们勇于承认自己的缺点，接受现实的自我。同时，他们也用幽默和容忍的态度接受他人的缺点和人类生存的现实条件。

（3）自发性创造欲。在日常生活中，他们能够非常主动和投入地进行自发性创造活动。

（4）任务中心。他们把全部注意力集中于自己正在进行的事业，而把个人情感和个人需求放在其后。例如，只身来到非洲的传教士兼医生史怀哲和献身于印度穷苦人民的特蕾莎修女就是这一类人中的典范。他们有着一种使命感，因此能够将自我置之度外，为了理想和追求而努力工作。

（5）自主性。他们富有智慧和独立精神，既不屈服于强权，又不盲从于他人。

（6）好奇心和不断深化的体会。他们对生活中的一切基本的东西都好奇，并且，每一次经验都能够使他们产生新的体会，无论是日落时的彩霞还是盛开时的鲜花，都会使他们产生强烈的体验。当再次看到这些美景时，他们仍然会产生新的“美”的感受。他们的目光就像艺术家或儿童，总是那么“单纯”。

（7）与人为善的待人方式。他们对身边的伙伴和其他人都有一种普遍的认同感。

（8）感情深厚的人际关系。他们的人际关系中充满着深厚的感情和爱。

（9）享受孤独。在与他人保持良好人际关系的同时，他们也能够愉快地享受一个人独处的时光。对于他们，这种“孤独”有着重要的意义。

（10）幽默感。这指的是一种拿自己开玩笑的特殊能力，一种像林肯总统那样的幽默感。林肯总统爱拿自己开玩笑，用这种和风细雨的讽刺方式指出人的各种弱点，但从不出口伤人。

（11）高峰体验。所有的自我实现者曾经报告过，自己在达到上述境界时会产生一种体验，即在短的时间内感到无比的欣喜，感到自己生命的价值，感到一种从未有过的开阔、力量、和谐、平静、光明和美好。马斯洛把这种感觉称为高峰体验。

总之，自我实现者总是有安全感而没有焦虑，他们感到爱和被爱，感到自己生活在一个能够充分接受自己的世界上。

马斯洛对自我实现者的选择看起来十分主观，那么，他对于自我实现的诠释是否是客观准确的呢？虽然，马斯洛也尝试进行实验性研究，但他对参加实验者的选择是主观的，尽管如此，他提出了一个毋庸置疑的观点，即有许多途径可以充分开发个人潜能。马斯洛的主要贡献是，他提出了每个人的潜能都能得到充分发挥的观点。

如何促进自我实现的发展进程？马斯洛说明，自我实现是一个不断发展的过程，而不是发展的某个终点，尽管他没有专门论述如何加快这一发展进程，但我们还是可以从他的著作中总结出一些很有启发性的要点。自我实现是一个过程，而不是一个终点。同时，每个人的自我实现进程都取决于自己的不断努力、自我要求和耐心，而不可能一蹴而就。

以下建议可供参考：

（1）行程改变自己的愿望。你可以问自己：“我对自己的生活真的非常满意吗？我的潜能都发挥出来了吗？”如果你发现自己仍然需要提高，就要准备对自己的生活进行某些改变。如果你经常问自己这个问题，就会发现人有一种不断改变的需要。

（2）对自己负责。只有对自己生活中的每个方面都能够负责，一个人才可能设计和改造自我。只有那些能够对自己负责的人，才不会沾染推卸责任的恶习，不因为自己的错误去责备他人。

（3）学会检查自己的动机。检查自己的动机可能使人发现自己“丑陋”的一面。如果发现自己的大多数行为都是以“平安无事”为准则的，那就到了应该好好反省自己的时候了。人生的目标应该是不断进取，而不是一味躲避恐惧和焦虑。

（4）诚实接受现实。人们思维中的一个障碍就是往往用主观意志代替现实。一个自我实现者要能够诚实地接受各种各样的信息，而不是根据自己的担心或愿望来曲解这些信息。要学会直接面对现实。如果你犯了错误，就要坦然承认说：“我错了！”

（5）运用成功经验。如果你曾经历过高峰体验的短暂瞬间，那么，你可以有意识地重复那些可以导致欣喜、兴奋、满足和高兴的行为，再次找到那种自我实现的成功感觉。

（6）做好“与众不同”的心理准备。根据马斯洛的学说，尽管每个人都具有成为伟人的潜能，但大多数人对当出头鸟心有余悸，因为，与众不同者最容易成为众矢之的。然而，一个人要自我实现，就不能随大流，不能被动用别人的标准来评价自己，而是要跟着自己的信念和感觉向前走。

（7）融入事业。根据马斯洛的发现，凡是自我实现者都具有一种使命感，即感到事业在召唤自己。对于这些人来说，工作不仅是为了挣钱或满足生活需要，更是一种对真理、美、友爱和人生意义的追求。当你决定将自己融入一个伟大的事业并为之奋斗终生之后，你所关注的将不再是个人利益。

（8）对自己的发展进行评价。我们每个人都不可能在自我实现的道路上达到最后的终点，我们可能做到的是不断估计自己的进度，不断努力达到新的目标。如果你在学习或工作中感到不顺心，或在某种人际关系中遇到麻烦，不妨把它看成是一个挑战，接受这个现实，并为了达到对自己的创造性潜能，任何活动都可以成为你在自我实现的道路上提高自己的机会。

二、训练与测试

测验一：

自我认同感测试

指导语：奥克斯（Aux）和普拉格（Prager）编制了一个量表，用来测试15岁以后的人是否成功通过埃里克森提出的8个发展阶段。你可以用这一部分来测试一下自己，看一看这些问题是否适用于你，根据下列标准给自己打分：完全不适用，1分；偶尔适用或基本不适用，2分；常常适用，3分；非常适用，4分。本测试结果仅供参考，如有疑问请联系专业心理咨询师。

1. 我不知道自己是怎样的人。
2. 别人总是改变他们对我的看法。
3. 我知道自己应该怎样生活。
4. 我不能肯定某些东西在道义上是否正确。
5. 大多数人对我是哪类人的看法一致。
6. 我感到自己的生活方式很适合我。
7. 我的价值为他人所承认。
8. 当周围没有熟人时，我感到能更自由地成为真正的我自己。
9. 我感到自己生活中所做的事并不真正值得。
10. 我感到我对我生活的集体适应良好。
11. 我为自己成为这样的人感到骄傲。
12. 人们对我的看法与我对自己的看法差别很大。
13. 我感到被忽略。
14. 人们好像不接纳我。
15. 我改变了自己想要从生活中得到什么的想法。
16. 我不太清楚别人怎么看我。
17. 我对自己的感觉改变了。
18. 我感到自己是为了功利的考虑而行动或做事。
19. 我为自己是我生活于其中的社会一分子而感到骄傲。

记分时，先把1、2、4、8、9、12、13、14、15、16、17、18题的回答结果转换一下，如选择的是1，就打4分；选择2，打3分；选择3，打2分；选择4，打1分。其他问题则保持不变。然后把19个问题回答的得分相加。

对15～60岁的人进行测试时，平均得分57，标准差7左右。这表明大多数人的得分在57±7范围内。得分明显高于该数字的人，表明他的自我认同感发展良好；得分明显低于该数字者，表明他的自我认同还处于形成和发展阶段。

测验二：

自尊量表

指导语：每一个人对以下问题都会有不同的看法，回答也是不同的，所以答案没有“对”与“不对”之分，只表明你的态度。请根据自己的实际情况选择最适合的选项。本测试结果仅供参考，如有疑问请联系专业心理咨询师。

1. 我感到我是一个有价值的人，至少与其他人处在同一水平上。①②③④
2. 我感到我有许多好品质。①②③④
3. 归根结底，我倾向于觉得自己是一个失败者。①②③④
4. 我能像大多数人一样把事情做好。①②③④

5. 我感到自己值得自豪的地方不多。1234
6. 我对自己持肯定态度。1234
7. 总的来说，我对自己是满意的。1234
8. 我希望我能为自己赢得更多的尊重。1234
9. 我确实时常感到自己毫无用处。1234
10. 我时常认为自己一无是处。1234

计分方法：

1. 1、2、4、6、7为正向计分条目。4表示非常符合，计4分；3表示符合，计3分；2表示不符合，计2分；1表示很不符合，计1分。

2. 3、5、8、9、10为反向计分条目，回答结果转换一下，如选择4，计1分；选择3，计2分；选择2，计3分；选择1，计4分。

评分标准：总分范围10～40分，分值越高，自尊越高。

测验三：

一般自我效能感量表

指导语：以下10个句子是你平时对自己的一般看法，请根据你的实际情况（实际感受）在右面合适的方框内打“√”。答案没有对错之分，对每一个句子无须过多考虑。本测试结果仅供参考，如有疑问请联系专业心理咨询师。

1. 如果我尽力去做的话，我总是能够解决问题的。1234
2. 即使别人反对我，我仍有办法取得我所要的。1234
3. 对我来说，坚持理想和达成目标是轻而易举的。1234
4. 我自信能有效地应付任何突如其来的事情。1234
5. 以我的才智，我一定能应付意料之外的情况。1234
6. 如果我付出必要的努力，我—定能解决大多数的难题。1234
7. 我能冷静地面对困难，因为我信赖自己处理问题的能力。1234
8. 面对一个难题时，我通常能找到几个解决方法。1234
9. 有麻烦的时候，我通常能想到—些应付的方法。1234
10. 无论什么事在我身上发生，我都能应付自如。1234

计分方法：1为“完全不正确”记1分；2为“有点正确”记2分；3为“多数正确”记3分；4为“完全正确”记4分。

分数解释：

将自己10个题的得分相加。

1～10分：你的自信心很低，甚至有点自卑，建议经常鼓励自己，相信自己是能行的，正确地对待自己的优点和缺点，学会欣赏自己。

11～20分：你的自信心偏低，有时候会感到信心不足，找出自己的优点，承认它们，欣赏自己。

21～30分：你的自信心较高。

31～40分：你的自信心非常高，但要注意正确看待自己的缺点。

（李梅，黄丽主编，《大学生心理健康十二讲》，北京，北京师范大学出版集团，2012）

三、补充阅读与思考

乐观的人更健康

在生活中，有的人悲观，有的人乐观。悲观主义者生活态度消极，总是看到事物阴暗的一面，认为好事不会落到自己头上；乐观主义者生活态度积极，总是看到事物美好的一面，坚信黑暗中总有一线光明。悲观主义者相信坏事会发生都是自己的过错，发生的坏事一定会持续很久；乐观主义者遇到同样的厄运时，会认为现在的失败是暂时的，而且都有其原因，不是自己的错，可能是环境、坏运气或其他因素带来的后果。比如，面对考试失败，悲观主义者往往认为是自己没有好好复习，能力差，这次考不好意味着永远考不好；乐观主义者往往认为，只要我好好努力，下次还是有希望考好的。

你是一个乐观主义者吗？斯凯尔（Scheier）和卡佛（Carver）于1985年编制了一个乐观性情量表，被称为“生活方向测验”（Life Orientation Test，LOT）可以对乐观主义人格进行评估。

斯凯尔和卡佛对乐观主义与健康和疾病之间的关系的研究结果显示乐观的人能更有效地应对应激，并因此降低他们患病的风险。他们俩在后来的研究中还发现，虽然同样经历生活的艰苦，但乐观主义者与悲观主义者相比，很少有忧虑，而且具有更好的生理和心理健康。比如，冠状动脉搭桥手术的患者中，乐观主义者比悲观主义者恢复得更快，而且手术后6个月的生活质量更高，活得更好。

凯门（Kaymen LP）1989年曾在宾夕法尼亚大学做了一个实验。他首先通过“生活方向测验”进行心理评估，把被试者分成乐观主义组和悲观主义组，然后把极小剂量的病原体（破伤风、腮腺炎、酵母菌）放置在他们的皮肤上，两组被试者都被要求在很短的时间内完成一项不可能完成的任务，结果悲观主义组被试者很快就放弃了，而乐观主义组被试者却坚持到最后一刻。数天以后，悲观主义组被试者的皮疹比乐观主义组被试者的要严重许多。这提示了乐观主义者对病原体的应激反应较弱，身体状况更好。

乐观主义为什么能对人体健康产生积极影响呢？一般认为，乐观主义人格对健康的积极作用是通过提高免疫功能实现的。情感模型和坚持模型可以解释乐观主义对免疫系统的积极影响。情感模型指出，乐观主义者情绪积极、乐观自信，较少焦虑和抑郁，与此相关的五大人格维度是外向和神经质，因此有更好的生理恢复能力（Coden，等，1999）。坚持模型（Segerstrom，2001）指出，乐观主义者不断进行着的应对努力增进了其对适应和健康的长期追求，从而能更积极有效地应对应激事件，而且乐观主义者较少采用回避、屈服这些消极应对方式，与此相关的五大人格维度是尽责，因而从长期效果看，乐观主义者更能实现自己的目标，生理功能也更好。那么，乐观主义对免疫系统功能的促进作用，究竟是由积极的情感所致的，还是由坚持不懈的积极应对所致的呢？西格斯托姆及其同事（2002）设计了一个实验来对比进行探索。

实验目的：研究乐观主义对细胞免疫的影响

实验过程

实验被试者为30名一年级大学生，年龄在18～40岁。其中女性15名，男性15名；7名法律专业，23名医学专业。被试者身体健康，没有服用药物。被试者被随机分配进入接受心算任务和不接受心算任务组。

（1）实验程序：所有被试者都要经历2次评估，一次在假期内，一次在考试期间。这2次评估的次序对于所有被试者是均衡的，即一半被试者在假期内的评估为第一次评估，另一半被试者在考试期间的评估为第一次评估。

被试者第一次来到实验室，先休息3分钟，在这期间接上心电图仪，测量并记录心脏活动指标的基线值。随后，不接受心算任务组的被试者直接接受迟发型超敏反应皮试（Delayed-type Hyper Sensitivity Skin Test）。接受心算任务组的被试者则先完成心算任务，期间心电图仪一直处于监测状态，由其测量并记录心脏活动指标，然后被试者再接受迟发型超敏反应皮试。请被试者把心理测量问卷带回去完成，48小时后回实验室检查皮试反应时，顺便上交心理测量问卷。

第二次评估的程序与第一次完全相同。

（2）心脏活动指标：测量被试心率和心跳连续间隔平均值（the Mean Successive Differences，MSD）。

（3）细胞免疫测试：迟发型超敏反应皮试时，把0.1毫升腮腺炎皮肤检测抗体注射到被试者的前臂内侧，48小时后检查，如果红斑没有硬化，则被认为是对腮腺炎皮肤检测抗体的积极反应，即细胞免疫力增强。

（4）心理测量：①生活定向测试（Life Orientation Test-Revised），测量个体的特质性乐观；②学业乐观（Academic Optimism）；③《五大人格测试问卷》（NEO-PI-R），包括神经质、外向、尽责、宜人性、对经验的开放性5个分量表；④应激评估（5rAppraa）只有一句话，即“由于来到医（法）学院，我现在就像以前那样压力很大”，1～5级计分，1=“很不同意”，5=“很同意”。

实验结论

（1）被试者在接受心算任务后的心率与基线值相比有显著增加，说明心算任务是具有应激性的刺激。

（2）没有接受心算任务的被试者，其学业乐观与迟发型超敏反应呈正相关；接受了心算任务的被试者，其学业乐观与迟发型超敏反应呈负相关，学业乐观与心算任务的交互作用对于迟发型超敏反应具有预测性。

（3）特质性乐观与神经质呈负相关，与外向呈正相关，这反映了它的情感成分；特质性乐观与尽责呈正相关，这反映了它在应对上的坚持性。学业乐观与五大人格测试问卷的人格维度的相关性与特质性乐观相同。

（4）只有“尽责”对于迟发型超敏反应具有预测性，“神经质”和“外向”都没有表现出这样的预测性。

由此可见，乐观对细胞免疫的影响符合坚持模型。

实验应用

这个实验研究结果显示，学业乐观的人在没有经历应激的情况下，其细胞免疫反应较强，而在经历应激的情况下，其细胞免疫反应反而较弱。这似乎表明，乐观主义者会为了致力于长期的适应而付出短期的代价。从这个实验结果来看，因为只有“尽责”对迟发型超敏反应具有预测性，“神经质”和“外向”都没有表现出这样的预测性，所以实验结果支持乐观主义影响免疫的坚持模型。也就是说，乐观主义对免疫系统功能的促进作用，是由坚持不懈地积极应对所致的。乐观主义者更多采用着重于问题解决的积极应对，更多地去寻求社会支持，更有效地利用自己所拥有的资源来处理应激性事件，面对困难更能坚持，因而从长远效果看，促进了免疫功能，对健康起到了保护作用。

乐观主义者往往采用更加积极的态度对应激事件进行认知评价，在初级评价时往往倾向于做“良性”或“无关”或“挑战”的评价；在次级评价时往往倾向于看到事物有利的一面，认为自己所拥有的资源足以应对应激。但是，这个实验中所采用的应激源不是心理社会的应激源，所以很难体现乐观主义者的认知评价在应激过程中的积极作用。

（沈晓红主编，《健康心理学》，浙江教育出版社，2009）

第四章　大学生情绪管理
——擦亮心灵的窗户

生活中的心理学

生活中的心理学

有一个男孩脾气很坏，于是他的父亲就给了他一袋钉子，并且告诉他，每当他发脾气的时候就钉一根钉子在后院的围栏上。第一天，这个男孩就钉下了37根钉子！慢慢地每天钉下钉子的数量减少了。他渐渐学会了控制自己的脾气。终于有一天，这个男孩不再乱发脾气了。

父亲又告诉他，现在开始每当他能控制自己脾气的时候，就拔出一根钉子。时间一天天过去了，最后男孩告诉父亲，他终于把所有钉子都拔出来了。父亲牵着他的手来到后院说："你做得很好，我的孩子。但是你看看围栏上的那些洞，这些围栏将永远不能恢复成从前了。你生气时说的话就像这些钉子一样留下疤痕，不管你说了多少次对不起，那个伤口将永远存在。"

第一节　认识情绪

你需要知道的事：有关情绪的心理学实验

古代阿拉伯学者阿维森纳，曾把一胎所生的两只羊羔置于不同的外界环境中生活。一只小羊羔随羊群在水草地快乐地生活，而另一只羊羔身旁拴了一只狼，它总能感受到自己面前那只野兽的威胁，在极度惊恐的状态下，根本吃不下东西，不久就因恐慌而死去。

医学心理学家用狗做嫉妒情绪实验：把一只饥饿的狗关在一个铁笼子里，让铁笼子外面另一只狗当着它的面吃肉骨头，笼内的狗在急躁、气愤和嫉妒的负性情绪状态下，产生了神经症性的病态反应。

美国生理学家艾尔马的情绪生理实验把悲痛、悔恨、生气和心平气和时呼出的"气水"做对比实验（见下图）。心平气和时呼出的"气水"放入有关化验水中沉淀后，无杂无色，清澈透明；悲痛时呼出的"气水"沉淀后呈白色；悔恨时呼出的"气水"沉淀后则为蛋白色；生气时呼出的“生气水”沉淀后为紫色。把“生气水”注射在大白鼠身上，几分钟后，大白鼠死了。由此，艾尔马分析：人生气时的生理反应十分剧烈，分泌物比任何情绪都复杂，都更具毒性。

美国生理学家艾尔马—情绪生理实验

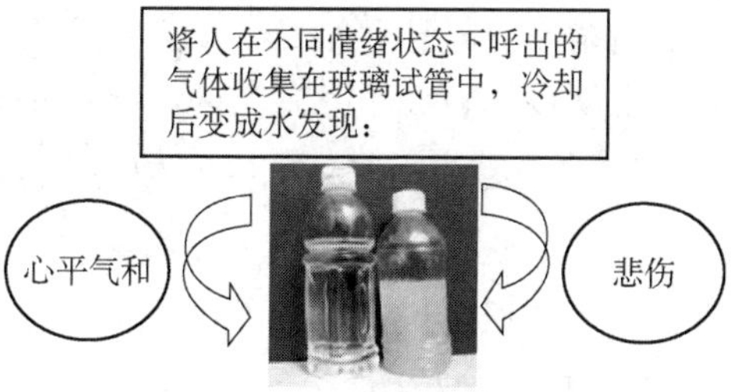

图　“气水”实验

在非洲草原上，有一种不起眼的动物叫吸血蝙蝠。它身体极小，却是野马的天敌。这种蝙蝠靠吸动物的血生存，在攻击野马时常附在马腿上，用锋利的牙齿敏捷地刺破野马的腿然后吸血。野马受到这种外来的挑战和攻击后，马上开始蹦跳、狂奔，但却无法驱逐这种蝙蝠。蝙蝠可以从容地吸附在野马身上，直到吸饱吸足，才满意地飞去。而野马则在暴怒、狂奔、流血中无可奈何地死去。动物学家在分析这一问题时，一致认为吸血蝙蝠所吸的血量是微不足道的，远不会让野马死去，而野马对这一外因的剧烈情绪反应，才是导致其死亡的真正原因。

实验告诉我们：焦虑、抑郁、恐惧、嫉妒、敌意等负性情绪具有强大的破坏性，长期被这些情绪困扰就会导致身心疾病的发生。

一、情绪的内涵

当我们看一场感人的电影时，会感动得落泪；回想往事的时候，会哑然失笑；遇到违背社会公德的人和事，会义愤填膺；经过艰苦的思索，攻克一道难题，就会满心欢喜。在我们每个人的身上，都存在着这样一种神奇的力量，它可以使你精神焕发，也可以使你萎靡不振，可以使你冷静理智，也可以使你暴躁易怒。它可以使你的生活充满甜蜜与快乐，也可以令你的生活抑郁、沉闷、暗淡无光。这种能使我们的感受产生变化的神奇力量，就是情绪。

（一）情绪的定义

关于“情绪”的确切含义，心理学家及哲学家已经辩论了100多年。情绪被描述为针对内部或外部重要事件所产生的突发反应，包含语言、生理、行为和神经机制互相协调的一组反应。许多学派给情绪下的定义反映了这类关系。例如，功能主义把情绪定义为：情绪是个体与环境意义事件之间关系的心理现象（Campos，1983）。阿诺德认为：情绪是对趋向知觉为有益的、离开知觉为有害的东西的一种体验倾向。这种体验倾向为一种相应的接近或退避的生理变化模式所伴随（Arnold，1960）。拉扎勒斯提出与阿诺德类似的定义：情绪是来自正在进行着的环境中好的或不好的信息的生理心理反应的组织，它依赖于短时的或持续的评价（Lazarus，1984）。[①]

简单地说，情绪（Emotion）是人对客观外界事物的态度的主观体验，是人脑对客观外界事物与主体需要之间关系的反映。情绪活动是无时不在，无处不在的。在现实生活中，我们的行为经常伴随着情绪反应。从这个定义中我们可以知道：

---

① 参考文献：好搜百科、百度文库等网络资源。

1. 情绪是人对外界事物的一种自然反应

情绪没有好坏对错之分，只是人对客观事物的反应。每个人都有喜怒哀乐等情绪，因此要主动接纳自己正在发生的情绪，不去怀疑和批判它。

2. 情绪是感受与认知的一种内在互动

正面或负面情绪的出现，是人自身对需求得到满足或者没有得到满足时的一种生理反应。因此任何一种情绪的背后，都对应着自身感受与主观认知的一种互动。

3. 情绪会转化为一种特定的行为

情绪是由外而内的感受、互动，然后又由内而外的表现、行动。即外界环境影响并产生情绪，而情绪又会通过特定的表情、语言及动作表现出来。例如，人们沮丧时“垂头丧气”，受惊时“呆若木鸡”，恐惊时“四肢发抖”。

（二）容易和情绪混淆的概念

（1）心情（Moods）：主体所处的感情状态，比“情绪”延续时间长，感情波动不如“情绪”强烈。

（2）态度（Attitude）：情绪可以看作是短期态度的体现，态度处在不断地变化发展中。

（3）情感（Affect）：情绪与“情感”常通用，但略有区别。大部分的心理学教科书都认为情绪与人的自然性需要相联系，具有情景性、暂时性和明显的外部表现；情感与人的社会性需要相联系，具有稳定性、持久性，不一定有明显的外部表现。情感的产生伴随着情绪反应，如爱情的满足感总伴随着快乐，而情绪的变化也受情感的控制。

无处不在的心理学：

长期遭受旱灾的地区降了一场大雨，这场雨符合人们的主观需要，人们会对之采取肯定的态度，产生满意、愉快等内心体验；相反，已遭受洪涝灾害的地区降雨，会造成更大的损失，人们对之持否定的态度，产生不满、愤怒甚至憎恶等内心体验。

若以行为过程区别两者：情感是指对行为目标目的的生理评价反应，而情绪是指对行为过程的生理评价反应。例如，当恋爱时我们是有目标的，我们的爱情是对相应目标的一种生理上的评价和体验，同时我们随着恋爱这一行为过程的起伏波折又会产生各种各样的情绪。

（三）情绪的构成与表现

从情绪的定义中，我们可以看出情绪由独特的主观体验、外部表现和生理唤醒三部分构成。

1. 主观体验

主观体验是人们体验到的主观感情。例如，失恋后身体和心理会产生一系列反应，主观意识察觉到这些变化，把这些反应统称为“悲伤”“痛苦”。

科学家的发现：

1. 出生四个月的婴儿即可表现厌恶、痛苦、惊奇等，而恐惧要到出生六个月后才有。
2. 3 岁的婴儿便能正确识别他人的快乐、愤怒、悲哀等面部表情。

2. 外部表现

外部表现包括面部表情、姿态和声音。面部表情、声音和姿态变化表现出的情绪，是为了向周围的人传达情绪主体对一件事的看法和他的行动意向。对情绪的表达既有人类共通的成分，又有各自独有的成分。

（1）面部表情：反映在嘴唇、眉毛及眼睛光泽的变化。例如，喜悦、愉快、欢乐时脸颊鼓起，唇角上扬，两眼闪光，两眉舒展；吃惊时张嘴、瞪眼；眉毛上挑（见下图）。

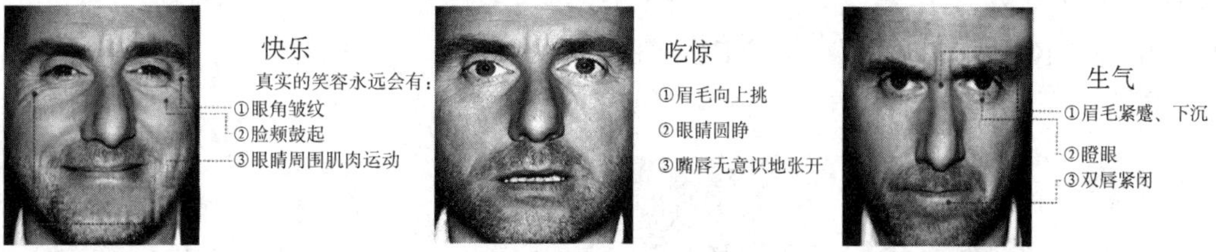

图　常见面部表情特征

达尔文（1872）在《人和动物的表情》一书中认为，人类的情绪表达是从其他动物的类似表达进化得来的（见下图）。个体生来就具有不同面部表情的表达能力，不同民族的人的面部表情模式具有共同性。但是，人类的某些面部表情是通过后天学习获得的，在不同的生活环境、社会文化、风俗习惯的影响下会有不同的表现，并且个体还能在社会环境中学会掩饰和控制自己的面部表情。面部表情的后天习得既是生物适应性的延伸，又是社会适应的体现。

图　人与动物表情比较

（2）姿态表情：运用全身姿态和四肢活动表达情感。例如，欢乐时的手舞足蹈、捧腹大笑；悲恸时的捶胸顿足；痛恨时的咬牙切齿等（见右图）。

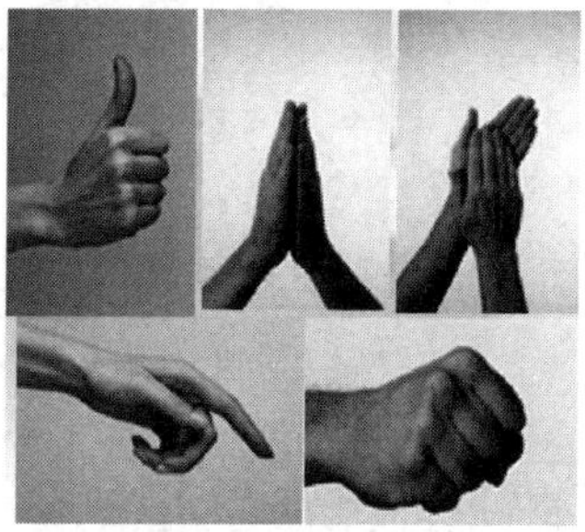

图　姿态表情

（3）言语表情：包括言语的声调、节奏和速度。例如，高兴时语调高昂、语速加快，痛苦时语调低沉、语速减慢等。同样的内容用不同的语调，可以表达不同的感情。

3. 生理唤醒

当情绪发生时伴随的身体的自动反应，是由情绪的生理构成的。例如，激动时血压升高，紧张时心跳加快，害羞时满脸通红。同样的情绪程度不同，带来的生理唤醒也会发生变化。你可能有过考前紧张焦虑的情绪体验，最初它可以提高我们的学习效率，但如果焦虑过度则会使得学习效率降低，更有甚者会厌学、厌食、产生焦虑障碍（情绪与学习效率关系如右图所示）。另外，我们熟知的测谎仪也是利用了情绪的生理唤醒这一表现进行工作的（见下图）。

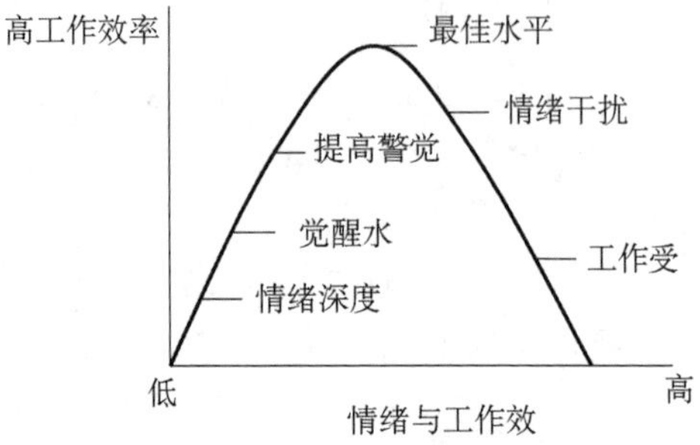

图 情绪与学习效率关系

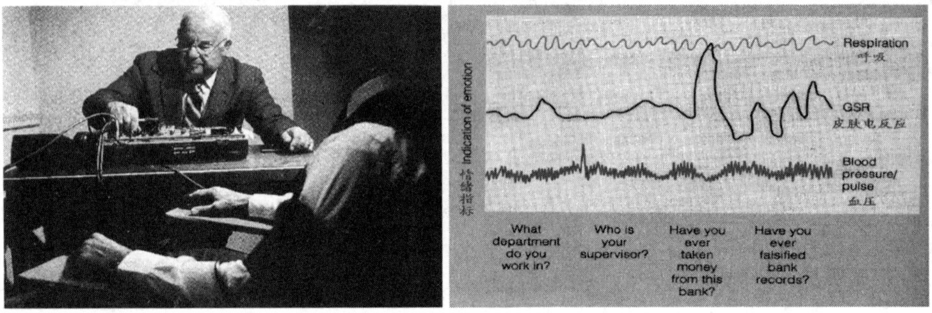

图 测谎仪原理

（四）情绪的分类

1. 基本情绪与复杂情绪

情绪可以被分为与生俱来的“基本情绪”（如快乐、悲伤等）和后天学习到的“复杂情绪”（如忌妒、惭愧、羞耻、自豪等）。基本情绪和原始人类生存息息相关，复杂情绪必须经过人与人之间的交流才能学习到，因此每个人所拥有的复杂情绪数量都不一样。

图 七情

到底哪些情绪属于基本情绪，甚至到底是否存在基本情绪一直存在争论。《礼记》中把人的情绪称为“七情”：喜、怒、哀、惧、爱、恶、欲（见左图）。美国加利福尼亚大学旧金山分校心理学家保罗·艾克曼则指出，人类的4种情绪（喜、怒、哀、惧）所对应的特定面部表情，为世界各地不同的文化所公认，包括没有文字、尚未受到电影电视污染的人群，因此认为喜、怒、哀、惧是人类的四种基本情绪。

2. 正性情绪与负性情绪

正性情绪是指那些积极的，对人心理产生健康影响的情绪状态。负性情绪是指那些不愉快甚至是引发人痛苦、愤怒的情绪体验，如生气、委屈、难过、苦恼、沮丧等。特别需要注意的是，负性情绪在一定的情境之中是我们的“朋友”，我们需要好好地保护它。例如，愤怒会保护我们的边界不被侵犯；恐惧会帮助我们逃避危险或应对危险情景；紧张会调动全身资源“准备战斗”；焦虑提醒我们还有事情没有处理；悲伤可以疗愈我们的创伤；羞耻使人避免做出违背社会规范的行为。

3. **负性情绪与消极情绪的区别**

负性情绪不等于消极情绪。情绪无好坏之分，但由情绪引发的行为及行为的后果则有好坏之分。这些引发消极行为或结果的情绪我们称为消极情绪。消极情绪不可能被完全消灭，但可以进行有效疏导、有效管理、适度控制。

（五）情绪的状态

情绪状态是指在某件事件或情境的影响下，在一定时间内所产生的某种情绪，较典型的情绪状态有心境、激情和应激三种。

1. **心境**

心境是一种微弱、弥散和持久的情绪，即平时说的心情，它所带来的愉快或不愉快会保持一个较长的时间，并且会把这种情绪带入工作、学习和生活中。愉快的心境让人精神抖擞、思维活跃、待人宽容，而不愉快的心境让人萎靡不振、多疑，看到的、听到的全都是不如意、不顺心的事物。

2. **激情**

激情是一种猛烈、迅疾和短暂的情绪。激情是由某个事件或原因引起的当场发作，情绪表现猛烈，但持续的时间不长。激情通过激烈的言语爆发出来，是一种心理能量的宣泄。从一个较长的时段来看，对人的身心健康的平衡有益，但过激的情绪可能会产生危险。

寓言故事中的激情：范进中举

范进不看便罢，看了一遍，又念一遍，自己把两手拍了一下，笑了一声，道：“噫！好了！我中了！”说着，往后跌倒，牙关咬紧，不省人事。老太太慌将几口开水灌了过来。他爬将起来，又拍着手大笑道：“噫！好！我中了！”笑着，不由分说，就往门外飞跑。走出大门不多路，一脚踹在塘里，挣起来，头发都跌散了，两手黄泥，淋淋漓漓一身的水。众人拉他不住，拍着笑着，一直走到集上去了。

3. **应激**

应激是在出乎意料的紧急情况下如车祸、地震等或在各种强烈因素（应激原）刺激下所产生的情绪。积极的应激反应可以使注意力集中，带来积极的思维和动机的调整，形成合理的心理防御机制，有利于应对能力的发挥。例如，走路时一个花瓶从楼上落下，我们惊恐后往往会告诫自己以后不要在屋檐下行走。消极的应激反应则会唤醒焦虑、紧张或情绪低落（抑郁），造成认知能力降低，自我概念不清。例如，大地震灾难发生后，幸存者会因为惊恐、悲痛，生活受到严重影响。

应激事件发生后，当事人的心理会经历一个变化的过程：①惊叫，即未曾预料的事件信息突然冲击时，表现出哭泣、尖叫或昏倒；②否认，是对现实的不接纳，这个阶段当事人情绪麻木，缺乏对正常刺激做出反应的感觉，有意不涉及应激情境的概念，专心致志地从事一般的重复动作而不顾周围；③侵入，是应激性事件的直接或信号性行为及自发的观念性或情感性折磨再现，包括有关应激事件的梦魇、反复的自发印象，或由其他事件派生的吃惊反应；④不断修正，是身体和心理适应的过程，若能逐步地适应并接受现实就结束了，如受阻则可能转入病态。因此，应激事件发生后，来自家庭、亲友、同事、党团组织等社会关系在精神与物质上的社会支持是当事人恢复心理能量的重要来源。

（六）情绪的来源

你想过你的情绪反应是从哪里来的吗？情绪起源的问题在整个心理学史上一直令许多科学家着迷。他们分别用不同的科学实验来研究证明，下面我们通过两个经典实验从情绪先天获得和情绪后天习得的角度来了解情绪的来源。

1. 情绪先天获得理论

情绪的先天论者认为，爱是天生的需要。婴儿与母亲之间的亲密接触及依恋的经验，对他在未来生活中爱的能力及与他人亲近的能力有很重要的影响。也就是说，人的一生中最早的爱的经历是幼年与母亲之间的亲密接触。出于伦理原因，哈洛采用婴儿期在生理上与人类非常接近的恒河猴作为实验对象。

图　经典恒河猴实验

通过实验的一系列观察，结果发现幼猴偏爱有绒布包裹的木制母猴，分开喂养的两组幼猴都对木制母猴产生强烈的依恋倾向。那些由铁丝母猴喂养的幼猴也只是在吃奶时迫不得已离开木制母猴，吃完后又迅速回到木制母猴那里（见右图）。

其次，当幼猴发现自己正面对一些害怕的事物时，它们便很快跑向木制母猴，并抱住它以获得安慰和保护。当幼猴被置于陌生的环境后，所有幼猴都立即冲向木制母猴，抓住它，用身体蹭它。然而，如果把这些幼猴放在同一间房间里，但木制母猴不出现时，它们则会充满恐惧，出现情绪化的行为，如哭叫、缩成一团、吮吸手指。当幼猴们在相同的环境中再一次与木制母猴重逢时，它们冲向母猴，趴在它身上，紧紧抓住它。然后与母猴玩耍，撕咬包裹在母猴身上的绒布。最明显的变化是幼猴不再像以前那样，离开母猴去探索和玩耍房间的其他物品。这很明显地说明寻找安全感的需要比探求自然的趋向更为强烈。

哈洛的这一系列实验证明：对于幼猴而言，接触安慰在依恋关系的形成中比母猴提供乳汁的能力更重要，也就是说由这种接触安慰产生的依恋情感是先天存在的。

科学家的研究：经典恒河猴实验

（1）制作两只代理母猴：其中一只是木质的，用海绵和毛织物把它裹起来（木制母猴），体内安装一个提供温暖的灯泡，另一只由铁丝网制成（铁丝母猴）。两只母猴胸前都安装了一个奶瓶用于喂养，差异在于木制母猴能够提供接触安慰，而铁丝母猴则不能。

（2）把两只代理母猴分别放在两个单独的房间里，这些房间与幼猴住的笼子相通。八只幼猴随机分成两组，一组由木制母猴喂养，另一组由铁丝母猴喂养。在喂养时间以外，幼猴可以自由地与两只母猴接触。

（3）创造某些恐惧或不熟悉情境，用来验证当幼猴感到害怕时会到母猴那里寻找庇护的现象。在笼子里放入各种能引发恐惧的物品，如上紧发条的玩具打鼓熊（与幼猴大小相同，对幼猴而言是很可怕的）。

（4）将两组幼猴放进同一个不熟悉的小房间，研究幼猴适应陌生环境的情况。里面放着各种物品（如积木、毯子、带盖的容器、折纸等），并设置三种情况：仅出现木制母猴、仅出现铁丝母猴、两者都不出现。

（5）当幼猴长到六个月能吃固体食物时，将它们与“母亲”分开一段时间（最长约三十天），然后在陌生不熟悉的小房间团聚。探讨依恋关系在它们分开一段时间后是否还能保持。

2. 情绪后天习得实验

这里我们介绍行为主义创始人华生的实验，他认为人类情绪是学习和条件反射的产物。他的理论思路为：如果建立起参与实验者对原本不恐惧的事物和恐惧情绪之间的条件反射，那么就使原本中性的事物能够引发恐惧情绪，即学会了恐惧。他宣称“给我健全的婴儿，让我培养他们的特殊世界，我都可以把他训练成为我所选定的任何类型的特殊人物，如医生、律师、艺术家、商界领袖或乞丐和小偷”（华生，1913年）。

华生以一名9个月大的婴儿艾尔伯特（Albert）为实验对象。华生的实验说明了恐惧情绪是可以通过条件反射后天习得的（见右图）。

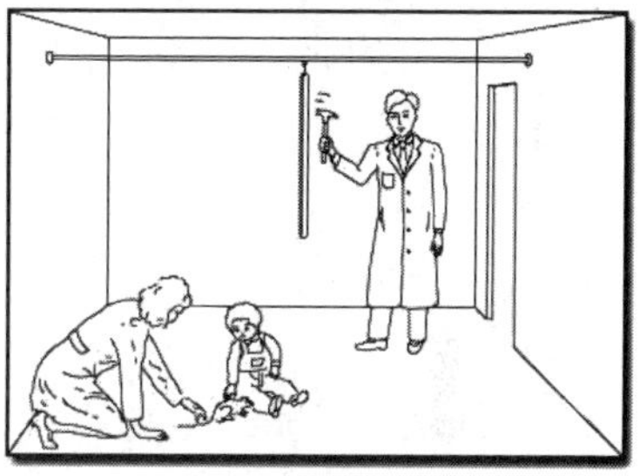

图 艾尔伯特的恐惧实验

科学家的研究：婴儿恐惧情绪习得实验

（1）首先，给小艾尔伯特呈现白鼠、猴子、狗、有头发和没有头发的面具及白色羊绒棉，用来了解他是否害怕某种特定刺激。实验者发现小艾尔伯特对许多物体都感兴趣，愿意接近并不时触摸它们，没有表现出丝毫恐惧，只是对巨大声响表现出本能的恐惧反应。

（2）实验过程中，反复向小艾尔伯特同时呈现白鼠和巨大声响。实验者发现，在白鼠与声音总共7次的配对呈现后，即使不出现声音时，艾尔伯特也对白鼠表现出极度的恐惧。

（3）实验发现，小艾尔伯特对白鼠的恐惧泛化到了许多相似事物上。他开始对狗、白色皮毛大衣、棉花、华生头上的白发及圣诞老人面具等毛茸茸的东西都感到恐惧。

（4）实验还发现，以条件反射程序习得的恐惧，具有跨情境的稳定性，即小艾尔伯特对上述事物的恐惧在实验室环境以外也能被观察到。在停止实验31天后，他的恐惧仍未消退，说明了这种习得情绪的持久性。

这一研究结果可以被套用来解释常见的其他情绪，如愤怒、愉快、伤心、惊讶或厌恶等的缘由。听到老歌时感到伤感，求职面试时感到紧张，春天到来时感到愉快，看见牙医工具时感到害怕等，这些情绪现象的根本原因，即在于此前生活中建立的复杂的条件反射。

当然，在华生那个时代，人们尚未注意到此类实验可能对实验参与者所造成的伤害，情绪实验可能会使其难以摆脱负面情绪（如恐惧）的困扰。当研究者了解到这种危害以后，像小艾尔伯特的恐惧实验研究就不被实验伦理所容许了。人们开始采用不违反道德规范的新方法，来研究情绪的习得性，其中包括利用动物做实验。

二、训练与测试

下面是一个情绪测验，通过这个测验，你可以了解近期你的情绪是否在你的掌控之中。

1. 看到自己最近一次拍摄的照片，你有何想法？
A. 觉得不称心　B. 觉得很好　C. 觉得可以
2. 你是否想到若干年之后会有什么事使自己极为不安？
A. 经常想到　B. 从来没有想到过　C. 偶尔想到过
3. 你是否被朋友、同事或同学起过绰号、挖苦过？
A. 这是常有的事　B. 从来没有　C. 偶尔有过
4. 你上床以后，是否经常再起来一次，看看门窗是否关好，水龙头是否拧紧等？
A. 经常如此　B. 从不如此　C. 偶尔如此
5. 你对与你关系最密切的人是否满意？
A. 不满意　B. 非常满意　C. 基本满意
6. 半夜的时候，你是否经常觉得有什么值得害怕的事？
A. 经常　B. 从来没有　C. 极少有这种情况
7. 你是否经常因梦见什么可怕的事而惊醒？
A. 经常　B. 没有　C. 极少
8. 你是否曾经有多次做同一个梦的情况？
A. 有　B. 没有　C. 记不清
9. 有没有一种食物使你吃后呕吐？
A. 有　B. 没有　C. 记不清
10. 除去看见的世界外，你心里有没有另外的世界？
A. 有　B. 没有　C. 记不清
11. 你心里是否时常觉得你不是由现在的父母所生的？
A. 时常　B. 没有　C. 偶尔有
12. 你是否曾经觉得有一个人爱你或尊重你？
A. 是　B. 否　C. 说不清
13. 你是否常常觉得你的家庭对你不好，但是你又的确知道他们实际上对你很好？
A. 是　B. 否　C. 偶尔
14. 你是否觉得没有人十分了解你？
A. 是　B. 否　C. 说不清楚
15. 你在早晨起来的时候最经常的感觉是什么？
A. 忧郁　B. 快乐　C. 讲不清楚
16. 每到秋天，你的感觉是什么？
A. 秋雨霏霏或枯叶遍地　B. 秋高气爽或艳阳天　C. 不清楚
17. 你在高处的时候，是否觉得站不稳？
A. 是　B. 否　C. 有时是这样
18. 你平时是否觉得自己很强健？
A. 否　B. 是　C. 不清楚

19. 你是否一回家就立刻把房门关上？

A. 是　　B. 否　　C. 不清楚

20. 你坐在小房间里把门关上后，是否觉得心里不安？

A. 是　　B. 否　　C. 偶尔是

21. 当一件事需要你做决定时，你是否觉得很难？

A. 是　　B. 否　　C. 偶尔是

22. 你是否常常用抛硬币、翻纸牌、抽签之类的游戏来测凶吉？

A. 是　　B. 否　　C. 偶尔

23. 你是否常常因为碰到东西而跌倒？

A. 是　　B. 否　　C. 偶尔

24. 你是否需要一个多小时才能入睡，或醒得比你希望的早一个小时？

A. 经常这样　　B. 从不这样　　C. 偶尔这样

25. 你是否曾看到、听到或感觉到别人觉察不到的东西？

A. 经常这样　　B. 从不这样　　C. 偶尔这样

26. 你是否觉得自己有超乎常人的能力？

A. 是　　B. 否　　C. 不清楚

27. 你是否曾经觉得因有人跟着你走而心里不安？

A. 是　　B. 否　　C. 不清楚

28. 你是否觉得有人在注意你的言行？

A. 是　　B. 否　　C. 不清楚

29. 当你一个人走夜路时，是否觉得前面暗藏着危险？

A. 是　　B. 否　　C. 偶尔

30. 你对别人自杀有什么想法？

A可以理解　　B. 不可思议　　C. 不清楚

以上各题的答案，选A得2分，选B得0分，选C得1分。请将你的得分统计一下，算出总分。得分越少，说明你的情绪越佳，反之越差。

总分0～20分，表明你情绪良好、自信心强，具有较强的美感、道德感和理智感。你有一定的社会活动能力，能理解周围的人们的心情，顾全大局。你一定是一个性情爽朗、受人欢迎的人。总分21～40分，说明你情绪基本稳定，但较为深沉，对事情的考虑过于冷静，处事淡漠消极，不善于发挥自己的个性。你的自信心受到压抑，办事热情忽高忽低，易瞻前顾后、踌躇不前。总分在41分以上，说明你情绪不佳，日常烦恼太多，使自己的心情处于紧张和矛盾之中。如果你的得分在50分以上，则是一种危险信号，你务必请心理老师做进一步评估和检查。

三、补充阅读与思考

保护我们的负性情绪

作者：刘丹

来源：《心理月刊》

进电梯的时候，看到一家三口。可爱的小女孩，两三岁的样子。我走进去站在里面，小女孩迅速移动到妈妈身后。我对小姑娘说:“你好，你几岁了？”她把脸紧紧地贴在妈妈的腿上，一声不响。妈妈低头对女儿说:“别不好意思，告诉阿姨你几岁了。”女儿躲藏得更深了。妈妈有点歉意地对我说:“她就是这么不大方，有点胆小。”旁边的爸爸也说:“快出来跟阿姨讲话呀!”直到他们离开，小女孩都没有开口。

小女孩所表现出来的，是对外界事物的怀疑和警惕。与陌生客体保持距离、靠近母亲是她保护自己免受不可预料之伤害的主要方式。这种情绪与通常的高兴、愉快、喜悦、兴奋等正性情绪相反。正性情绪会引导我们靠近给我们带来正性情绪的客体。而负性情绪，如伤心、痛苦、悲哀、愤怒、紧张等，则引导我们远离带给我们这种情绪的客体，或者帮助我们的身体准备应对可能的伤害。

从生物学的角度来看，正性情绪帮助我们靠近对我们生存有利的资源，如爸爸妈妈、好的食物、玩具。而负性情绪则帮助我们远离危险，如陌生人、滚烫的食物、黑暗等。所以，正性情绪有利于我们的发展，而负性情绪保障我们的生存安全。

10年前，我的德国老师西蒙教授在教学现场演示心理治疗。一位家长焦虑地向他求助:“我们7岁的女儿怕黑，不肯自己待在房间里，怎么办？”老师的回答完全颠覆了我的理念:“你的女儿很敏感，她很懂得保护自己。”然后，他竖起大拇指，对女孩子说:“你很棒!”本来缩在沙发上、紧张不安的小女孩，脸色立即明朗起来，治疗结束时，居然兴高采烈的。我猜想是因为终于有人帮助她的父母更好地理解她了。

西蒙所演示的，正是“保护我们的负性情绪”。而电梯中的父母，以及我们通常所做的，则完全相反。我们常常批评、压制、否定、责备甚至呵斥那些表现出负性情绪的孩子。

其实，母亲在孩子刚刚降生的最初1年里，都做得非常好。当孩子哭闹时，母亲不是制止孩子哭，而是检查孩子是否饿了、冷了、尿了、受伤了。所有疑点都排除后，如果孩子还是不停地哭，母亲就会送孩子上医院。负性情绪提示我们，人正处在不良状态中，或者很不适应当时的环境。

我们要解决的，不是克制情绪或者压制情绪，而是去掉环境中不利的因素，或者积极主动地调整我们自己，以更好地适应环境。遗憾的是，当孩子长大后，我们却常常简单、“粗暴”地遏制这些具有保护意义的负性情绪。

要好好保护我们的负性情绪，它会保护我们和我们的后代远离危险。电梯中的母亲，发现孩子的躲避行为后，可以立即把孩子抱起来，给她直接的安全感，告诉孩子:“我知道，你不认识这个阿姨，所以有些害怕。”然后，把孩子的情况和对方交流。当孩子观察到母亲可以轻松愉快地和这个“陌生人”交流时，她就会慢慢放松下来。经过一段时间的“情境安全感评估”后，孩子也许就敢尝试接近陌生人了。

当然，如果孩子一直表现出强烈的负性情绪，且长时间难以平复，请不要责备他/她！最好的办法，就是尽快带孩子去见有经验的心理医生。

第二节　情　　商

你需要知道的事：踢猫效应

在心理学上，有这样一种“效应”：一位父亲在公司受到了老板的批评，回到家就把正在烧饭的孩子臭骂了一顿。孩子心里窝火，狠狠去踹身边打滚的猫。猫逃到街上正好一辆卡车开过来，司机赶紧避让，却撞上了另一辆车，受伤的司机正是那位愤怒的老板。这就是心理学上著名的“踢猫效应”，描绘的是一种典型的坏情绪的传染所导致的恶性循环。

一、情商的概念

情商（Emotional Quotient，EQ）这个概念由美国的心理学家在20世纪90年代首次提出。情商就是指一个人在情绪方面的管理能力，它主要是指个体监控自己和他人的情绪与情感，并识别和利用这些信息指导自己的思想和行为的能力。具体而言，情商包含了以下五种能力。

1. 情绪的自我觉察能力

情绪的自我觉察能力是指了解自己内心的一些想法和心理倾向，以及自己所具有的直觉能力。当自己某种情绪刚一出现时便能够察觉，它是情绪智力的核心能力。如果我们不具有这种对情绪的自我觉察能力，或者不认识自己真实的情绪感受的话，就容易受到情绪的摆布，以至于做出许多遗憾的事情来。

2. 情绪的自我调控能力

情绪的自我调控能力是指控制自己的情绪活动及抑制情绪冲动的能力，是指一个人如何有效地摆脱焦虑、沮丧、激动、愤怒或烦恼等因为某些原因产生的消极情绪的能力。这种能力的高低，会影响一个人的工作、学习与生活。当情绪的自我调控能力低下时，就会使自己总是处于痛苦的情绪旋涡中；反之，则可以从情感的挫折或失败中迅速调整、控制并且摆脱而重新振作。

3. 情绪的自我激励能力

情绪的自我激励能力是指引导或推动自己去达到预定目的的情绪倾向的能力，也就是一种自我指导能力。一个人做任何事情要成功的话，都要集中注意力，要学会自我激励，尽力发挥出自己的创造潜力。当然，这是要以情绪的自我调控能力为基础的。

4. 对他人情绪的识别能力

对他人情绪的识别能力就是所谓的同理心，即能设身处地站在别人的立场，为别人设想。越具有同理心的人，越容易进入他人的内心世界，也越能觉察他人的情感状态。识别他人的情绪，能站在别人的角度理解别人的感受。

5. 处理人际关系的能力

处理人际关系的能力是指善于调节与控制他人情绪反应，并能够使他人产生自己所期待的反应的能力。一般来说，能否处理好人际关系是一个人是否被社会接纳与受欢迎的基础。在处理人际关系的过程中，重要的是能否正确地向他人展示自己的情绪情感，因为，一个人的情绪表现会对接受者即刻产生影响。如果你发出的情绪信息能够感染和影响对方的话，人际交往就会顺利进行并且深入发展。

想一想，说一说

情商的五个方面你在哪个方面体现得更出色？哪个方面还有待提高？

总的来说，人与人之间的情商并无明显的先天差别，主要是在后天的人际互动中培养起来的。不同人的人生经历不同，他的情商增长历程也不一样。所以，并没有一个固定不变的方法来提升情商。

二、训练与测试

想测试一下你的情商有多高吗？但是测试之前你必须要明白，情商的高低并不代表个人的好与坏，也不能代表你的能力强与不强。测试本身只能让你了解自己的个性特点，如果你发现自己并不是一个情商很出色的人，你可以选择找方法提高情商，或者也可以接受这种状态从事适合你个人风格的事业及自己舒服的人际方式。

现在，静下心来试试哈佛心理学系博士戴尼尔·高尔曼的情商测试吧。一定要按照你的实际想法作答，而不要试图去猜哪一个是对的。

（1）坐飞机时，突然受到很大的震动，你开始随着机身左右摇摆。这时候，你会怎样做呢？

A. 继续读书或看杂志，或继续看电影，不太注意正在发生的骚乱

B. 注意事态的变化，仔细听播音员的播音，并翻看紧急情况应对手册，以备万一

C. A和B都有一点

D. 不能确定，根本没注意到

（2）带一群4岁的孩子去公园玩，其中一个孩子由于别人都不和他玩而大哭起来。这个时候，你该怎么办呢？

A. 置身事外，让孩子们自己处理

B. 和这个孩子交谈，并帮助他想办法

C. 轻轻地告诉他不要哭

D. 想办法转移这个孩子的注意力，给他一些其他的东西让他玩

（3）你想某门课程获得优秀的成绩，但是却只得了及格。这时候，你该怎么办呢？

A. 制订一个详细的学习计划，并决心按计划进行

B. 决心以后好好学

C. 告诉自己在这门课上考不好没什么大不了的，把精力集中在其他可能考得好的课程上

D. 去拜访任课教师，试图让他给你高一点的分数

（4）假设你是一个保险推销员，去访问一些有希望成为你顾客的人。可是一连十五个人都没有成功，你很失望。这时候，你会怎么做呢？

A. 认为这只不过是一天的遭遇而已，希望明天会有好运气

B. 考虑一下自己是否适合做推销员

C. 在下一次拜访时再做努力，保持勤勤恳恳工作的状态

D. 考虑去争取其他的顾客

（5）假设你是个经理，提倡在公司中不要有种族歧视。有一天偶然听到有人正在开有关种族歧视的玩笑。你会怎么办呢？

A. 不理他，这只是一个玩笑而已

B. 把那人叫到办公室去，严厉斥责他一顿

C. 当场大声告诉他，这种玩笑是不恰当的，在你这里是不能容忍的

D. 建议开玩笑的人去参加一个有关反对种族歧视的培训班

（6）你的朋友开车时别人的车突然危险地抢到你们的前面，你的朋友勃然大怒。而你试图让他平静下来，会怎么做呢？

A. 告诉他忘掉它吧，现在没事了，这不是什么大不了的事

B. 放一盘他喜欢听的磁带，转移他的注意力

C. 一起责骂那个司机，表示自己站在他那一边

D. 告诉他你也曾有同样的经历，当时你也一样气得发疯，可是后来看到那个司机出了车祸，被送到医院急救室

（7）你和伴侣发生了争论，两人激烈地争吵。盛怒之下，互相进行人身攻击，虽然你们并不是真的想这样做。这时候，最好怎么办呢？

A. 停止20分钟，然后继续争论

B. 停止争吵，保持沉默，不管对方说什么

C. 向对方说抱歉，并要求他（她）也向你道歉

D. 先停一会儿，整理一下自己的想法，然后尽可能清楚地阐明自己的立场

（8）假设你到一个单位当领导，想提出一些解决工作中疑难问题的好方法。这时候，你第一件要做的事是什么呢？

A. 起草一个议事日程，以便充分利用和大家在一起讨论的时间

B. 给人们一定的时间相互了解

C. 让每一个人说出如何解决问题的想法

D. 采用一种创造性地发表意见的形式，鼓励每一个人说出此时他的任何想法，不管该想法有多疯狂

（9）假设你3岁的儿子非常胆小，从出生起就对陌生地方和陌生人有些恐惧。你该怎么办呢？

A. 接受他具有害羞气质的事实，想办法让他避开他感到不安的环境

B. 带他去看儿童精神科医生，寻求帮助

C. 有目的地让他一下子接触许多人，带他到各种陌生的地方，克服他的恐惧心理

D. 设计渐进的系列挑战性计划，每一个相对来说都是容易对付的，从而让他渐渐懂得他能够应付陌生的人和陌生的地方

（10）多年以来，你一直想重学一种在儿时学过的乐器，而现在为了娱乐，你又开始学了。你想最有效的利用时间，该怎么做呢？

A. 每天坚持严格的练习
B. 选择能稍微扩展能力的有针对性的曲子去练习
C. 只有当自己有情绪的时候才去练习
D. 选择远远超出你的能力但通过勤奋的努力能掌握的乐曲去练习

（1）A=20，B=20，C=20，D=0	（7）A=20，B=0，C=0，D=0
（2）A=0，B=20，C=0，D=0	（8）A=0，B=20，C=0，D=0
（3）A=20，B=0，C=20，D=0	（9）A=0，B=5，C=0，D=20
（4）A=0，B=0，C=20，D=0	（10）A=0，B=20，C=0，D=0
（5）A=0，B=0，C=20，D=0	最高分数200分；一般人的平均分为100分。
（6）A=0，B=5，C=5，D=20	

三、补充阅读和思考

EQ诞生的过程

心理学家经过长期的研究得出结论，“人生的成就至多只有20%归功于智商，另80%则受情商因素的影响”，并宣称：“婚姻、家庭、社会关系，尤其是职业生涯，这种人生大事的成功与否，均取决于情商的高低”。在“贝尔实验室”，顶尖人物并非智商超群的名牌大学毕业生。相反，一些智商平平但情商甚高的研究员往往以其丰硕的科研业绩成为明星。

早在1920年，美国哥伦比亚大学的教授索戴克（E. L. Thorndike）就首先提出了社会智力（Social Intelligence）的概念，认为拥有高社会智力的人具有了解及管理他人的能力，并能在人际关系上采取明智的行动。

1926年推出了第一份社会智力测验（George Washington Social Intelligence Test），问卷的题目包括了指认图片中人物的情绪状态，以及判断人际关系中的问题等。然而接下来的几十年，心理学界在这方面的努力停顿了下来，主要因为大家都忙着发展及研究IQ测验，当时认为IQ（即一个人的数学、逻辑、语文、空间能力）会决定每个人的学习及受教的能力，因而会影响将来的工作发展及表现。

直到1983年，美国心理学家嘉纳教授（Howard Gardner）提出了影响现今教育体系的“多元智力”理论。他认为原先只重数理语文能力等的传统定义“智力”的方式即IQ需要大幅修改，因为一个人的IQ除了对学校学习的成绩有很高的正相关（IQ越高，功课越好），对于其他方面，如工作表现、感情及生活满意度等并无太大的关系。嘉纳教授在他的多元智力理论中，多加了几项智力，包括了音乐、体育及了解自我和了解他人之能力。而这后两项，让“社会智力”的概念再一次受到教育界及心理学界的重视。

第一个使用“EQ”这个名词的人是心理学家巴昂（Reuven Baron），他在1988年编制了一份专门测验EQ的问卷（EQ-i）。根据他的定义，EQ包括了那些能影响我们去适应环境的情绪及社交能力。其中有五大项：①自我EQ；②人际EQ；③适应力；④压力管理能力；⑤一般情绪状态（乐观度，快乐感）。

接着又有心理学家沙洛维及梅耶（Salovey & Mayer）在1990年提出情绪智力的定义。他们认为情绪智力应和乐观等人格特质区分开来，所以他们对EQ的定义强调在了解并运用情绪的方面。

目前另一个在各国受到广泛使用的EQ测验（MSCEIT），即为他们的最新研究成果。其中的问题有几大项：①察觉及表达情绪的能力；②在脑中想象情绪状态的能力；③了解情绪的能力；④管控情绪的能力。

真正让EQ一词走出心理学的学术圈，而成为人人朗朗上口的日常生活用语的心理学家是哈佛大学的高曼教授（Daniel Goleman）。他在1995年出版的《EQ》一书（Emotional Intelligence），登上了世界各国的畅销书排行榜，在全世界掀起了一股EQ热潮。

高曼发现一个人的EQ对他在职场的表现有着非常重要的影响。举例而言，一个针对全美国前500大企业员工所做的调查发现，不论产业差别为何，一个人的IQ和EQ对他在工作上成功的贡献比例为IQ∶EQ＝1∶2，也就是说，对于工作成就而言，EQ的影响是IQ的两倍，而且职位越高，EQ对工作表现的影响就越大。此外对于某些工作类别，如行销、业务及客户服务等，EQ的影响就更为明显。

第三节　情绪管理

你需要知道的事：情绪管理ABC理论

寓言故事：

很久很久以前人类都还赤着双脚走路，有一位国王到某个偏远的乡村旅行，因为路面不平有很多碎石头，刺得他的脚又痛又麻。一怒之下，他下了一道命令，要将国内所有的道路都铺上一层牛皮。但杀尽国内所有的牛也筹措不到足够的皮革。一位聪明的仆人大胆向国王进言："国王啊，为什么您要那么劳师动众，牺牲那么多头牛，花费那么多金钱呢？您何不只用两小片牛皮包住您的脚呢？"

这个故事告诉我们，改变对事物的看法则会产生不同的情绪和行为。这就是美国心理学家阿尔伯特·艾利斯的情绪ABC理论的基本观点，他认为：人的情绪不是由某一诱发性事件的本身所引起，而是由经历了这一事件的人对这一事件的解释和评价所引起的（见下图）。在ABC理论模式中，A是指诱发性事件；B是指个体在遇到诱发事件之后相应而生的信念，即他对这一事件的看法、解释和评价；C是指特定情景下，个体的情绪及行为的结果。诱发性事件（A）只是引起情绪及行为反应的间接原因，而人们对诱发性事件所持的信念、看法、解释（B）才是引起人的情绪及行为反应的直接原因。

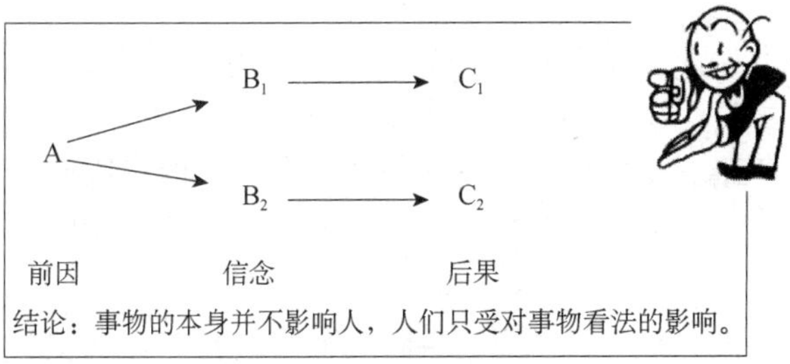

图　情绪ABC理论

艾利斯对人的本性的看法可归纳为以下几点：

（1）人既可以是有理性的、合理的，也可以是无理性的、不合理的。当人们按照理性去思维、去行动时，就会很愉快、富有竞争精神及行动有成效。

（2）情绪是伴随人的思维而产生的，情绪上或心理上的困扰是由于不合理的、不合逻辑的思维所造成的。

（3）人具有一种生物学和社会学的倾向性，倾向于其在有理性的合理思维和无理性的不合理思维。即任何人都不可避免地具有或多或少的不合理思维与信念。

（4）人是有语言的动物，思维借助于语言而进行，不断地用内化语言重复某种不合理的信念，这将导致无法排解的情绪困扰。

（5）情绪困扰的持续，实际上就是那些内化语言持续作用的结果。正如艾利斯所说："那些我们持续不断地对自己所说的话经常就是，或者就变成了我们的思想和情绪。"

一、如何进行情绪管理

情绪ABC理论告诉我们对诱发事件的信念是影响我们情绪的直接原因。信念是我们自己认为可以确信的看法，是自我在社会实践中逐渐形成并发展起来的，因此我们往往会因为经验不足等各种原因产生一些不合理的信念，进而影响我们的情绪。

（一）不合理信念的特征

1. 绝对化要求

这是指常常以自己的意愿为出发点，认为某事物必定发生或不发生的想法。它表现为将"希望""想要"等绝对化为"必须""应该""一定要"等。例如，"我必须成功""别人必须对我好"。这种绝对化的要求之所以不合理，是因为每一客观事物都有其自身的发展规律，不可能依个人的意志为转移。因此，当客观现实与其对事物的绝对化要求相悖时，就会感到难以接受和适应，从而陷入情绪困扰之中。

2. 过分概括化

这一种以偏概全的不合理思维方式的表现，常常把"有时""某些"过分概括化为"总是""所有"等。典型特征是以某一件或某几件事来评价自身或他人的整体价值。例如，遭受一些失败后，就认为自己"一无是处、毫无价值"，这种片面的自我否定往往导致自卑、自罪、自责等不良情绪。而这种评价一旦指向他人，就会一味地指责别人，产生怨愤、敌意等消极情绪。我们应该认识到，人无完人，每个人都有犯错误的可能性。

3. 糟糕至极

这种观念认为如果一件不好的事情发生，那将是非常可怕和糟糕的。例如，"我没考上研究生，一切都完了"，"我没当上部门经理，不会有前途了"。这种想法是非理性的，因为对任何一件事情来说，都会有比之更坏的情况发生，所以没有一件事情可被定义为糟糕至极。但如果一个人坚持这种"糟糕"观时，当他遇到他所谓的糟糕的事，就会陷入不良的情绪体验中。

因此，在日常生活和学习中，当遭遇各种失败和挫折时，应多检查一下自己，看是否存在一些"绝对化要求""过分概括化""糟糕至极"等不合理想法，并有意识地用合理观念取而代之。改变了不合理信念，不愉快的情绪自然会随之而去（见下表）。

表 人际交往中的不合理信念及换用理性思考

大学生人际交往中常见的不合理信念	换用理性思考
我必须与周围每个人搞好关系	只要热情大方，真诚开朗，与周围人的关系自然不差
只有顺从他人，才能保持友谊	相互理解、尊重，友谊才能长久。不平等的友情总有瓦解的一天
别人对我好，是想利用我或者有目的	对所有对我好的人，我都心存感激，当然我能区别真好还是假好
朋友之间应该坦诚，所以不应有秘密	再亲密的朋友，也应该有自己的空间。朋友之间也是有边界的

（二）学会情绪管理

情绪管理不是要去除或压制情绪，而是在觉察情绪后，调整情绪的表达方式。有心理学家认为情绪调节是个体管理和改变自己或他人情绪的过程。在这个过程中，通过一定的策略和机制，使情绪在生理活动、主观体验、表情行为等方面发生一定的变化。以适当的方式在适当的情境表达适当的情绪，就是健康的情绪管理之道。

首先，体察自己的情绪。时时提醒自己注意，我现在的情绪是什么？例如，当你因为朋友约会迟到而对他冷言冷语，问问自己：我为什么这么做？我现在有什么感觉？如果你察觉你已对朋友三番两次的迟到感到生气，你就可以对自己的生气做更好的处理。许多人认为人不应该有情绪，所以不肯承认自己有负面的情绪。压抑情绪反而带来更不好的结果，学着体察自己的情绪，是情绪管理的第一步。

其次，适当表达自己的情绪。与朋友约会的过程中你之所以生气可能是因为他让你担心，在这种情况下，你可以婉转地告诉他，你过了约定的时间还没到，我很担心你发生意外。试着把担心的感觉传达给他，让他了解他的迟到会带给你什么感受，而不是指责他不考虑你的感受。

最后，以适宜的方法纾解情绪。如果纾解情绪的方式只是暂时逃避痛苦，而后需承受更多的痛苦，便不是一个适宜的方式。有了不舒服的感觉，要勇敢地面对，仔细想想，为什么这么难过、生气？怎么做可以降低我的不愉快？这么做会不会带来更大的伤害？选择适合自己且能有效纾解情绪的方式，你就能够控制情绪，而不是让情绪来控制你！

● 心理暗示法

心理暗示法是通过语言、形象、想象等方式，对自身施加影响的心理过程。这个概念最初由法国医师库埃于1920年提出，他的名言是“我每天在各方面都变得越来越好”。心理暗示分消极暗示与积极暗示。积极暗示令我们保持好的心情、乐观的情绪、自信心，从而调动人的内在因素，发挥主观能动性。而消极暗示会强化我们个性中的弱点，唤醒我们潜藏在内心深处的自卑、怯懦、忌妒等，从而影响情绪。

心理学的实验表明，当个人静坐时，默默地说“太可恶了”“火冒三丈”“气死我了”等语句时心跳会加剧，呼吸也会加快，仿佛真的发起怒来。相反，如果默念“欢歌笑语”“兴高采烈”“把人乐坏了”之类的语句，心里就会产生一种乐滋滋的体验。由此可见，言语活动既能唤起人们愉快的体验，又能唤起不愉快的体验；既能引起某种情绪反应，又能抑制某种情绪反应；既可以松弛过分紧张的情绪，又可以用来激励自己，对人的不良情绪和行为有奇妙的影响与调控作用。因此，当我们在生活中遇到情绪问题时，应当充分利用语言的积极作用，缓解不良情绪。

寓言故事：杯弓蛇影

晋朝人乐广请朋友到家里喝酒。那个朋友因看见杯子里漂着一条小蛇，心里不安，回家之后就生病了。乐广派人去问候他，才知道原因。乐广很仔细地观察家里，发现墙上挂了一把弓，弓的影子倒映在酒杯里看起来很像一条小蛇。后来，他再把朋友请到家里，让他朋友看清楚墙上的弓，再请他看看杯子里的东西。当他的朋友明白杯子里并没有小蛇的时候，病立刻就好了。

- 注意力转移法

注意力转移法是把注意力从引起不良情绪反应的刺激情境，转移到其他事物上或从事其他活动的自我调节方法。例如，外出散步，看电影、读书、打球、下棋，找朋友聊天，换换环境等，都有助于使情绪平静下来，在活动中寻找到新的快乐。这种方法，一方面中止了不良刺激源的作用，防止不良情绪的泛化；另一方面，通过参与新的活动特别是自己感兴趣的活动达到增进积极的情绪体验的目的。

请你试一试

美丽的风景使人心情愉悦，当情绪不好时选择一个环境优美的地方，在完美的大自然中，心情自然得到放松。还可以去那些曾经让你开心过的地方，记忆会促使你想起愉快的事情。

优美的音乐可以调节情绪。例如，忧郁烦恼时可以听《蓝色多瑙河》《渔舟唱晚》等意境广阔、充满活力、轻松愉快的音乐；失眠时可以听莫扎特的优雅宁静的《摇篮曲》；烦躁时可以听《小夜曲》等。

- 适度宣泄法

过分压抑只会使情绪困扰加重，而适度宣泄则可以把不良情绪释放出来，从而使紧张情绪得以缓解。宣泄是需要在安静、安全的环境中进行的。采取的形式可以是用激烈的言辞抱怨恼怒的对象，如到空旷的山林原野，拟定一个假目标大声叫骂，发泄胸中怨气；也可以尽情地向至亲好友倾诉自己认为的不平和委屈。一旦发泄完毕，心情也就随之平静下来。

此外，还可以通过体育运动、劳动等方式来尽情发泄。研究证明，患抑郁的人从事散步、跑步和力量训练等运动，每周3次，每次20～60分钟，5星期后抑郁会明显减轻。这是因为运动与抗抑郁剂有类似的效果，能改变大脑前皮质和海马中的神经传递素，而这些神经传递素与情绪有关。运动还能刺激迷走神经，提升大脑和心脏的功能。运动能够影响与压力有关的神经激素，提高身体对压力的耐受能力。

必须指出，在采取适度宣泄法来调节自己的不良情绪时，要采取正确的方式，选择适当的场合和对象，以免引起意想不到的不良后果。

- 交往调解法

某些不良情绪常常是由人际关系矛盾和人际交往障碍引起的。因此，当我们遇到不顺心、不如意的事，有了烦恼时，能主动地找亲朋好友交流、谈心，比一个人独处胡思乱想、自怨自艾要好得多。交往沟通可以起到缓和、抚慰、稳定情绪的作用。特别是与曾经有过共同愉快经历的人交流则能引起你当时愉快的感觉。另外，人际交往还有助于交流思想、沟通情感，增强自己战胜不良情绪的信心和勇气，能更理智地去对待不良情绪。

- 改变认知法

改变认知法即改变不合理的解释和信念来改变情绪，这是情绪管理中治本的最好方法。当我们遇到不幸或挫折时，可以找出一种合乎内心需要的理由来说明或解释。这种方法，对于帮助我们在挫折面前接受现实，保护自己是很有益处的。因此，当人们遇到情绪问题时，经常用“胜败乃兵家常事”“塞翁失马，焉知非福”等词语来进行自我安慰，缓解矛盾冲突，消除焦虑、抑郁，达到自我激励，总结经验、吸取教训之目的，有助于保持情绪的安宁和稳定。通过改变我们的认知，对事情进行重新评价，从另外一个角度看问题，进一步改变我们刻板地看问题方式，最后改变我们的情绪。

心灵鸡汤

我们不能决定生命的长度，但我们可以扩展它的宽度；
我们不能改变天生的容貌，但我们可以时时展现笑容；
我们不能企望控制他人，但我们可以好好掌握自己；
我们不能全然预知明天，但我们可以充分利用今天；
我们不能要求事事顺利，但我们可以做到事事尽心。

二、训练与测试：大学生情绪管理小技巧

1. 写情绪日记：把每天的情绪用日记的形式记录下来。
2. 坚持每日完成情绪记录表。

	天气	清晨		睡前		重要事件	
		情绪	原因	情绪	原因	事件纪要	情绪
一	晴	痛苦	必须从温暖的被窝里爬出来	愉悦	看了一本好书	老师说要交一篇论文	压力很大
二	阴	忧郁	又变天了，又阴又冷	紧张	明天要考试	参加合唱比赛得奖	乐不可支
三	阴雨	烦恼担心	上学不便，怕考不好	生气	跟妈妈发生冲突	考试考得不理想	懊恼、挫折
四							
五							
六							
日							

三、补充阅读

情绪管理小故事

【故事一】

有一个年轻人，自我感觉很有才华，但在生活上遇到很多波折，于是便觉得活着没有

意思。有一天他决定跳海，但他刚跳下去就被一个老人用渔网捞了起来。

他很生气，冲着老人嚷道："你什么意思，把我捞起来干什么？"

老人说道："年轻人，为什么跳海呀，你这么年轻多可惜呀！"

于是年轻人就对老人诉说了他怀才不遇的苦衷。

老人听完，说道："哎呀，你今天遇到我，运气来了。我正好是治怀才不遇的专家，我帮你治治吧。"

年轻人很诧异，急忙问老人医治之法。

老人说："我有秘诀，如果你想知道，就必须答应我一个条件。"

老人说着，顺手从沙滩上拣起一粒沙子，往旁边一扔，说："年轻人，帮我去把我刚才扔掉的那粒沙子拣过来，然后我就告诉你。"

年轻人听了很生气，说道："你想耍我呀？这么多沙子，我怎么知道哪粒是你扔掉的呀？"

老人听了，笑着说："别生气，我这还有个条件，如果你满足了我这个条件，我也告诉你。我这里有一颗珍珠，我把它扔到沙滩上，你去给我找回来。"

很显然，年轻人轻而易举地把珍珠拣了过来，交给了老人，并很虔诚地说："老人家，我把珍珠拣过来了，可以告诉我秘诀了吧？"

老人一脸安详，说道："年轻人，秘诀我已经讲完了。"

这个故事告诉我们：有些人之所以有怀才不遇的感觉，是因为自己是无数沙子中的一粒，跟旁边的沙子没有太大的区别；但如果自己是一颗珍珠，那么伯乐就会更容易地发现我们。所以说这个世界上不是没有伯乐，而是因为自己不是一匹真正的在万马丛中能够让别人一眼就能辨认出来的千里马。

【故事二】

有个年轻人失恋了，一直摆脱不了事实的打击，情绪低落，已经影响到了他的正常生活。他没办法专心工作，因为无法集中精力，头脑中想到的总是前女友的薄情寡义。他认为自己在感情上付出了，却没有收到回报，自己很傻很不幸。于是，他找到了心理咨询师。

心理咨询师告诉他，其实他的处境并没有那么糟，只是他把自己想象得太糟糕了。在给他做了放松训练，减少了他的紧张情绪之后，心理咨询师给他举了个例子："假如有一天，你到公园的长凳上休息，把你最心爱的一本书放在长凳上，这时候走来一个人，径直走过来，坐在椅子上，把你的书压坏了。这时，你会怎样想？"

"我一定很气愤，他怎么可以这样随便损坏别人的东西呢！太没有礼貌了！"年轻人说。"那我现在告诉你，他是个盲人，你又会怎么想呢？"心理咨询师接着耐心地继续问。"哦！原来是个盲人。他肯定不知道长凳上放有东西！"年轻人摸摸头，想了一下，接着说，"谢天谢地，好在只是放了一本书，要是油漆或是什么尖锐的东西，他就惨了！""那你还会对他愤怒吗？"咨询师问。"当然不会，他是不小心才压坏的，盲人也很不容易的。我甚至有些同情他了。"

咨询师会心一笑："同样的一件事情，他压坏了你的书，但是前后你的情绪反应却截然不同。你知道是为什么吗？""可能是因为我对事情的看法不同吧！"对事情不同的看法，能引起自身不同的情绪。很显然，让我们难过和痛苦的，不是事件本身，而是对事情的不正确的解释和评价。

比如，同样是失恋了，有的人放得下，认为未必不是一件好事，而有的人却伤心欲绝，认为自己今生可能都不会有爱了。再如，在找工作面试失败后，有的人可能会认为，这次面试只是试一试，不过也没关系，下次可以再来；有的人则可能会想，我精心准备了那么长时间，竟然没过，是不是我太笨了，我还有什么用啊。这两类人因为对事情的评价不同，他们的情绪体验当然不同。

对于上面这个失恋的年轻人来说，失恋只是一个诱发事件，结果是他情绪低落，生活受到影响，无法专心工作；而导致这个结果的，正是他的认知。他认为自己付出了一定要收到对方的回报，自己太傻了，太不幸了。假如他换个想法，她这样不懂爱的女孩不值得自己去珍惜，现在她离开可能避免了以后她对自己造成更大的伤害，那么他的情绪体验显然就不会像现在这么糟糕。

天底下只有三件事

作者：玉儿

来源：《视野》2007年第02期

一件是“自己的事”，诸如：上不上班、吃什么东西、开不开心、结不结婚、要不要帮助人……自己能安排的皆属之。

一件是“别人的事”，诸如：小张好吃懒做；小陈婚姻不幸福；老陈对我很不满意；我帮助别人，别人却不感激。别人主导的事皆属之。

一件是“老天爷的事”，诸如：会不会刮风、地震、战争、开悟、成道……人能力范围以外的事情，都属于老天爷的管辖范围。

人的烦恼就来自：忘了自己的事，爱管别人的事，担心老天爷的事……

要轻松自在很简单：打理好“自己的事”，不去管“别人的事”，不操心“老天爷的事”。

第五章　学习与心理学
——做自己的“学霸”

生活中的心理学

何谓优秀的学习者

每个人的心里都有一个闪亮的戴着光环出现在人们面前的“优秀学生”形象。然而，当你进入大学之后，当你从你老师、师兄、师姐口中了解到大学是怎么样的时候，你才会发现，大学的“优秀学生”远远超过了你的设想。发展心理学强调人的毕生发展观（Life Span Development），是指个体的发展是在整个生活发展过程中不断持续进行着的。因此，纵观人的一生，不仅仅学习成为一名优秀的学生，而且要学习如何成为一名优秀的学习者。

“如何成为一名优秀的学习者”这是教育心理学家们研究的一个非常重要的话题。目前被大家经常提及的重要特质就是：运用有效的学习策略。

- 记忆策略

记忆大师们之所以可以将人类记忆的能力发挥至极致，除了他们与生俱来的记忆天赋之外，更重要的是他们运用各种记忆策略帮助其组织来自外界纷繁复杂的信息材料。例如，有的学生在进行英语听力测试的时候，运用了“关键词”的记忆策略，通过记忆段落语句中关键词语，从而回忆整句话的内容。再如，有的家庭主妇不用纸笔就可以记忆购物清单，他们采用了“类别分组”的方式，将日用品、水果、肉类、菜类进行归类整理并记忆。

- 评价策略

这是一个经常被人忽略却非常有效的学习策略。在心理学中，个体对自身认知过程的认识和意识，被称为元认知能力，换句话说，就是学习者对自己的学习过程、状态进行评价并进行反思和思考的能力。有研究表明，元认知能力与学习者的学习水平呈正相关。如果你正在参加英语六级考试，时间紧迫，那么你的元认知能力可以帮助你快速识别你擅长与不擅长的知识，并做出最明智的答题选择，这种能力在今后繁杂的大学及社会考试（公务员考试等）中非常有效。

第一节　新的学习，新的挑战

你需要知道的事：IQ与遗传和环境的关系

心理学研究者试图探究人类IQ和基因与环境的关系。一种方法就是比较同卵双生子、异卵双生子和其他基因有重叠的亲戚的功能。Plomin和Pertrill在1997年的研究中，比较了在相同家庭环境下成长的同卵双生子（环境一致，基因一致）、分别抚养的同卵双生子（环境不同，基因一致）、同环境下成长的异卵双生子的IQ值。结果发现，基因越相似，IQ值越接近。同时，在这个研究中也发现了环境与IQ之间存在重要关系。这些环境因素包括：父母对孩子的关注度、来自家庭对孩子的压力、家庭财政的变化、父母的婚姻状况、生理健康、战争及社会变迁等。

一、实用的心理理论

（一）智力理论

学习是高级灵长类动物所特有的活动。早在学生进入学校之前就已经开始了人生的学习之旅。研究者发现，几个月大的婴儿已经开始了对人类表情的模仿学习过程，如果你对着婴儿慢慢伸舌头再收回舌头，反复几次之后你就会发现婴儿也会模仿性地学会吐舌头的动作。所以学习是人类与生俱来的能力。但是为什么还有学生感觉学习如此吃力，甚至有学生嘲讽自己的学习不佳与个人智商不足有关系呢？那么让我们来了解一下，科学家们对智力的研究和认识。

IQ是人们普遍对个体智力水平的衡量指标，如果你的IQ指数超过了130，那你便可以光荣地进入天才儿童的行列。然而，随着科学家们对智力的进一步研究，有的研究者提出了不同的观点，并对智力的范畴做了进一步的扩大。

霍华德·加德纳（Howard Gardner），美国著名的心理学家和教育学家，他在1983年出版的《智能的结构》一书中提出了多元智能理论（The theory of multiple intelligence），该理论以独特的视角告诉了人们“天生我材必有用”“术业有专攻”的道理。

加德纳认为，人类经验涵盖了许多的智能，每种智能都有其特殊的生物学基础和表征方式，因此人的综合整体智力是一系列智能进行组合的结果。加德纳将人的智能进行归类，得出了8种智能，这8种智能分别是：语言智能、逻辑—数学智能、视觉—空间智能、音乐智能、肢体—动觉智能、人际智能、内省智能、关于自然的智能。每一种智能都是一个独立的功能系统，但是各种系统可以相互作用，从而产生整体的智力活动。

1. 语言智能（Linguistic Intelligence）

语言智能是指用言语思维、语言表达和欣赏语言深层内涵的能力，也就是能够有效运用口头语言或者文字语言的能力。该智能的核心成分是对声音、韵律和词的意义比较敏感，理解语言的不同功能。文学家、记者等都是语言智能发展较为突出的人群。

2. **逻辑–数学智能**（Logical–mathematical Intelligence）

逻辑–数学智能是指能够计算、量化、思考命题和假设，并进行复杂数学运算的能力，是有效地运用数字和逻辑推理及科学分析的能力。该智能的核心成分是对识别逻辑或者数学模式敏感，能够进行比较长的逻辑链条的推理。数学家、科学家等都在这方面体现出他们智力的优势。

3. **视觉–空间智能**（Spatial Intelligence）

视觉–空间智能是指人们利用三维空间的方式进行思维的能力，是在大脑中形成一个外部空间世界的模式并能够运用和操作这一模式的能力，也就是能准确地感觉视觉–空间世界、辨别空间方向，并且能把所知觉到的形象表现出来的能力。该智能的核心成分是能够准确地感知视觉–空间世界，并能够进行知觉转换。在这方面能力较为突出的是航海家、雕刻家、建筑师等。如果你曾经非常擅长立体几何的学习，那么你在空间智能上也有突出的优势。

想一想，说一说

你能想到这些智能方面具有代表性的人物吗？

4. **音乐智能**（Musical Intelligence）

音乐智能是指人敏锐地感知音调、旋律、节奏和音色等的智能。该智能的核心成分是能够谱写和欣赏节奏、音调与节拍，鉴赏各种形式的音乐。作曲家、歌唱家、钢琴家等都是该智能发展较为突出的。

5. **肢体–动觉智能**（Bodily–Kinesthetic Intelligence）

肢体–动觉智能是指善于控制身体运动，善于运用身体动作表达思想和情感，以及运用双手灵活地操作物体的能力。该智能的核心成分是控制身体的运动和灵活操作物体的能力。舞蹈演员和运动员能表现出在这方面的极大天赋。肢体–动觉智能在我们很小时就经常被训练，如做广播体操，就是训练身体协调能力最普及的一种方式。另外，我们从小接触的很多游戏，如老鹰捉小鸡、跳房子等都在潜移默化中训练着我们这方面的智能。

6. **人际智能**（Interpersonal Intelligence）

人际智能是指能够有效地理解别人和与人交往的能力，是一个人在与他人交往的过程中察觉并区分他人的情绪、意向、动机及感觉的能力。该智能的核心成分是对人的各种情绪、气质、动机和需要做出正确判断和反应的能力。心理治疗师、销售人员、政治家都是十分擅长察言观色的人群。值得一提的是，人际智能高的人并非是一个总是在人群中说话占据主导地位的人，相反，如果你希望提高人际智能，首先要做的就是学会倾听别人的讨论，当你学会了倾听，才能够学会更好地表达。

7. **内省智能**（Intrapersonal Intelligence）

内省智能是指关于建构正确自我知觉的能力，并善于用这种知识计划和导引自己的人生。该智能的核心成分是了解自己的情绪，能够辨别这些情绪，并能够根据这些情绪知道自己的行为，了解自己的长处、不足、动机和智力。很有趣的是，演员、小说家、社工人员在这方面有着非常突出的能力。内省智能的高低水平与一个人的情商水平有很大关系。

8. **关于自然的智能（Naturalist Intelligence）**

关于自然的智能是指观察自然界中事物的各种形态，对物体进行辨别和分类，能够洞察自然或人造系统的能力。该智能的核心成分是发现并理解自然界的模式。地理学家、探险家之所以能够在常人认为枯燥乏味甚至是恶劣的环境下长期生存并从事研究工作，就是因为他们很好地利用了自己关于自然的智能，全身心地投入对自然的研究。对于二十世纪六七十年代的人来说，在农村、田野里的生活尽管清苦但是却有无尽的快乐。如果你想获得来自自然界最纯真的快乐，不妨去森林、大山，远离城市的地方，体验原始的生活。

不同的国家、不同的社会文化都对个体不同智能有着不同的影响。中国古代科举制度之所以盛行，是为了更好地筛选能够辅佐君王治理天下的官员。如果当时你在语言智能上有很大的天赋，那么你更容易在科举中脱颖而出，出人头地。而时至今日，在科技迅猛发展的年代，逻辑-数学智能被看作是“人才选拔”的重要标准。与美国等个性化的社会相比，日本、韩国这样的群体社会更强调合作行为和公众生活，所以更看重个体的人际智能。

而在中国，尽管我国的高考制度已经在不断地发展与完善，但是仍然存在一些“考试偏见”，无法十分全面地评价一个人的能力水平。但是，如果你抱有同样的想法来面对大学的学习，可能你将会错失又一个自我展示与发展的机会。如果你顺利地进入了你满意的大学，开始了你满意的专业学习，恭喜你，你已经顺利地迈出了新的一步。如果你现在还不满意你的专业，或许由于高考分数限制，或者其他的原因未能够进入自己理想的学校和专业，那么你要面对的现实可能更复杂一些。但是，倘若你就此自暴自弃，破罐子破摔，你就真的不能领悟大学的真谛。

在大学里，学科专业可能是帮助你进一步理解、认识世界和走进这个社会的一扇重要大门，但是它并非是唯一的大门。而这大学四年，正是需要你去不断探索个人所独具特色的智能和天赋，并能够有机会去发挥它们。也许你的天赋刚好与你的专业匹配，也许你的天赋与你的专业有着非常大的差异。但是请记住，不要为此感到气馁，也不要为此感到不公平。请相信，如果你是一块金子，你总会有发光的时候；如果你只是一粒沙子，你也一定会有机会让人看到你重要的存在。

（二）非智力因素对学习的影响

非智力因素是指不直接参与认知过程，但会对认知过程起影响作用的因素。一个人的成就大小取决于智力因素和非智力因素的交互作用。有研究者指出，学龄期的个体，在校的学业成就表现与智力因素具有中等程度的相关，然而个体未来是否能够真正成人成才，非智力因素起了更为重要的决定性作用。非智力因素对个体的学习起到了调节、监控、维持和激励补偿的作用，是提高学习质量和促进智力发展的强大动力。

一般来讲，非智力因素包括：动机、意志品质、气质类型和性格四个方面。

1. **动机**

动机是指引起并维持人们从事某项活动，以达到一定目标的内部动力。学习动机可以分为两种：内在动机（Intrinsic Motivation）和外在动机（Extrinsic Motivation）。

内部动机是指由个体内在兴趣、好奇心或成就需要等内部原因引起的动机。例如，有的学生对文学作品十分感兴趣，所以阅读、鉴赏就会成为他很自主的行为。

外部动机是指由外在的奖惩或者害怕考试失败等因素激发的学习动机。例如，当前很多大学生也仅仅因为害怕考试挂科而会在考试前背书，但是在平时几乎不会认真上课学习。

纵观古今，但凡有着非凡成就的人，绝大部分都对目标本身有着强烈的内部动机。

2. 意志品质

意志品质是指人们自觉克服困难去完成预定目的任务的能力。良好的意志品质包括了以下四个方面：①意志的自觉性。对自己行动目的的正确性和重要性有着明确而深刻的认识，从而可以自觉行为，并达到既定的目的。有的大学生能够主动地安排自己的作息时间，何时起床、何时学习、何时娱乐，不需要别人的督促与监督；②意志的果断性。善于迅速辨别是非，做出决定并执行决定。三思而后行固然重要，但是有的学生过分优柔寡断以至于无法做出决断，这也将可能错失良机；③意志的坚持性。又称毅力，是人能够克服外部或内部的困难、坚持完成任务的品质。与自觉性不同的是，坚持性更反映出个体遇到挫折与困难时能否迎难而上的宝贵品质；④意志的自制力。是人善于掌控和抑制自己行为的能力。在学习和生活中，难免会有很多的诱惑出现，会令人分散注意力无法专心投入于目标。

3. 气质类型

我们在前面的课上已经介绍了气质的概念。在这里我们会一起来看看气质特点对智力活动的影响。有的气质类型，如多血质和胆汁质的人，心理活动速度较快，灵活性也较高；而黏液质和抑郁质类型的人，心理活动速度较慢，灵活性相对较弱。这些会反映在个体对知识的理解和应用上面。另外，多血质和胆汁质的人，情绪的感受和表达比较强烈，但是抑制能力相对较差，所以他们很容易对一件事情投入极大的热情，但是也很容易迅速失去热情，较难从事需要细致和持久的智力活动；而黏液质、抑郁质的人，其情绪感受、表现较弱，但体验深刻，能经常地分析自己，因此，他们较适合于从事那些需要细致和持久的智力活动。

4. 性格

我们之前的课也介绍过了性格的概念。性格在人的社会性发展上起着重要作用，但同时性格也会在一定程度上影响到智力活动。有的人性格上比较理性，有的人比较感性，而这种理性与感性的人在思维类型上也具有区别。一般可以将人分为三种类型：艺术型，其思维偏重形象思维；理论型，其思维偏重抽象思维；中间型，其思维处于形象思维和抽象思维的中间状态。

二、训练与测试

瑞文智力测验是当前比较流行的一种测量个体数理-逻辑推理能力的测验，我们在这里筛选了个别题目，你不妨和你的朋友们一起来试一试吧。

指导语：以下每个题目都有一定的主题，但是每张大图都缺少一部分。大图下方有6～8张小图，将其中一张小图填补在大图的空缺部分，使整个大图合理、完整。

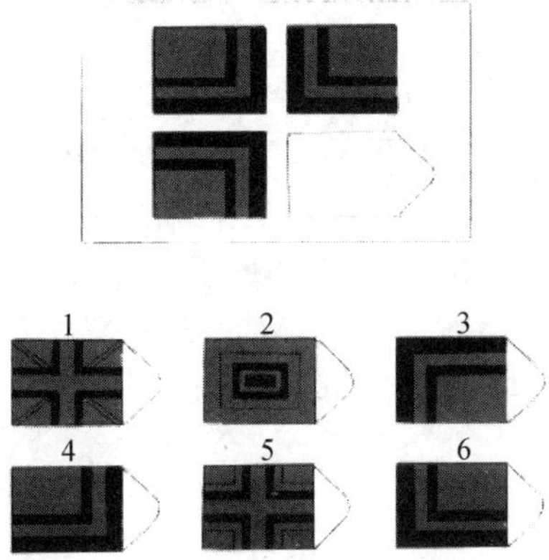

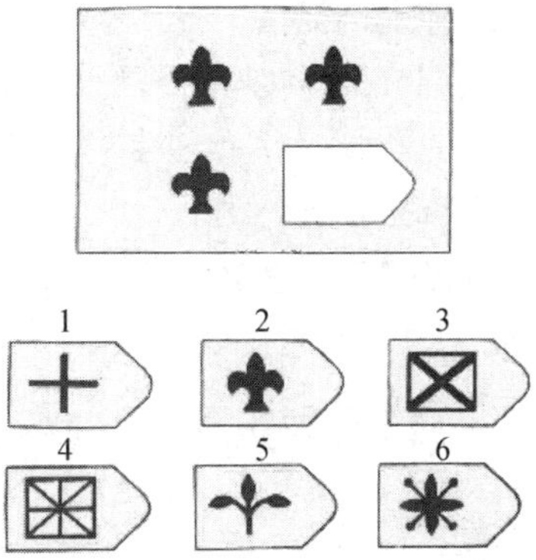

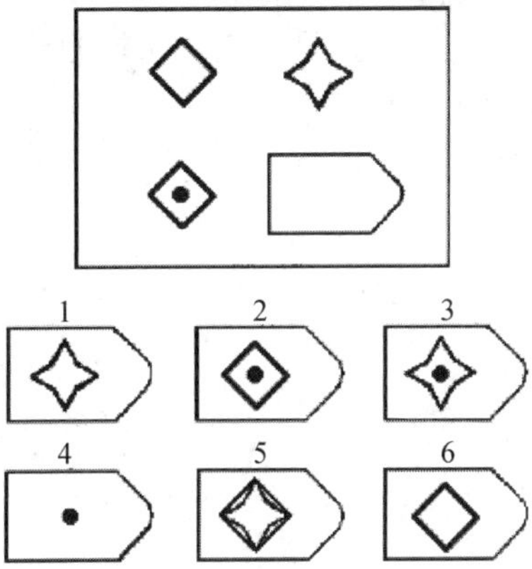

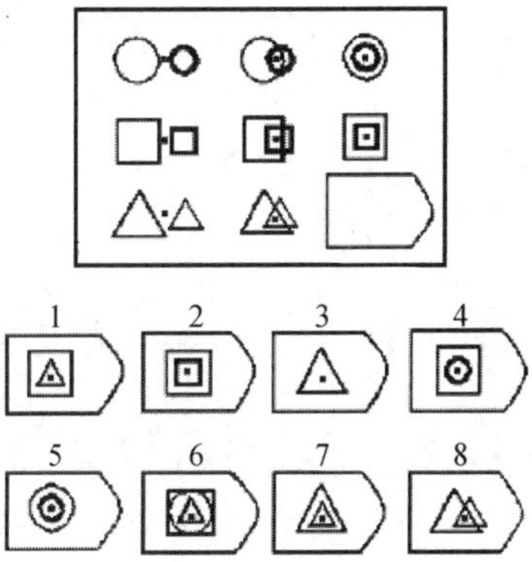

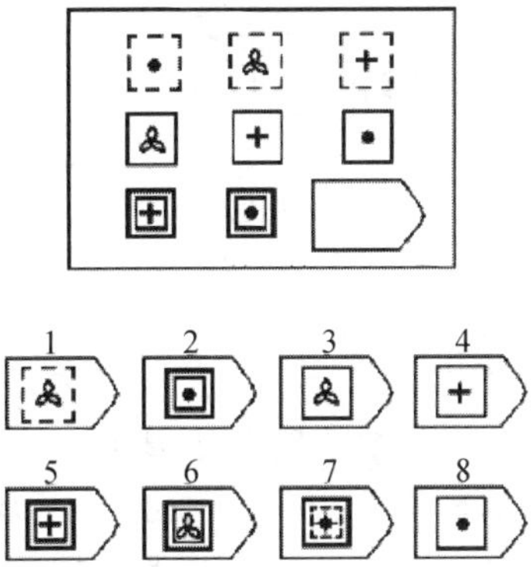

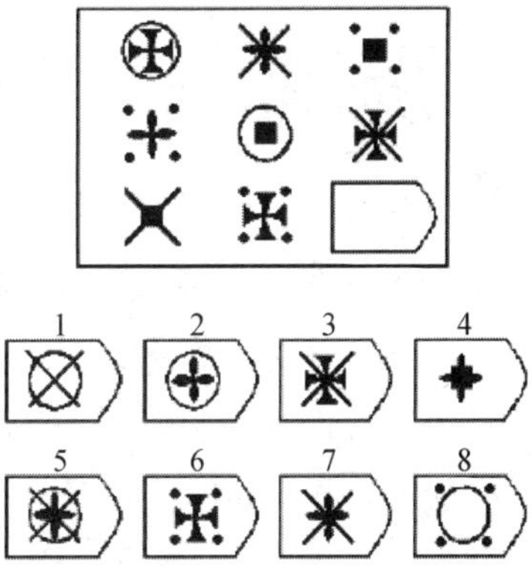

三、补充阅读与思考

中外大事件：令人惋惜的少年神童

20世纪70年代末80年代初的时候，中国科学技术大学（以下简称“科大”）为中国的少年天才儿童设立了“少年班”，致力于为祖国培养一批高精尖的天才科学家。“少年班”一度成为整个社会的焦点。

30多年过去了，“少年班”诞生不少知名学者和商界名人。但是，在少年得志成才的好消息背后，还有一些令人惋惜的故事。

宁铂：从神童到高僧

宁铂，1964年出生在江西赣州市的一个普通家庭。1978年，14岁生日还没过的宁铂走进科大，成为首批少年大学生中声名最响的一个。但事实上，宁铂入校后并不愉快。一年后他就告诉班主任汪惠迪："科大的系没有我喜欢的。"当时他被安排攻读理论物理。他在科大待了整整25个年头，在这期间他曾无数次的挣扎着想"离开"，但是无一成功。1998年，34岁的宁铂结婚生子，但是婚姻生活的失败让他从此醉心于佛学。2002年，原本已经决定前往五台山出家的他，很快又被学校带了回去，直到2004年，他最终如愿遁入空门。

干政：与世隔绝

干政，少年班学生，后在普林斯顿学理论物理，与导师关系紧张。回国后，中国科技大学物理系找到了干政，表示他可以回科大读博士。令大家惊讶的是，干政拒绝了。几年之后，在家赋闲已久的干政又表示想到科大工作，这一次科大没有同意。后来干政长期找不到一份工作，他的精神状态时好时坏。最终，干政被自己禁锢在了与母亲共同居住的家里，与外界长期隔绝起来。

想一想，说一说?

（1）少年班，究竟是"天才之路"还是"揠苗助长"？

（2）在这些失败的案例中，我们又能获得什么启示?

（3）有些天才儿童为什么最终以失败告终?

第二节　个性差异与学习心理

你需要知道的事：罗森塔尔效应

1960年，哈佛大学的罗森塔尔博士曾在加州一所学校做过一个著名的实验。

新学期，校长对两位教师说："根据过去三四年来的教学表现，你们是本校最好的教师。为了奖励你们，今年学校特地挑选了一些最聪明的学生给你们教。记住，这些学生的智商比同龄的孩子都要高。"校长再三叮咛：要像平常一样教他们，不要让孩子或家长知道他们是被特意挑选出来的。这两位教师非常高兴，更加努力教学了。

我们来看一下结果：一年之后，这两个班级的学生成绩是全校中最优秀的，甚至比其他班学生的分数高出好几倍。知道结果后，校长不好意思地告诉这两位教师真相：他们所教的这些学生智商并不比别的学生高。这两位教师哪里会料到事情是这样的，只得庆幸是自己教得好了。随后，校长又告诉他们另一个真相：他们两个也不是本校最好的教师，而是在教师中随机抽选出来的。

正是学校对教师的期待，教师对学生的期待，才使教师和学生都产生了一种努力改变自我、完善自我的进步动力。这种企盼将美好的愿望变成现实的心理，在心理学上称为"期待效应"。它表明：每一个人都有可能成功，但是能不能成功，取决于周围的人能不能像对待成功人士那样爱他、期望他、教育他。

罗森塔尔效应留给我们这样一个启示：赞美、信任和期待具有一种能量，它能改变人的行为。特别是对那些所谓的“差生”更具有特殊的意义，因为在学校、教师甚至是学生的眼中，最能够成大器的就是成绩最拔尖的几个尖子生，而成绩平平的学生只能“广种薄收”，至于那些成绩不佳的“差生”那更是“朽木不可雕也”。其实，只要是常人，如果受到教师的期待、关心、帮助、爱护，那么他就会得到发展，就会向着教师期待的方向变化。这就是罗森塔尔效应的积极作用。但是，如果人为地去产生这一效应，对其他学生就可能是不公平的，是不积极的，除非是对所有的学生都加以期待，否则就会产生一些“不幸儿”。

一、认知风格、学习风格与记忆

认知风格（Cognitive Style），又称思维风格，是指个体信息加工方式的心理倾向。举例来说，有的学生可能喜欢某一任务的细节，而有的学生则无心专注细节，更喜欢考虑最终的结局及其含义；有的学生容易把一个复杂的任务按照优先顺序做出合理的安排，而有的学生则不知道哪个任务更重要，经常在任务之间来回变换；有的学生喜欢在一个热闹的课堂里，参加讨论、进行小组活动，而有的学生则更喜欢独自在图书馆看书，琢磨与研究问题。这些学生们的智力水平可能都相同，但是他们表现与发挥自己智力的方面与形式则不同，这也就是每个人所倾向的认知风格和学习风格。

科学家们的研究：认知风格的应用

Witkin对于人类的认知风格做了很多的研究。

1. 身体位置调整测验

Witkin最初对认知方式的研究起于军事上的需要。“二战”期间，飞机驾驶员经常因在云雾中机身翻滚而丧失方位感，进而造成飞机失事。为减少此类事件的发生，在对飞行员进行选拔和训练时，要测试应征者对空间方位的知觉判断能力。因此，最初的测验是让受试者进入一个可调整倾斜度的房间，坐在房间中一个可以做各种角度转动的椅子上。房间与椅子的转动，有时方向一致，有时方向不一致，这就构成了类似飞机在空中翻滚的情境。此时要求受试者将自己的身体调整到实际的垂直位置。能准确地将自己调整到垂直位置的人属于场独立型，不能调整者属于场依存型。

2. 框棒测验

这是继身体位置调整测验之后，Witkin设计的一种更为简便的测验。测验时，让受试者注视一下倾斜的方框，框内有一个可独立于框平面转动的亮棒，要求受试者将亮棒调整到垂直于地面的方位。倾斜的框架对受试者调整亮棒影响较大者为场依存型；不受框架角度的影响而直接调整亮棒者为场独立型。

（一）认知风格：场独立型VS场依存型

场依存型和场独立型是两种重要的认知风格，所谓的“场”就是周围的环境，它会对人的知觉产生不同程度的影响，有些人几乎不受环境信息的影响，而有些人则容易受环境信息的影响（见下表）。

让我们来了解一下以上两种认知风格的特点与差异。

表 场独立型和场依存型的区别

	特点	测试	学校表现
场独立型（Field-independent）	能够很容易地从周围环境中区分出自我或特定的物体	倒着读文章的能力，场独立型的比场依存型的人更强	善于忽略不相关信息的影响，从一个大的模式中分离出要素和部分，并进行分析。对数学和自然科学这类学科更感兴趣
场依存型（Field-dependent）	很难将自我或特定物体同周围环境区分开		更善于适应学校情境中社会性的一面，在完成小组任务里表现更好。对于文学、历史等学科更感兴趣

美国心理学家Witkin等人在1977年提出这一概念之后，对两种类型人的特点做了较多的研究。研究发现，场依存型的人往往表现出较强的社会性，他们通常更注重理解他人的情感；而场独立型的人往往不易受感情的影响，一般体现为较有个性，他们对社会环境没有那么敏感，人际交往能力稍显欠缺，但是他们的独立性和逻辑性更强。相比而言，场依存型的人对社会环境更敏感，更善于交往。

想一想，猜一猜?

根据以上的特点描述，你能够简单判断出自己的认知风格是哪一类型吗？如果还有一点犹豫的话，就请到【训练与测试】里去测验一下自己的认知风格吧！

（二）学习风格：你的学习偏好

或许你一直以为，良好的学习环境是明亮的灯光、清新的空气、安静的房间。而事实上，每个人对不同学习条件的偏好和需求是不同的。

每个学生理想的学习环境是不同的。尤其是在大学的校园里面，你会留意到每个学生都会选择更适合自己的学习物理环境。有的学生会选择图书馆或自习室这种安静的场合，当然，有一部分学生是因为他们只有跟着大家一起学习才会更有动力；有的学生会选择室外的草地上或者小亭子里，听着鸟叫，感受自然的气息，在这种与天地融合的氛围里享受学习的快乐；还有的学生会选择咖啡厅、书吧甚至快餐店这种并不完全安静的场所，他们会戴着耳机听着音乐进行着自己的学习活动。

值得注意的是，你千万不要盲目跟随你的朋友，模仿他们的学习风格。如果你是一个需要在安静场合学习的人，却到了快餐店这种人进人出有些嘈杂的环境下，你的学习效率只会事倍功半。维持好人际关系固然重要，但是请务必在需要坚持自我主见的时候坚持你的态度，相信你的朋友也会尊重你的选择。

世界真奇妙

有人说鱼的记忆只有几秒钟，你知道最健忘的人类的记忆时间有多长吗？

记忆研究领域的研究者都知道一位著名患者H. M.。H. M.全名为亨利·古斯塔·莫莱森（Henry Gustav Molaison），小时候的H. M.是个健康的男孩，但在一次车祸之后，他患上了癫痫。到他27岁的时候，癫痫已经严重到让他什么都做不了的程度，随时都有可能发作，他每周都要昏厥好几次。神经外科医生斯科维尔（William Scoville）在为他做了各项检查后认为，只要切除H. M.的一部分致病脑组织，就可以减轻他的症状。手术非常有效，H. M.的癫痫发作频率迅速减少。但是很快，人们发现了一个未曾想到的副作用：

H. M.再也无法形成新的记忆了。他的记忆只有20秒。他的每一天都是全新的开始。

从此以后H. M.成了一位职业患者，科学家为H. M.做了不计其数的实验，目前科学界关于记忆的知识，有很大部分得自于他。H. M.因为一直只有短时间的记忆而被认为是神经科学史上最重要的患者。他发生病变的脑组织非常关键，H. M.生前唯一的职业是患者，而他死后，却享受了和爱因斯坦一样的待遇——解剖大脑进行分析。这次大脑切片的整个过程都在网络上全程播放，在持续3天的直播过程中，全球有超过40万人观看了现场直播。收视率最高的时候，有1.8万人同时观看。

（三）神奇的记忆

你们可曾看过《哆啦A梦》？还记得哆啦A梦给大雄提供的记忆面包吗？也许每个人都曾经梦想着有一块记忆面包，这样就可以把所有需要记忆的东西统统像吃面包一样地吃进肚子里，牢牢地记在脑袋里。而事实上，记忆面包是人类共同的渴望，数以万计的科学家们都在不断寻找着破解人类记忆的钥匙。接下来，就让我们来认识一下神奇的记忆。

1. 遗忘的规律

从小你可能就听老师和家长讲：“当天学习的内容要当天复习。”你知道这是为什么吗？早在19世纪，德国的心理学家艾宾浩斯就试图对人类记忆的遗忘规律做出解释。艾宾浩斯通过实验研究发现了记忆的规律（见下图）。

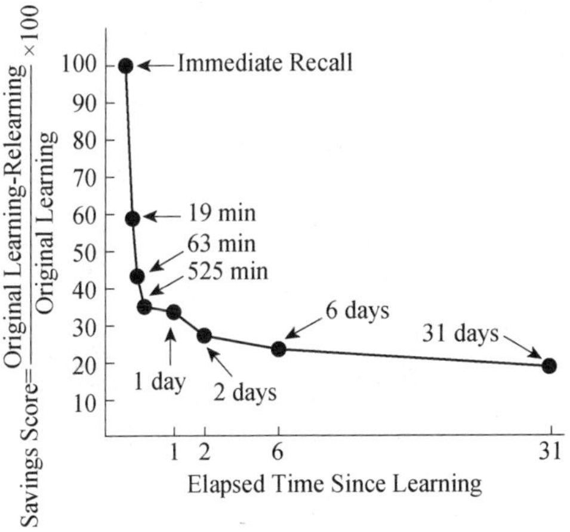

图 艾宾浩斯记忆曲线

图是参与实验的人对要求记住的材料可以复述的结果。通过结果会发现，随着时间的推移，人们遗忘的内容会逐渐增大。但是值得注意的是，24小时（1天）这个时间点是一个很重要的时间点。因为通过记忆曲线会发现，大部分遗忘的内容都发生在24小时之内，也就是说，如果我们早上进行单词背诵，且不在一天内对所学单词进行复习，那么我们基本上会忘记一大半的单词内容。

记忆的黄金定律之一：24小时是复习的黄金时间，24小时之内复习，能够更好地防止学习内容的遗忘。

不要羡慕别人总是高效率地学习工作，试着用这种方式来设定你的学习计划，你将用最短的时间达到最好的记忆效果，真正做到事半功倍。

2. 有意义的学习

美国著名教育心理学家奥苏贝尔对人类的学习类型做了深入的研究，他将人类的“学习”按照效果划分为“有意义学习”与“机械学习”两种类型。

有意义学习，就是符号所代表的新知识与学习者认知结构中已有的适当观念建立非人为（非任意的）和实质性的（非字面的）联系的过程。换句话说，就是要把所学的知识赋予一种新的意义，让学习者能够通过理解意义来学习新知识。

在学校，老师会给我们灌输大量的知识，我们需要接受这些知识，然而倘若这些需要被接受的知识是具有一定意义性的，而不是完全死记硬背的机械的知识，那么我们的学习过程也就不会那么困难。然而，知识本身并不是有意义的，知识本身也不会让自己变得有意义。一个好的老师，能够尽可能地对知识进行再加工，让知识以最有意义的方式呈现在学生的面前。你的小学、初中、高中老师，大部分都能做到这一点。

可是到了大学之后，你必须要自行面对这部分的工作。一个优秀的自学者一定要具备能够将知识进行意义化的转化能力。你会发现，那些能够把所学内容变成自己大脑知识框架中的一部分的学习者，可以自由提取大脑中的知识信息，并且会用另一套方式来呈现知识。举例来说，如果你是文学或者历史学专业的学生，那么你必定要学习中国当代文学史、中国当代史这一类的专业课程，也许第一次学习的过程是按照“编年体”的方式进行学习的，也就是按照事件发生的时间先后顺序进行学习。但是，随着时间的推移你会发现，同一个历史人物在不同时间有各种事件，留下各种作品，对历史的影响也有所不同。那么在一段时间的学习之后，你需要自行整理，这一次的整理方式就不同于过去的“编年体”的方式，而是尝试着用“纪传体”的形式，围绕着某个人物或者某一概念而展开的相关知识。采用这种方式来重新组织知识，可以起到巩固和将知识意义化的作用。

想一想，说一说

你过去的老师都用了哪些策略帮助你把知识意义化?

顺口溜学汉字：区别“泡”“袍”“跑”“炮”“刨”“抱”

有水吹泡泡，有衣做衣袍，有足飞快跑，有火能点炮，用刀刨一刨，伸手来拥抱。

二、训练与测试

测验一：场独立型与场依存型测验

在前面我们提到了两种测量个体是否为场独立型还是场依存型的测验：身体位置调整测验、框棒测验。下面我们来介绍第三种测验方式：镶嵌图形测验，又称隐蔽图形测验。这是目前研究中采用较多的一种方法，令被试者在较复杂的图形中用铅笔勾画出镶嵌或隐蔽在其中的简单图形。在测验中，能排除背景因素的干扰从复杂图形中迅速地、容易地知觉到指定的简单图形者为场独立型；而完成该项任务较为困难者为场依存型。

指导语：左边的图形为简单图形，右边的图形为复杂图形，请用最快的速度从右边复杂图形中找到左边简单图形的轮廓（采自C.B.McCormick等，1997）。

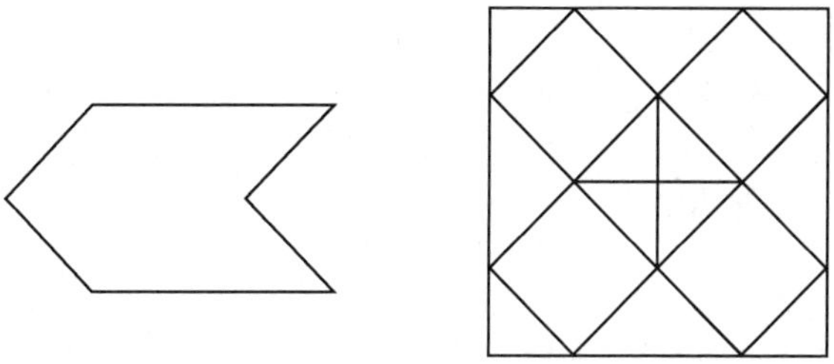

（示例图）

测一测：

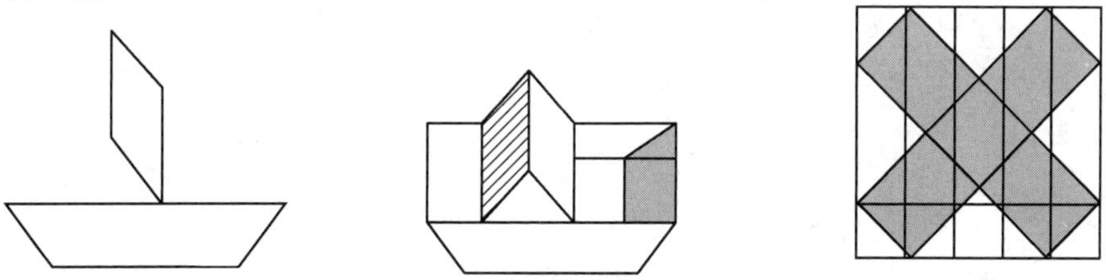

简单图 复杂图a 复杂图b

测验二：自我认知风格测试

● 测试说明

自我认知风格测试的目的是帮助你发现自己在面临各类信息时的思考方式。答案没有对错之分，要尝试着发现你现实的或可能的反应，而不要刻意去想我应该如何反应。对于每个场景都给出三个选择。在每个选择中，选择最真实贴切的答案。假如你不是非常肯定，就猜测选择与你最接近的答案。当回答完所有的问题后计算你的得分，这个得分可作为与他人比较的基础。

● 评分要点

在下表中圈出你选择的答案，每个选择的答案以1分计算，然后加总你圈出的答案分数并填入表格最后一行的空格中。

直觉	分数	感觉	分数	思考	分数	知觉	分数
（1）a		（1）b		（13）a		（13）b	
（2）a		（2）b		（14）b		（14）a	
（3）b		（3）a		（15）a		（15）b	
（4）b		（4）a		（16）b		（16）a	
（5）a		（5）b		（17）b		（17）a	
（6）b		（6）a		（18）a		（18）b	
（7）b		（7）a		（19）a		（19）b	
（8）a		（8）b		（20）a		（20）b	
（9）a		（9）b		（21）b		（21）a	
（10）b		（10）a		（22）a		（22）b	
（11）a		（11）b		（23）b		（23）a	
（12）a		（12）b		（24）a		（24）b	
直觉得分		感觉得分		思考得分		知觉得分	

- 测试题目

1.假设你是一个天体科学家，你的工作是收集有关水星的卫星的信息。下列哪一条是你在研究中最感兴趣的？

（1）a. 卫星之间的相似点

b. 卫星之间的差异点

（2）a. 整个卫星系统是如何运作的

b. 每个卫星的特性

（3）a. 水星及其卫星与地球及其卫星之间的区别所在

b. 水星及其卫星与地球及其卫星之间的相同之处

2. 假设你是一个企业的总经理，要求你的分公司主管在年末做述职报告。下列哪一条对你最有吸引力？

（4）a. 一份详细分析数据的述职报告

b. 着重整体远景的述职报告

（5）a. 展示分公司对公司整体贡献的述职报告

b. 展示分公司单独贡献的述职报告

（6）a. 分公司的运作细节

b. 分公司业绩数据的大体概括

3. 假设你正在某一个亚洲国家访问，现在你正要写信回家讲述你的访问经历。下列哪一种是你最典型的叙述方式？

（7）a. 对人和事件的详细描述

b. 一般性的观感和感受

（8）a. 重点介绍与本国文化的相似之处

b. 重点介绍他国文化的独特之处

（9）a. 整体的、概括性的经历观感

b. 经历中某几个片段的个别的、独特的观感

4. 假设你正欣赏由著名交响乐队演奏的音乐会。下列哪一条是你最有可能去做的？

（10）a. 倾听单个乐器的不同演奏内容

b. 倾听所有乐器合奏的和谐乐章

（11）a. 集中于欣赏音乐整体旋律的全部情感

b. 主要欣赏乐曲不同部分所带来的不同的感受

（12）a. 集中于欣赏指挥的整体风格

b. 重点在于欣赏指挥是如何演绎不同乐章的

5. 假设你正考虑接受某一组织的工作。就决定是否接受这项工作，下列哪一种行动是你最可能采取的？

（13）a. 系统收集该组织的有关信息

b. 依赖个人直觉或灵感

（14）a. 首先考虑该工作是否适合自己

b. 首先考虑在组织中要取得成功所需的政治关系问题

（15）a. 收集数据和做决定都是很有条理性的

b. 主要考虑个人本性和内在感受

6. 假如你继承了一份遗产，并准备进行投资。恰好你得知一家新成立的高科技企业在发行股票。当你决定购买该企业的股票时，下列哪一条同你的实际情况较为一致？

（16）a. 你是依靠自己的预感来投资的

b. 只有在经过对该企业的系统调查以后，你才进行投资

（17）a. 你进行投资多多少少有些冲动

b. 你按照一个预定的程序进行投资决策

（18）a. 你能理智地将投资于不同企业的投资决策进行比较

b. 理智地将投资于不同企业的投资决策进行比较对你来说是件很困难的事

7. 假设你正接受电视采访，以下是你将被问到的问题和相应的选项，选择最适合你的答案。

（19）你是如何做菜的？

a. 已使用烹饪手册

b. 不使用烹饪手册

（20）你如何预测下一赛季全国足球甲级联赛的冠军？

a. 通过系统研究球队人员构成和以往战绩

b. 预感和直觉

（21）你最喜欢哪类游戏？

a. 随机性的游戏

b. 国际象棋、围棋等逻辑性的游戏

8. 假设你是一个经理，现在需要聘请一个经理助理。下列选项中哪些是你最有可能做的？

（22）a. 使用一套问题来面试每个候选人

b. 以对每个候选人的个人感受和直觉为判断

（23）a. 主要考虑你和候选人之间的性格是否合拍

b. 主要考虑候选人的能力是否满足职务要求

（24）a. 依靠候选人真实的、历史的背景做决定

b. 依靠个人感觉和印象做决定

● 评判

在计算出直觉、感觉、思考和知觉的得分后，与表中的数据相比较，如果超过对应的四种类型的参考分，则表明被测试者在某方面的特征比较强烈。

● 参照数据

这是一个统计上的参考数据，你可以对照看看自己的情况与大众之间是否有不同。

性别	直觉	感觉	思考	知觉
男	5.98	6.02	6.08	5.20
女	6.04	5.96	6.94	5.06

三、补充阅读和思考

人类记忆PK搜索引擎

当我们比较人和计算机的记忆能力时，计算机似乎总是占据上风的。我们依靠计算机来记住比我们的记忆容量大上千甚至上百万字节的信息。但是，人类从记忆中提取特定信息的过程通常比计算机的网络搜索程序的效率要高得多。人类记忆的这个特征使你优于任何一台计算机。

例如，我们假定一个朋友要考你本书这一章的内容，他问你："哪位研究者首先提出了编码特异性这个概念？"你可能给出一个正确的答案（图尔文和汤姆森），或者给出一个看似合理的错误答案（斯佩林），再或者你会说不知道。总之，你几乎不会给出一个与这个问题毫无关系的答案。你可以想象当我们把这个问题交给网页的搜索引擎来处理时，结果会是怎么样的吗？Coogle.com给出的第一个网址的题目是："隔绝艾滋病病毒——已经实现了吗？"我们用AskJeeves.com做了同样的搜索，搜索引擎建议我们到Britannica.com上查一下概念的定义。为什么搜索引擎的搜索结果会和人类记忆的搜索结果不一样呢？我们注意到人类的记忆搜索比网络搜索具有潜在的优势主要是因为具有下面两个特点。

首先，就像你在本章前面所了解到的那样，人类的记忆搜索可以有效地利用上下文线索来帮助信息的提取。这使得你提取的信息非常可能与问题在上下文中的恰当含义相关。相反，网页的搜索引擎在搜索时通常仅仅依赖于词语而不是上下文。例如，当你用"编码特异性"作为搜索词在Google或AskJeeves上搜索时，你会立刻得到回答了最初问题的网页。对于网络搜索，试图增加上下文准确性的那部分问题（"哪位研究者发起"），事实上却对搜索的成功产生了相当负面的影响。对于许多网页搜索，搜索者很难同时将上下文纳入他们的问题中还不改变搜索的方向。

其次，人类记忆搜索是基于概念而非词语的。当你在记忆中搜索编码特异性这个问题的答案时，你用的词语是"研究者"或"实验者"还是"发起"或"发现"并不重要，重要的是每个单词在工作记忆激活的概念起着搜索线索的作用。但是，网络搜索更多地依赖于确切的词语。例如，我们在Google.com中用"发现者"代替"发起者"进行搜索，我们就会得到关于记忆理论的合适的网页链接。但是，当我们再用"实验者"代替"研究者"进行搜索时，像前面第一个链接那样，我们就会得到一个题目为"波、冲脉和神经质量理论"的网页。这个小实验说明了由于网页搜索依赖于词语而不是上下文，从而使得它和人类的记忆搜索十分不同。

现在你是不是感觉到至少在某一点上你是优于计算机的？下面，你可以考虑一下如何将人类记忆搜索的特征植入网络的搜索引擎。

——选自《生活中的心理学》P215

第三节　教你成为学霸

你需要知道的事：智力也能增长

也许你会认为智力是天生的，有的人生来就是天才，生来就比别人聪明，而自己生来就很平庸，没有什么手段可以增加自己的智力。但是科学的研究表明，智力是可以增长的。

1. 流体智力与晶体智力

美国心理学家雷蒙德·卡特尔指出，智力包括流体智力和晶体智力。流体智力是一个人生来就能进行智力活动的能力，即学习和解决问题的能力，它依赖于先天的禀赋，随神经系统的成熟而提高，如知觉速度、机械记忆、识别图形关系等不受教育与文化的影响。所以，这部分的智力与人的先天遗传密切相关，一般人在20岁以后，流体智力的发展达到顶峰，30岁以后随着年龄的增长而降低。晶体智力是通过掌握社会文化经验而获得的智力。例如，词汇概念、言语理解、常识等记忆储存信息能力，一直保持相对稳定并随着年龄的增加、阅历的增长会逐渐地累积与丰富。这一理论也印证了中国一句古话，“姜还是老的辣”。

2. 成就动力与智力的增长

当某个人相信智力能够通过培训和努力得到提高时，这个人成为优秀学生的可能性就会大大增加。也就是说，如果你持有一种智力增长观念，那么你的智力将更容易获得增长。这就如同罗森塔尔效应里面的教师和学生，相信自己的优秀则可以成就你的优秀。如果你持有智力增长的观点，那么你会积极地评价自己的能力和表现，更加努力地改善缺陷，勇于面对失败，并从中获取有效经验。

一、如何成为学霸

在你眼中的学霸是什么样的？是每天天不亮就去自习室，半夜才回宿舍？还是上课从来都坐第一排，认真听讲、专心做笔记，永远不缺课？还是学习很轻松，但是年年拿奖学金让你望尘莫及？

如果你已经认真阅读了这一章的前两节，你一定会发现，也许你自己就是下一个学霸候选者，因为在大学里，每个人都有成为学霸的可能性。下面不妨让我们一起来看看学霸们都有哪些特点。

1. 有效的学习策略

有效的学习策略包括记忆策略和评价策略。我们在这里列举了一些促进学习和提高成绩的常用策略，你不妨对照一下看看哪些是你正在使用的，哪些是适合你试一试的。

- 了解原因

为什么要来大学读书？为什么要进行专业学习，为什么做作业或考试？要想取得学业上的成功，必须明白各种学校任务的目的，了解学习与当前生活有什么联系，以及如何利用所受的教育来提高今后的生活水平。自己需要问一问：

（1）在校内外进行阅读的目的是什么？
（2）与其他获取信息的手段相比，阅读的有效性如何？
（3）做家庭作业的目的是什么？
（4）在目前及将来，家庭作业与其他校内外任务之间有什么联系？
（5）校内外各种测验的目的是什么？
（6）测验与其他学习任务之间有什么联系？

● 了解自己

你的特长、不足、习惯和兴趣都是什么？自我评价技能可以帮助你了解自己的工作习惯和智力情况，并强调如何扬长补短，你应该：

（1）认识你目前的阅读模式与偏好；
（2）辨别自己在阅读方面的优势和劣势；
（3）了解当前自己的阅读实践；
（4）辨别自己在写作方面的优势和劣势；
（5）知道如何把个人兴趣、专长与写作任务结合起来；
（6）了解当前的家庭作业实践；
（7）辨别自己在家庭作业方面的优势与劣势；
（8）了解当前的学习策略与考试练习；
（9）辨别自己在考试方面的优势和劣势。

● 了解差异

不同学科在内容、学习过程及典型的测验形式上有哪些区别？例如，理工科测验备考与文科类课程测验备考之间有何不同？学习的规章要求与校外社会相比有何异同？一旦你认识到不同学习任务之间的联系与区别，就能够适应变换学习策略与工作模式，你应该：

（1）理解不同学科材料及不同目的，并懂得针对不同内容采用不同的阅读方式；
（2）知道如何针对不同的任务与读者采用不同的写作体裁；
（3）知道各种写作体裁和方法；
（4）知道不同课程需要的作业类型；
（5）知道不同家庭作业及相应的完成方法；
（6）了解不同学科的测验及题目；
（7）了解每种测验能判断和不能判断考试的什么方面；
（8）知道针对不同测验有不同的应试策略。

● 了解过程

你遇到困难应该怎么办？完成学习任务包括哪些步骤（如做计划、运用资源）？你需要能关注解决过程、识别和界定问题，就能够规划出有效的策略，寻找和分配资源，利用已知信息完成任务。你应该：

（1）了解主动阅读的策略；
（2）知道如何摆脱困境；
（3）知道写作中如何进行计划和组织；
（4）知道并利用有效资源（图书馆、网络等）；
（5）把个人兴趣、天赋与以往经验融入工作中；

（6）明白备考需要长期累积；

（7）了解复习备考的长期策略和短期策略，以及实际考试中的应答策略。

● 复习

直接背诵老师的课件是最好的复习方式吗？也许不是。尽管花时间复习往往看似无用，但成功的学生认识到自我管理与反省的重要性，复习总会有回报。你应该：

（1）了解重复阅读的意义；

（2）培养有效的重读策略；

（3）形成检查家庭作业和改正错误的学习策略；

（4）把测验结果作为自我反省的机会及进行更有意义的学习和考试的基石。

2. **高成就动机**

让我们来做一个实验。给大家30秒钟的时间，请看图并尽可能多的记住图中的细节。准备好了吗？预备，开始。

好，请你们将图拿手捂住，这里提出几个问题，看谁能够准确回答问题。

① 图中最前面的人是左手在外面还是右手在外面？

② 桌上摆放了几杯咖啡？

③ 有几个人穿了白衬衣？

你们答对了几个问题？或许你一个题都没答对，请不要灰心，这并不代表你的记忆能力差，或者你的智力低下。因为如果我在看图之前就告诉你们这三个问题，那么30秒钟之后你们每个人都可以准确地给出答案。这说明什么呢？

——我们每个人都需要有目标的生活。

做任何的事情，如果你没有目标，那么你将不知去往何处。四年大学生活也是一样的，你需要有一个明确的目标，你才会在四年后给自己一个大大的满分。在心理学上，我们将这种目标感叫作个体的信念，又称为成就动机。成就动机能够激励个体努力获得成就，相反，如果缺乏成就动机，那么则会限制个体的努力。

当然，理想必须是符合现实的，因为并非每个人都能够成为职业体育明星或者航天员，但是事实证明，拥有高的成就动机确实能够对个体产生积极影响。

或许你现在就会问：我的大学目标是什么？

这是个好问题，说明你已经开始思考你的人生了。但这并不是一个“1+1=？”的问题，也没有人可以在你问出问题的当下就告诉你一个肯定的答案。当你提问之后，你可能会发现你得到的是另一个选择题“A. 出国 B. 考研 C. 工作”，或者你会得到另外一长串的提问“如果我不喜欢自己的专业，我还要选择专业道路吗？”“如果我不坚持专业，我还能做什么呢？”“如果我的目标和我父母的想法背道而驰呢？”“如果四年后我实现不了目标，我又将做什么呢？”……但是，请相信，你的师兄师姐，你的父母，你的老师，也曾经经历过这样艰难的过程，只有不停地尝试、探索与寻找，最终你会慢慢找到并且靠近和实现你的目标。

名人名言

A goal is not always meant to be reached，it often serves simply as something to aim at.（目标不一定是需要达到的，目标往往只是用来帮助你瞄准方向）——Bruce Lee 李小龙

在这个过程中，你不是孤单的，你可以请教你的前辈、求助你的父母，但最重要的是你需要大胆尝试，而不要慵懒地蜷缩在宿舍的被窝里，或者死板地坐在课堂上听着专业课程。你需要做的是勇敢去做，就像Nike广告词一样“Just Do It”。利用好年轻的时光，去体验成功也经历失败，这些都将成为你人生中最宝贵的财富。

3. 高自我效能感

优秀的学生往往具有高的自我效能感。所谓自我效能感，即人们对自身能否利用所拥有的技能去完成某项工作行为的自信程度。拥有高效能感的人，往往更愿意尝试具有挑战性的任务，同时也往往能取得更好的成绩。

以下几个方法都可以增强个体的自我效能感：

（1）成功的经验。成功的经验会提高人的自我效能感，多次失败的经验则会降低人的自我效能感。另外，个体对于成败的归因也会决定个体自我效能感。如果你将每次的成功经验都归结于外部因素（题很简单、自己运气很好等），那么你也不能体会到很强的自我效能感；如果你将失败的原因归结于外部因素，而不仅仅归结于自己能力太差，那么即便是失败，也不会影响你的自我效能感。

（2）观察学习。人是一种会通过观察模仿进而学习的高级智慧生物，所以通过观察榜样的学习行为而获得一些间接经验，也会影响个体的自我效能感。比如，当你看到一个和自己水平差不多的人在某一方面取得成功，那么你也会增强自我效能感并且相信自己也可以完成同样的任务。

但是，自我效能感可能只局限于某些领域。因为一个人不可能是一个全才，所以也不可能对任何方面都有高的自我效能感。一个数学天才，可能五音不全；一个艺术大师，可能体育刚刚及格。这些都反映出个体总会呈现优势领域和劣势领域。一个很实际的建议是，从自己很擅长的学科或者领域中找到自信，然后在比较薄弱的领域和方面付出更多的努力。值得庆幸的是，大学学习不再像高中学业一样要求各方面学科齐头并进，大学学习，即便是本科阶段，也有了一定的专业侧重。如果你无法在你的专业领域找到自我效能感，不妨拓展你的视野，在学生工作方面、在社团活动方面、在实习工作方面开拓一下自己的优势，或许你并不擅长课本上的条条框框，但是你可能非常擅长人与人的社会交往。请相信“天生我材必有用”，你一定有属于自己的自我效能感。

4. 坚持完成任务

通常，人们都知道如何着手开始做一件事情，但却会因为各种各样的原因导致半途而废，出现虎头蛇尾的现象。然而优秀的学生，却不会因为中途的挫折感而失去斗志，他们会利用各种办法帮助自己渡过难关，最终完成任务。

优秀的学生一般都拥有较强的意志力，他们能够控制和管理学习任务的进程，同时排除外界的干扰因素。他们会给自己制订一个合理的学习计划，具体什么时候休息，什么时候工作，什么时候娱乐。好的学习者，并不是只会学习而不会休息的人，那样只会导致过

劳死。真正优秀的学习者，能够在学习工作与休息娱乐之间找到适度的平衡点，不会因为学习工作而牺牲健康，也不会故意找借口逃避学业任务。

另外，还需要学习如何控制焦虑。有的学生，一旦遇上紧急的任务，就会出现焦虑情绪，并且影响整个生活。在大学里面，拥有良好的情绪管理办法也是成功的重要保障。随着年龄的增长，每个人需要面对的事情变得日益复杂，有时候一学期要应付好几门的专业课程，除此之外可能还有一些个人兴趣爱好、人际往来等方面需要耗费大量的时间和精力，这些可能都会引发个体的焦虑。

5. 延迟满足的能力

每个人在努力的同时都期待着有所回报，但是并非所有的努力都可以得到即时的回报，就像农民在春日播种，需要工作大半年甚至更长的时间才能够看到丰收的果实。所以想要成为一名优秀的学习者，一个成功的人，必须要学会拥有延迟满足的能力，也就是我们常说的要学会忍耐。

真正优秀的学习者，他们在没有即时奖励的情况下仍然可以坚持完成任务，而这一品质能够帮助他们获得更大的成功。

二、训练与测试

指导语：

下面各个句子描述的是学生对学习任务的一些感受及学习时的想法和行为，请你根据自己的情况对每个描述做出适当的选择：1. 非常不符合，2. 有些不符合，3. 不确定，4. 有些符合，5. 非常符合。请你在选项后面写出相应的数字。答案没有对错之分，无须过多考虑。

（1）如果我尽力去做的话，我总是能够解决难题的。

（2）即使别人反对我，我仍有办法取得我想要的。

（3）无论在我身上发生什么事，我都能应付自如。

（4）面对一个难题时，我通常能找到几个解决办法。

（5）对我来说，坚持理想和达成目标是轻而易举的。

（6）我自信能有效应对任何突如其来的事情。

（7）如果我付出必要的努力，我一定能够解决大多数难题。

（8）我能冷静地面对困难，因为我信赖自己处理问题的能力。

（9）以我的才智，我一定能应付意料之外的情况。

（10）有麻烦的时候，我通常能想到一些应付的办法。

计分方式：

请将你的测试总分相加，得分越高说明你的自我效能感越强。

三、补充阅读

乔布斯的传奇人生

史蒂夫·乔布斯（Steve Paul Jobs），出生于1955年2月24日。1972年高中毕业后，

在俄勒冈州波特兰市的里德学院只念了一学期的书；1974年乔布斯在一家公司找到设计计算机游戏的工作。两年后，时年21岁的乔布斯和26岁的沃兹尼艾克在乔布斯家的车库里成立了苹果公司。

乔布斯被认为是计算机业界与娱乐业界的标志性人物，同时人们也把他视作麦金塔计算机、iPad、iPod、iTunes Store、iPhone等知名数字产品的缔造者。乔布斯同时也是前Pixar动画公司的董事长及行政总裁（Pixar已在2006年被迪士尼收购），这家公司如今已成为畅销动画电影《玩具总动员》和《虫虫危机》的制作厂商。乔布斯还是迪士尼公司的董事会成员和最大个人股东。

创业（1976—1983）1976年，21岁的乔布斯与26岁的斯蒂夫、沃兹尼亚克成立了苹果公司。他们制造了世界上首台个人计算机，并称为Apple I，售价666.66美元。

离开（1983—1986）1983年，苹果公司的业务越做越大，乔布斯便开始寻找一名出色的执行官管理公司。他找上了百事可乐公司的约翰·斯卡利（John Sculley），对他说："你想卖一辈子糖水呢，还是改变整个世界？"随后斯卡利跟随乔布斯来到苹果公司出任CEO。在次年，苹果公司凭借广告《1984》引发了巨大的反响。然而事情并不总是一帆风顺的，1985年，由于计算机界的普遍萧条，斯卡利借用销售额不佳、员工人心不稳等理由，将乔布斯赶出了苹果公司。但乔布斯并没有就此止步，离开了苹果的乔布斯随后创立了NeXT计算机公司，并发展出NeXT计算机及NeXT STEP操作系统。

独立（1986—1996）1986年他花1000万美元从乔治·卢卡斯（George Lucas）手中收购了Lucas Film旗下的计算机动画效果工作室，并成立独立公司皮克斯动画工作室（Pixar）。在之后十年，该公司成长为知名3D计算机动画公司，并在1995年推出全球首部全3D立体动画电影《玩具总动员》（Toy Story）。皮克斯公司于2006年被迪士尼收购，乔布斯也因此成为迪士尼最大股东。

回归（1996—1998）乔布斯的生涯极大地影响了硅谷风险创业的传奇，他将美学至上的设计理念在全世界推广开来。他对简约及便利设计的推崇为他赢得了许多忠实追随者。乔布斯与沃兹尼亚克共同使个人计算机在70年代末至80年代初流行开来，他也是第一个看到鼠标的商业潜力的人。1996年陷入财政困难的苹果公司以4亿美元收购了NeXT计算机公司，同时乔布斯也回到了苹果公司。1997年，当吉尔·阿梅里奥（Gil Amelio）离开公司后，他重掌苹果公司的大权，并于当年推出iMac。因为iMac在美国和日本大卖，帮助苹果公司顺利度过财政危机。同年，他成为《时代周刊》的封面人物；同年被评为最成功的管理者，是声名显赫的"计算机狂人"。

辉煌（1999—2009）乔布斯重新上任后就迅速砍掉了没有特色的业务。他告诉他的同僚，不必保证每个决定都是正确的，只要大多数的决定正确即可。因此不必害怕。有许多难以做出的决定，像砍掉无特色的业务，在今天看来十分明智，但当初做决定时却令人提心吊胆。随后，苹果公司推出深受大众欢迎的iBook、Mac mini、Mac OS X操作系统。并借助iPod系列和iTunes音乐商店一举坐上数字音乐销售冠军宝座。2007年7月29日，苹果公司推出自有设计的移动电话iPhone，使公司的股票大幅上扬，他被《财富》杂志评为了年度最伟大商人。而在2008年6月9日的WWDC中发布新一代iPhone 3G，再次引起了轰动。2009年被财富杂志评选为这十年美国最佳CEO，同年当选时代周刊年度风云人物之一。

第六章　大学生的人际交往
——无招胜有招

生活中的心理学

有趣的“登门槛”和“留面子”效应

那些挨家挨户推销商品的推销员们知道，只要他们能进了你家的门，你答应先看看或先尝尝他们的货，买卖就算做成一半了。这就是“登门槛”效应，是指一个人如果开始就答应了别人一个较小的要求，随后便可能答应一个较大的要求。比如，有关部门问你能不能在你家门前安放一个又大又难看的交通安全标牌，你可能会拒绝；如果你同意先竖一个小的标志牌在窗台上，随后有一天你就可能允许在你家门前放置一个大标志牌。

显然，“登门槛”效应是基于人们对自己行为的评价。这也叫“先尝后买”效应，如果你答应了卖主“先尝尝”的小要求，就容易相信自己并不介意按别人的要求做，以后便可能答应他让你“买一个”大的要求。

假设你到一个邻居家，请他在你外出的一个月里帮你喂狗，浇花和打扫卫生，但他根本没时间帮你做那么多事，他会答应你吗？邻居可能对你说，很抱歉不能帮忙。但他也可能为拒绝你而感到心里有点过意不去。第二天你又去了，问他能否在你外出期间帮着取邮件，他会怎样？如果没有昨天那件事，他可能会拒绝你，但由于他昨天曾拒绝了你的一大堆要求，今天则很可能答应你的这个小要求。

心理学家称为“留面子”效应，即别人让你吃“闭门羹”后一般会依从你的一个较小的要求。换句话说，你可以先提出一个大的要求之后，再提真正的要求，人们拒绝了你的那个大的要求之后，会乐于答应你这个较小的要求。使用这种策略之所以有效，是因为别人在拒绝了你的较大要求的同时感到自己不近人情，他们乐于对你做出一些小的让步，让自己心理平衡。

——（美）库恩，等著. 心理学导论［M］. 11版. 郑钢，等译. 北京：中国轻工业出版社，2007.

第一节　人际关系概论

你需要知道的事："相识满天下"不等于"好友满天飞"

请大家以坦诚，开放的态度如实回答：在你遇到重大困难时，愿意主动帮助你的知心好友大约有几个？看看我们的脑海里会呈现几张面孔。根据最常见到的经验，同学们的回答往往以个位数居多。

澄清这一问题具有两点价值。第一，减少过高预期带来的苦恼。这类同学往往有一种不合理信念，他们认为自己必须跟所有人打好交道，否则自己的人际关系就会糟糕。因为误把一种理想化的追求和努力方向当成是现实，所以他们一再体验到人际挫折和失败。第二种在学生中更为普遍，这类同学确实人际支持不良，缺乏知心好友。他们羡慕班干部，羡慕学生会干部，总觉得被人关注即等同于有很多知心好友，多到自己无法企及，只能仰视。事实上，一个人即便24小时不睡觉，不做其他事，只为处理好人际关系，也不可能"相识满天下"。好友需要经历时间的淬炼，彼此不断地交往、付出才能铸就。我们应该认识到若有三五个好友就已经很不错了，而不是三五十个。这样同学们就会看到希望，树立信心。

尊重你不想交往的人，珍重你想交往的人，无须讨好世界，且让自己欢喜，足矣。

一、实用的理论

（一）人际交往和人际关系的概念

所谓人际交往，是指人与人之间进行信息交流和沟通情感联系的过程。这个定义中有两个关键词，一个是信息，另一个是情感。信息包含了言语信息和非言语信息，我们容易忽略的是非言语信息和情感，后者在人际交往中占据了极其重要的地位。例如，肢体语言，服饰衣着等属于非言语信息，经常传递出一个人的潜意识信息，而情感交融则是处理好人际关系的关键。

人际关系是指在人际交往中建立的直接的心理上的联系。它具有个体性、直接性、情感性三个特点。在咨询中，常常见到来访学生抱着如何处好人际关系的目的，抱怨自己讲话缺乏含金量。他们往往忽略了人际交往中"情感"的重要性，没有意识到"情感性"才是人际关系的主要成分。除情感性外，人际关系还具有"个体性"和"直接性"的特点。"个体性"是指在人际关系中社会角色退居次要地位，个体喜不喜欢对方成为最重要的考虑因素，而不是社会地位等其他因素。"直接性"是指这种关系是现实的，真实的联系。如果脱离现实就可能成了妄想。

（二）大学生人际交往的类型

依据交往对象的不同，大学生的人际交往可分为如下四类。

1. 与师生之间的交往

老师与学生，是大学校园里的两大基本群体。老师是学生人际关系的重要对象，师生关系是学生人际关系的重要内容。师生关系如何，直接影响到学生能不能健康地学习和成长，并在很大程度上决定了学校能不能对学生的身心施加符合社会要求的影响。从高校的整体环境上看，师生之间的关系不密切，交往不多。只有遇到与学习相关的“学业问题”“就业问题”“考试问题”等才去寻求老师的帮助及建议，至于其他个人的心理问题、情绪问题、家庭问题、交友问题、恋爱问题等，则很少有学生会主动去找老师寻求帮助。

2. 与父母家人的交往

大学生中与父母家人的交往方面容易出现两种极端，一种是过于依赖，另一种是完全回避。在咨询中常遇见这种同学，他们每天都要给父母打电话，一天不落。当然打电话本身不是问题，关心父母或者向父母索取爱都很正常。只是这里存在另外一种可能，就是把人际支持的希望完全寄托在父母身上并从中获得了满足。这种完全的满足虽然暂时有利于心理的平衡，但却会降低从周围朋友中寻求支持的意愿和行动，妨碍了人际交往能力的培养和人际关系的积累。就好像一颗定时炸弹，总有引爆的一天。另一种是完全回避，感觉自己终于摆脱了父母的管束和唠叨，连着几个月都不想往家里打电话。这里给同学们推荐一种包容策略，大家可以在生活中学着“把父母看成小孩子”，很多亲子矛盾就能迎刃而解。在我们小的时候，不管自己再顽皮淘气，父母总是由着我们不会计较。现在我们已经长大了，越来越有文化，而父母则渐渐老去。我们应该反过来把他们当成小孩子来爱护包容，就像他们当年对我们那样。

3. 与同学之间的交往

同学是大学生人际交往的主要对象，同学关系是大学生人际关系的主要内容。大学校园里的同学关系总的来说是和谐、友好的，同学之间的关系有亲情化、家庭化的趋势，即在日常生活、学习中形成一种如同亲属一般和谐稳固的同学关系。很多大学生寝室按年龄大小进行排名，一个寝室的几个同学就像一个家庭的几个孩子一样，按大小排序，平时称呼也不叫名字，而是叫老大老二、姐姐妹妹之类。在大学校园里，几个同学一起逛街、下馆子、看电影、下棋打牌是经常的事。大学生十分重视同学之间的情谊，希望感受彼此之间相互帮助、相互照顾、相互倾诉。即使个别同学之间出现了某种隔阂，大家也注意“着眼长远、面向未来”，有意去弥补。

4. 网络世界的虚拟交往

网络交往有其积极作用和消极作用。积极作用不言自明，网络时代可以与千里之外的家人、朋友、恋人实现即时通信，这在过去是难以想象的。网络交往的消极作用体现在对现实的回避。以沉迷网游的学生为例，网游带给他们的除了虚拟物品和荣誉带来的即时强化外，还有虚拟的人际支持因素。所以，常听说某人打网游上瘾，但较少玩单机游戏上瘾。沉迷网游不仅会浪费大量宝贵时间，更会减少现实的人际交往行为，使人在虚拟世界中成为霸主的同时在现实中输得一败涂地。

（三）影响人际交往的五种效应

1.光环效应

光环效应即指以偏概全，从对方所具有的某个或某些特征而推论到其他所有方面。比如，我们常常说某某男星女星，是我们心中的男神女神。我们常常因为对方的一些影视作品，或者生活报道符合自己的喜好，就不自觉得为对方戴上封神的光环，在想象中把对方视为神一般的完美。

2. 刻板效应

刻板效应是人在长期的认知过程中形成的关于某类人的概括而笼统的固定印象。这些印象经常是有失偏颇的，比如“北方人比较豪爽，南方人擅于经营计算”“南方人矮小，北方人高大”。

3. 首因效应

首因效应即我们常说的第一印象，往往发生在陌生人之间。在一些交际场合，我们总是小心翼翼地表现出自己最好的一面，就是希望利用首因效应给对方留个好印象。

4. 近因效应

近因效应是最近的印象，常见于熟人之间。熟人之间最近发生的事情所造成的印象很容易影响彼此的观感。这一效应提醒我们，朋友间经常可以做一些有益彼此的事情来维系感情，化解矛盾。

5. 投射效应

投射效应即以己度人，认为自己具有某种特征，他人也一定会有与自己相同的特性，把自己的感情、意志、特性投射到他人身上并强加于人的一种认知特点。古语有云“来言是非者，必是是非人”即是源自这一效应，如果我们经常喜好评价别人的是非，往往提示我们，并不是外面真的有那么多是非，很可能是我们的内心是非太多，需要调整，矫正。

（四）影响人际吸引的五种因素

1. 熟悉与邻近

在大学课堂里最常见到的是一个宿舍的同学集体坐在一起，即熟悉与邻近。它通过交往频率来影响人际关系的亲疏。那么交往频率是否越高越好呢？答案是否定的。最佳的交往频率呈倒U形曲线，即中等频率的交往为宜。这就告诉同学们，如果整天与人黏在一起的，就要考虑适当给对方点空间。如果深居简出和他人交流较少的，就应该增加自己在同学面前出现的频率。

2. 相似与互补

相似与互补是指人们往往喜欢那些和自己相似或互补的人。这一影响因素中蕴含的实践启示即“求同存异”。我们与人交往，既要寻找彼此的共同点，也要尊重彼此的差异性。有些同学只知求同，不懂存异，认为与朋友搞好关系必须抹杀自己的个性，一味盲目从众。其实，自己与他人的差异性反而可能会成为对方喜欢你的一个原因。如果我们的“不同”并没有妨碍或伤害到他人，却引起对方的不快，那么很可能是对方的不成熟或问题所造成的。

3. 美感

美感是人接触到美的事物所引起的一种感动，是一种赏心悦目、怡情悦性的心理状态。美的外貌容易产生极强的首因效应，会给人们留下良好的第一印象。然而随着交往的深入，外貌的吸引力会逐渐降低，个人内在的修养会在交往中变得越来越重要。因为，内在的修养同样可以让人体验到美感，而且内在美比外在美更具魅力。这一影响因素蕴含的实践启示是我们可以通过努力提升自己的修养增加人际吸引力。外貌天注定，修养靠自身，这是我们每个人可以控制也可以作为的地方。

4. 人格

人格也是影响人际关系的重要因素。Anderson1968年的研究结果表明，在影响人际吸引的诸多人格特质中，真诚与否最为重要，排在其他我们熟知的人格特质之前。

5. 才能

才能会妨碍或增加个人的吸引力。一般而言才能会增加个体的吸引力，然而如果处理不当给对方造成社会比较的压力，则会妨碍人际吸引力。所以，有才能的人应该注意态度要谦虚，要看到自己的不足。对于才能不足的，则应当积极积累才能。比如，有这样一个来咨询的同学，她很苦恼自己跟朋友聊天的时候，聊着聊着就搭不上话了。咨询师当即反问："你要搭什么话？"这位同学当即愣住，随后若有所思。后来咨访之间达成共识，认为只要在图书馆待上一年半载，自己头脑里思想丰富了，这个问题自然迎刃而解。

（五）人际关系的价值和意义

在咨询中，常常看到有些同学生活满意度低，自述孤单寂寞，过得不如意，但自己也说不清为什么，不知道怎么办。其实，如果有几个好友，这种困扰可能很快就解决了。人际支持是各种原因所致的压力的有效缓冲器，具有普遍实用价值。

简言之，可以将人际关系的意义归纳为四点：①有助于身心健康。从心理卫生的角度看，良好的人际交往状况可以满足人们的下列心理需要：获得安全感；满足归属感；提高自尊心；增强力量感；获得友谊和帮助；减少孤独、寂寞、空虚、恐惧、痛苦；宣泄愤怒和压抑等。②交流信息，获取知识。③认识自我，完善自我。④增进交流，协调关系。

心理学家通过广泛的调查和研究发现，良好的人际关系，尤其是亲子、夫妻、亲密朋友等关键的人际关系的融洽，才是人生幸福最重要的影响因素。

二、训练与测试

社会支持评定量表（SSRS）

在心理学中，所谓的社会支持指的是一个人从自己的社会关系（家人、朋友、同事等）中获得的客观支持及个人对这种支持的主观感受。社会支持不仅指物质上的条件和资源也包括在情感上的支持。社会支持评定量表是肖水源教授等心理卫生工作者在借鉴国外量表的基础上，根据我国的实际情况，自行设计编制的，旨在帮助人们对自己的社会支持有一个全面的评定。

本测验使用的是自测法，也就是请您对自己的各个健康指标做一个主观评定。测验共有10道题目，大概3到5分钟即可完成，适用于14岁以上各类人群（尤其是普通人群）的健康测量。问卷共有10道题目，包含客观支持、主观支持和对支持的利用度三个维度。

指导语：下面的问题用于反映您在社会中所获得的支持，请按各个问题的具体要求，根据您的实际情况来回答，谢谢您的合作。本测试结果仅供参考，如有疑问请联系专业心理咨询师。

1. 您有多少关系密切，可以得到支持和帮助的朋友？（只选一项）

A. 一个也没有　　B. 1～2个

C. 3～5个　　D. 6个或6个以上

2. 近一年来您：（只选一项）

A. 远离家人，且独居一室。

B. 住处经常变动，多数时间和陌生人住在一起。

C. 和同学、同事或朋友住在一起。

D. 和家人住在一起。

3. 您与邻居：（只选一项）

A. 相互之间从不关心，只是点头之交。

B. 遇到困难可能稍微关心。

C. 有些邻居都很关心您。

D. 大多数邻居都很关心您。

4. 您与同事：（只选一项）

A. 相互之间从不关心，只是点头之交。

B. 遇到困难可能稍微关心。

C. 有些同事很关心您。

D. 大多数同事都很关心您。

5. 从家庭成员得到的支持和照顾（在无、极少、一般、全力支持四个选项中，选择合适的选项）

A. 夫妻（恋人）；

B. 父母；

C. 儿女；

D. 兄弟姊妹；

E. 其他成员（如嫂子）。

6. 过去，在您遇到急难情况时，曾经得到的经济支持和解决实际问题的帮助的来源有：

（1）无任何来源。

（2）下列来源：（可选多项）

A. 配偶；B. 其他家人；C. 朋友；　D. 亲戚；E. 同事；F. 工作单位；

G. 党团工会等官方或半官方组织；H. 宗教、社会团体等非官方组织；I. 其他（请列出）

7. 过去，在您遇到急难情况时，曾经得到的安慰和关心的来源有：

（1）无任何来源。

（2）下列来源：（可选多项）

A. 配偶；B. 其他家人；C. 朋友；D. 亲戚；E. 同事；F. 工作单位；

G. 党团工会等官方或半官方组织；H. 宗教、社会团体等非官方组织；I. 其他（请列出）。

8. 您遇到烦恼时的倾诉方式：（只选一项）
A. 从不向任何人诉说。
B. 只向关系极为密切的1～2个人诉说。
C. 如果朋友主动询问您会说出来。
D. 主动诉说自己的烦恼，以获得支持和理解。
9. 您遇到烦恼时的求助方式：（只选一项）
A. 只靠自己，不接受别人帮助。
B. 很少请求别人帮助。
C. 有时请求别人帮助。
D. 有困难时经常向家人、亲友、组织求援。
10. 对于团体（如党团组织、宗教组织、工会、学生会等）组织活动，您：（只选一项）
A. 从不参加。
B. 偶尔参加。
C. 经常参加。
D. 主动参加并积极活动。

量表计分方法：第1～4，8～10题：每题只选一项，选择1、2、3、4项分别计1、2、3、4分，第5题分A、B、C、D四项计总分，每项从无到全力支持分别计1～4分，第6、7题如回答“无任何来源”则计0分，回答“下列来源”者，有几个来源就计几分。社会支持评定量表分析方法介绍如下。总分：即10个题目计分之和，客观支持分：2、6、7题评分之和，主观支持分：1、3、4、5题评分之和，对支持的利用度：第8、9、10题。

该量表用于测量个体社会关系的3个维度共10个题目：有客观支持（即患者所接受到的实际支持），有主观支持（即患者所能体验到的或情感上的支持）和对支持的利用度（支持利用度是反映个体对各种社会支持的主动利用，包括倾诉方式、求助方式和参加活动的情况）3个分量表，总得分和各分量表得分越高，说明社会支持程度越好。

资料来源：百度文库

三、补充阅读与思考

陌生人和朋友的社会支持有区别吗

社会支持可以降低个体在应激过程中的应激反应，从而维护人的健康。社会支持的来源是多样的，即使是陌生人的支持也可以给我们带来安慰，但是来自朋友的社会支持与来自陌生人的社会支持，所起的作用是一样的吗？克利斯汀福特认为，陌生人和朋友的社会支持的作用是有区别的，来自朋友的社会支持的作用大于陌生人。他和同事（1997年）就做了以下的实验来验证这一假设。

实验被试者为90名女性大学生，平均年龄为19.5岁。身体健康，没有在服用药物。实验前2小时被试者禁止用烟、酒、和咖啡。被试者被随机分配进入经历3种实验条件的小组：朋友支持组（30人）、研究者助手支持组（30人）、研究者助手中性组（30人）。

应激源是一个6分钟的演讲任务。被试者拿到一份关于一个有争论的问题包含正方、反方观点的辩论材料。被试者要在准备5分钟后，在一个观众面前发表演讲。研究者助手支持组的被试者的观众是一个陌生人，即为研究者助手。这个助手经过培训，在被试者发表演讲时，一直微笑，与被试者有目光接触，对被试者所讲的内容有反映，并不断小声咕哝："讲得好！""对！就是这样！"研究者助手中性组的被试者，她的观众也是一个陌生人，即研究者助手。这个助手经过培训，对被试者所讲的内容没有反应。朋友支持组的观众是被试者自己带来的朋友。研究者对其进行培训，使其在被试者发表演讲时的行为与研究者助手支持组一致。

被试者来到实验室后先休息一会儿，然后用10分钟的时间测量心率、血压（收缩压和舒张压），取其平均值作为基线值，并运用利克特9点量表对知觉到的应激进行评价，1="一点也不紧张"，9="极度紧张"。在5分钟准备阶段末和6分钟演讲结束时，被试者都要测量心率、血压并对知觉到的应激强度进行评价。在被试者进行演讲时，观众的行为被录像。在演讲结束后，被试者从3个方面对知觉到的观众的支持情况进行评估，即观众的友好程度、观众的支持程度、观众使他们减少演讲引起的紧张程度。

由2位独立评判者根据录像对被试者的演讲能力和观众的行为进行评定。结果显示，被试者的演讲能力在朋友支持组、研究者助手支持组和研究者助手中性组之间没有差异；朋友支持组和研究者助手支持组的观众的支持行为显著多于研究者助手中性组，而在朋友支持组和研究者助手支持组之间没有差异。朋友支持组和研究者助手支持组的被试者知觉到的观众的社会支持显著多于研究者助手中性组的被试者。显然，实验操作是有效的而且是比较标准化的。

朋友支持组和研究者助手支持组的被试者在演讲时的心率、收缩压和舒张压的增加量显著小于研究者助手中性组的被试者，而且朋友支持组的被试者在演讲时的心率、收缩压和舒张压的增加量显著小于研究者助手支持组的被试者。由此可见，社会支持能降低个体对急性应激源的心血管反应，而且朋友的社会支持作用大于陌生人的。

《五卷书》上说："朋友是抵挡忧愁、不愉快和恐惧的保卫者，是友爱与信赖的罐子。"这个实验结果告诉我们，在降低个体对应激的反应方面，朋友的社会支持作用要大于陌生人。分析其中的原因，这也许与朋友和我们之间已经建立了稳定的亲密关系有关，因为朋友之间彼此喜爱、彼此信任、彼此理解，能彼此心灵相通、分享喜怒哀乐，因此来自于朋友的安慰、关怀与鼓励更能直达心灵，振奋人心，支持人去克服困难，激励人去迎接挑战。由这个实验结果还可以推论，来自配偶、父母、兄弟姐妹、恋人等有亲密关系的人社会支持对维护和促进健康有更大的作用。

——资料来源：沈晓红主编. 健康心理学［M］. 杭州：浙江教育出版社，2009.

第二节　如何拥有良好的人际关系

你需要知道的事：交往剥夺实验

缺乏交往的个体身心发展都会受到限制，可以使人丧失很多能力。曾经有个在伦理上受到质疑的实验能够说明这一点。

美国心理学家曾经做过一个交往剥夺实验：把被试者关在相对隔离的室内，不与任何人接触，结果仅几天被试者就忍受不了，甚至出现精神异常的迹象。也有心理学家做过类似的实验，结果发现被试者在百米深的洞穴中，单独生活了156天以后，精神面临崩溃状态，神情呆滞、冷漠无情、举止失常。

动物学家也曾以恒河猴做过一个著名的“社交剥夺”实验。实验将猴子的喂养工作全部自动化，被隔绝的猴子与其他猴子相比，明显缺乏安全感，不能与同类进行正常交往，甚至本能行为的表现也受到严重影响。

——摘自：《人际交往心理学中的几个效应》

一、经营你的人际关系

（一）马斯洛的需要层次理论

常常听到同学们感慨，希望提升自己的人际交往能力，希望多学些人际交往的技巧，困惑中夹着美好的愿望，似乎总是穿不透那片人际关系的“迷雾”。其实原则也好，技巧也罢，本质仅仅是需要的互动，抓住需要两个字，就抓住了人际关系的关键。在诸多需要相关的理论中，马斯洛的需要层次理论，比较好地还原了人际互动的需要。

马斯洛认为人的需要由五个等级构成，分别是生理、安全、归属和爱、尊重、自我实现等的需要（见下图）。生理需要：人对食物、水分、空气、睡眠、性的需要等；安全需要：人们要求稳定、安全、受到保护、有秩序、能免除恐惧和焦虑等；归属和爱的需要：人要求与他人建立感情的联系或关系；尊重需要：包括自尊和希望受到别人的尊重；自我实现的需要：人们追求实现自己的能力或潜能，并使之完善化。这五种需要都是人的基本需要，是与生俱来的，它们构成不同的等级或水平，并成为激励和指引个体行为的力量。

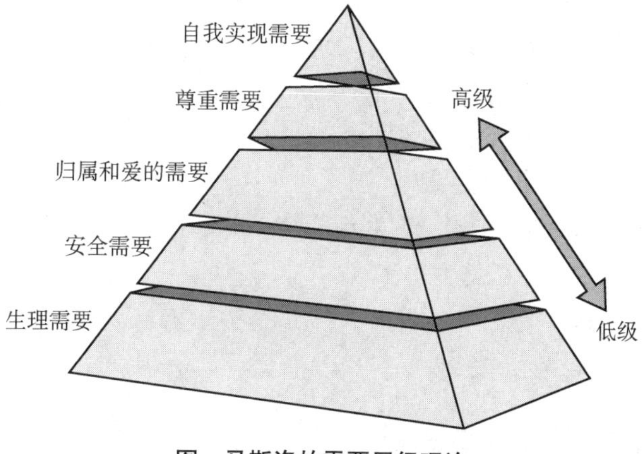

图 马斯洛的需要层级理论

不同层次需要的力量不同，需要层次越低，力量越强。一般而言只有满足低级需要，才出现高级需要，但个体对需要的追求也有差异，在一些特殊情况下，也有些人可以放弃低级需要而追求高级需要，比如为国捐躯的英雄人物。在进化和个体发展过程中，高级需要出现较晚，但与低级需要并非对立，低级需要部分满足也可能产生高级需要。

假如你这个月的生活费有800 元，你有两个认识的同学需要跟你借700元救命。你愿意借，但是你只能借给其中一位。这两个同学中A同学是校园风云人物，长相好，有才华，能说会道有能力。但有一点，他跟你不是很亲近。B同学纯粹是一个矮矬穷，各方面都普普通通，平淡无奇。但有一点，在过去跟你相处的过程中，他经常真诚关心你，能帮上你忙的地方会主动帮一下。请问，你愿意借给谁？答案通常“千篇一律”选择B。此中即蕴含着实现良好人际关系的关键：真诚的你想关心人，主动帮助你愿意帮助的人。这也回应了我们本章的副标题“无招胜有招”，与人相处，贵在真心。

之所以“真诚关心人，主动帮助人”能成为人际交往的秘诀，因为这句话本身的贯彻执行即抓住了良性人际互动的本质，能最大限度地满足他人“安全需要”“归属和爱的需要”“尊重需要”。

纵观近些年的校园暴力事件，多与尊重需要有关。从马加爵案，到吉林农大杀人案，校园暴力莫不如此。2009年11月14日凌晨3点在吉林农大发生一起惨案，睡在上铺的大四学生赵某用杀猪刀将其下铺同学郭某杀害。起因是郭某将赵某睡觉打呼噜的声音用手机录了下来并上传到网上，致使赵某被人嘲笑。于是赵某恼羞成怒买了把杀猪刀，于14日凌晨3点将下铺郭某杀害。此类惨案敬告同学们，要尊重彼此，尊重彼此的人格和尊严。只要尊重两个字做好了，几乎就能避免同学之间出现大的矛盾和冲突。

想一想，说一说

为了满足宿舍同学合理地被尊重的需要，你有哪些言行还可以改善，提升？

每个人满足自己需要的方式是不同的，同样的一个东西，一事件，对不同的人，意义不同，我们需要去觉察，了解，尊重，我们需要领悟并体验到“你对我也没错”。A同学来咨询室抱怨其好友B同学经常把自己桌子上的物品摆弄得乱七八糟。A并非介意B在自己位置上“捣乱”，而是介意B不让自己碰她的东西。假如A动了B的台灯，B都会大吵大闹，这让A十分难以接受，感觉自己受到了不公平待遇。随着咨询的深入，咨询师了解到一个关键信息，即B同学从小家教严格，对物品的摆放秩序等格外讲究。这就意味着同样的一盏台灯，对于A同学而言只是一个物品，但对于B同学而言，台灯位置的挪动会造成一种失控感，妨碍了她安全需要的满足。

总之，方式有不同，无害即合理，需要都一样，你对我也没错。实践这一点，就可以减少同学间的矛盾。如果同时，我们真诚关心想关心的人，主动帮助愿意帮助的人，就能收获属于自己的爱和友谊。

（二）人际交往的原则

1. 互利原则

互利是指双方都要讲付出和奉献，只有单方获得好处的人际交往是不能长久的。如果一方只索取不给予，交往就会中断。互利性越高，交往双方关系就越稳定、密切；互利性越低，交往的双方关系就疏远。要吸引朋友，就要努力使自己的言行给他人带来酬偿，真诚地喜欢、尊重、信任他人，对于他人的长处和成绩，由衷地给予赞扬和肯定，相互奉献真诚的微笑等。只有你以爱、以诚待人，他人才会以爱、以诚回应。

2. 尊重原则

尊重包括自尊和尊重他人两个方面。自尊就是在各种场合自重自爱；尊重他人就是重视他人在人格、行为习惯和价值观等方面与自己的差异，不以自己的标准来要求别人。尽管由于主、客观因素的影响，人与人在气质、性格、能力、知识等方面存在差异，但在人格上是平等的。只有尊重他人才能得到他人的尊重。

3. 真诚原则

能将心比心，站在对方的立场考虑问题，进行换位思考。不以自我为中心，从而能充分感受对方的思想和情绪，做出恰当反应。

名人名言：

益者三友，损者三友。友直，友谅，友多闻，益矣；友便辟，友善柔，友便佞，损矣。——孔子

4. 信用原则

人际交往要讲究一个“信”字。信用有两层含义：一是言必信，即说真话，不说假话。如果一个人满嘴胡言，尽说假话骗人，到头来连真话都不能使人相信了。二是行必果，即说到做到，遵守诺言，实践诺言。

5. 宽容原则

宽容表现在对非大是大非的问题不斤斤计较，对非原则性问题宽容大度，以将心比心的态度理解、体谅别人，大事清楚、小事糊涂，对人宽、对己严。宽容他人就是在宽容自己，苛求他人也就是在苛求自己。不会宽容他人，也同样得不到别人的宽容。

（三）人际交往的技巧

1. 修炼自己良好的个性

在咨询中，经常发现性格偏内向的同学抱怨自己的内向，认为内向妨碍了自己的人际关系。这里存在一个误解，对人际交往而言，良好的个性不在于内向还是外向，而在于是否乐观积极，前者仅仅是特点而非优缺点。

想一想，说一说

我们如何让自己变得乐观积极？

乐观积极的人，如果是一个外向的人，就总能给人带来希望和笑声，其乐观的情绪极富正面感染力；如果是一个内向的人，其温和宽厚的态度，能给人一种可信赖的安全感。前者热情，后者温暖，都具有独到的魅力。

2. 遵循“三A”原则

“三A”原则就是接受（Accept）、赞美（Admire）、赞同（Agree）。如果对方的言行无害于己，无损于人，就是可以被接受的。真诚的赞美并非阿谀奉承，而是能看到每个人身上都必然存在的诸多正面能量并表达出来。赞同涉及尊重的需要，对于同学间的关系有特别的意义。想象一下，你跟寝室的另外四个人说了一件事情，这四个人对你所表述的内容分别给了四种回应：“是的，我也这么认为”“我和你有很多相似之处”“废话，那还用你说吗？”“本来就是，你才知道呀”。感觉一下你的感受有何不同？不难发现，前两句话会让听者倍感舒畅，认为自己的意见得到了尊重，后两句话则无异于在攻击你的自尊心。同样是赞同对方的观点，不同的表达造成完全相反的效果。

3. 做一个好的听众

A同学来找咨询师，抱怨自己跟朋友说话的时候总是只有简单的“嗯”“啊”“是的”几个字，每次聊天自己都只是在听，不知道该说什么。咨询师反问该同学：“你朋友一定很多，是吗？”A奇道：“您怎么知道的，是的。”在这个案例中A同学的抱怨有其被尊重的需要不满足的缘故。不过单就人际交往的效果而言，会听往往比会说更重要。如果说的内容不是关心对方或支持对方的话，那么说得好，容易给对方造成社会比较的压力，说得差，又容易被人轻视。只有听，会带给说者尊重等需要的满足，获得最佳沟通效果，因为当我们真的用心在听的时候，注意力是以对方为中心的。

4. 适度地自我暴露

人们总是喜欢那些自我暴露的人，不喜欢自我隐蔽的人。一个从来不肯自我暴露的人很难与他人建立起亲密、有意义的关系。完美无缺或看不透的人，只能使人敬而远之。不过自我暴露要注意应随着交往的需要由浅入深。

5. 请对方帮小忙

按人际关系的公平理论，一方过分受损或过度受益都会破坏人际关系的平衡和稳定。如此看来，麻烦别人为自己做事应该无益于人际关系。但是，如果请对方帮的忙并不大，而帮这个忙对方又是最合适的人选，且对他来讲是举手之劳，并且在帮完忙后以合适的方式说表示感谢的话，这个忙就会将人际关系推向深入。

6. 避免无谓的争辩

无谓的争辩毫无益处，没有人能在其中获益。如果避无可避，必须争辩的时候，必须要清楚说服对方才是争辩的主要目的。所以，在争辩过程中要懂得尊重对方，切忌进行人身攻击。

7. 先表扬后批评

先表扬后批评有利于消除对立情绪，使得批评容易被接受且将对人际关系可能的损害降到最低。

8. 学会拒绝

有些同学与人相处时经常违心地“有求必应”，面对他人的要求即使再不情愿，也从不拒绝。结果这种耗竭式的付出所造成的压抑严重地影响了自己的幸福体验。要知道一味地逢迎、妥协、逆来顺受并不会得到别人的尊重，反而可能让人看轻自己。如果拒绝得有艺术，有道理，不但不会得罪对方，还会让对方尊重自己。在拒绝的过程中，要懂得在说“不”之前，认真倾听对方的诉求。如果确实无法帮到对方，要说出自己的苦衷并温和坚定地说“不”。如果有可能，可以提供其他帮助的途径，并在事后表达真诚的关心。尽量使他人在被你拒绝后，一样能感觉到你是真诚的、善意的、可信的。

想一想，说一说

该如何看待人际交往中的矛盾与冲突？

参考观点：大家可以回忆一位最信任的朋友或亲人，问问自己，是否与他（她）有过矛盾，答案是必然的。辩证唯物主义认为，矛盾是事物变化发展的源泉和动力。矛盾的出现和解决有助于人际交往的深化。当人际交往出现矛盾时，即面临危机，危险中有转机。

如果矛盾一直存在，可能导致关系决裂。如果矛盾得以化解，则人际关系就会更深一层。所以同学之间若有了矛盾，要积极去化解，化解之后，彼此的关系就会更进一步。

二、训练与测试

“盲人”旅行

（一）活动目的

（1）通过“盲人”与“拐棍”角色的体验，让学生理解自助与他助同等重要。

（2）让学生感受信任和被信任、爱与被爱的幸福与快乐。

（二）活动时间

大约需要40分钟。

（三）活动道具

眼罩每人一只，复杂的盲道设计。

（四）活动场地

室内与室外结合。

（五）活动程序

大千世界充满着精彩，诱惑着每个人去索取、去分享、去追求……

大千世界也充满着艰难，迫使着每个人去面对、去承受、去改变……

在茫茫人海之中，有谁能与你同行、与你分担忧愁、与你分享快乐？不妨去试一试，体验一下自助与他助、信任与被信任、爱与被爱的幸福与快乐。

（1）在背景音乐声中，每个人戴上眼罩扮演一个盲人，先在室内独自一人穿越障碍旅程，体验盲人的无助、艰辛，甚至恐惧。

（2）所有学生中一半人继续扮演盲人，另一半人扮演帮助盲人的“拐棍”，由“拐棍”帮助盲人完成室内有障碍的旅行，完成交换角色重新体验。注意“盲人”和“拐棍”不能说话交流。

（3）所有学生均扮演盲人，并且两个盲人相互帮助到室外走过一段障碍旅程。

（4）交流分享，在不同情况下，扮演不同角色的感受。

（六）注意事项

（1）本方案设计了三种情况的“盲人”之旅，以第二种情况为主，其他两种可以根据现场条件考虑是否选做。

（2）障碍旅程的设计，应该有跨越、钻圈、下蹲、上攀、独木桥、上下楼梯等多种障碍。

（3）“盲人”旅行过程中“盲人”与“拐棍”最好不要选择同一人，以陌生的对象为好。

（七）活动扫描

1. 活动点评

这是一次前所未有的角色体验，许多人掀开眼罩的第一句话是：“谢谢你！”。他们体会到了作为一个盲人在障碍面前的无助、无奈，甚至恐惧，内心特别希望得到帮助与支持。“拐棍”的出现是盲人期待的，但做好“拐棍”也不是简单的事。因为“拐棍”往往仅从自己的角度看障碍，以为“没什么，我肯定可以顺利通过”，带着一份自信和勇气，领着“盲人”快速前进，无法体会“盲人”为什么如此犹豫不前。其实在活动开始，盲人对“拐棍”的引导还不是十分信任，所以步履不可能轻松。

通过“盲人”与“拐棍”角色互换体验，反思自己在帮助他人、信任他人中的不足，在活动中，进一步体验信任和被信任的欣慰与快乐。

2. 活动案例

“盲人之旅”开始了，燕子与阿云成了一对，燕子是“盲人”，阿云做“拐棍”。一路上，阿云非常精心地帮助燕子，前面要下楼梯了，阿云走在燕子的前面，让燕子的一只手搭在自己的肩上，另一只手放在楼梯的扶手上，慢慢地，但也非常顺利地前进着。当走到楼梯拐弯处，难度突然加大了，楼梯中央挡着个呼啦圈，圈后又横着一根木棍。阿云好不容易让燕子钻过了呼啦圈，圈后又横着一根棍子，那根不高不低的木棍怎么办？跨过去太高，钻过去又太低，阿云一咬牙，把燕子抱了起来，当燕子的双脚再一次落地时，已经越过了木棍。燕子心里非常感激阿云，虽然不能用语言交流，但彼此的信任感深深地建立起来。阿云与燕子是穿越障碍最快的一对。

在分享时，燕子拉着阿云的手说：“当你把我抱起来的时候，我真的很感动。多少年了，没人这样抱过我，何况是一个与我年龄、体力相仿的女孩，我真的不知道是什么力量让你把我抱了起来。”阿云笑着说：“我也不知道，自己哪来这么大的劲，但当时眼看着挡在前面的木棍，我想一定要帮助你通过，也许是责任心吧。”

主持人问阿云一个问题：“我看你一路上对燕子照顾得特别好，不是搂着她的腰前进，就是走在她的前方引路，凡是有可以手扶的地方，你总是让燕子的手自己去感受和把握。你是怎样学会这一点的？”阿云说：“是妈妈教给我的。记得在小学二年级，我的眼睛出了一点问题，在治疗期间，医生把我的眼睛包了起来，我做了十天的‘盲人’，当时情绪低落，非常烦躁不安，是妈妈精心的照顾，使我感受到温暖与信心。妈妈不仅细心照顾我、安慰我，而且尽可能让我独立、自信。所以，今天做这个游戏时，我就想到了妈妈，也想到曾是‘盲人’的我。”

3. 学生感言

当我看到一个同学被蒙住了双眼，看她措手不及，一副很无助的样子的时候，我觉得她好可怜，十分同情她，想着平日里能睁着眼睛走路是多么得幸福。于是，我就毫不犹豫地去搀扶她，告诉自己一定要尽可能地帮助她走路，做好她的“拐杖”。

我扮演的是“盲人”的角色，当时心想不就是走楼梯吗，不要人扶我自己也能走得很好。但真的走起来，心里还是充满了恐惧，每下一个台阶都颤颤巍巍。旁边的“拐棍”不是很用力地拉着我，而是轻轻捏捏我的右手暗示我右转，或轻轻拍拍我的头让我低下头，或揽着我的腰让我转弯。在慌乱无助的旅途中，同伴点滴的指点，让我感到无比温暖。当眼罩摘下时，我深情地拥抱了我的“拐杖”，感慨万千，内心充满难以言表的感激之情。

蒙上眼睛后，眼前是一片黑暗，仿佛世界成了浮影，一切都是空白。脑海中即刻掠过一个念头：假如我真是一位“盲人”，是否有勇气在这黑暗的世界中生存。就在彷徨的时候，一双温暖的手搀扶着我。顿时，我感到有一种说不出来的感动和勇气在心中涌动，鼓励自己去尝试做“盲人”的感受。

第一轮的游戏我作为“拐杖”，还是进行得比较顺利的，每过一个障碍物，我都会提醒我的同伴。看到别组的“拐杖”有好的引导方法，我也会进行模仿。在第一轮的游戏中，我自以为我完成得很好。然而，在第二轮中，当我做“盲人”以后，我才真正意识到原来这个游戏并不是那么简单的。特别是作为一个“盲人”，当你不知道你的“拐杖”究竟是谁的情况下，在两者间没有丝毫交流的情况下，要做到百分之百地相信他（她），并按照他（她）的指引前进真的是一件非常困难的事情。回过头再想想当时被我牵引的“盲人”，发现原来她也非常不容易，如果没有她的十分的信任，我们的任务是绝对不可能完成得这么好的。

——资料来源：杨敏毅，鞠瑞利. 学校团体心理游戏教程与案例［M］. 上海：上海科学普及出版社，2006.

三、补充阅读与思考

与人相处的秘密

天底下只有一个方法，可使任何一个人去做任何一件事，那就是使人愿意去做那件事。

记住，再也没有其他方法——当然，你可以用一枝左轮手枪，对着一个人的胸脯，那人会乖乖地把手表给你。你可以用恫吓解雇的方法——在你尚未转身过来前——叫一个雇用的人跟你合作。你也可以用鞭笞或是恫吓，让一个孩子做你所需要他做的事。可是这些粗笨的方法，都有极端不利的反应。

我能叫你去做任何事情的唯一方法，那就是把你所需要的给你。

你要些什么？并不是很多的东西，可是真正所需要的几种东西，你不容拒绝地坚持着要追求。差不多每个正常的成人都想要。

（1）健康和生命的保护。

（2）食物。

（3）睡眠。

（4）金钱和金钱所能买到的。

（5）生命的后顾。

（6）性生活的满足。

（7）子女们的健全。

（8）自重感。

差不多所有这些欲望都能满足，可是其中有一种欲望，同食物、睡眠一样，既深切，又难得满足，那就是弗洛伊德所说的：“成为伟人的欲望。”也就是杜威所说的：“成为重要人物的欲望。”

寻求自重感的欲望，是人类和动物间，一项重要的差别。有这样一个例子，那时我是米苏里的一个农家儿童，我父亲饲养一种品种优良的猪和一种白脸牛。那时我们常在牲口展览会中陈列我们的猪和白脸牛，我们曾经获得几十次的头奖。

我父亲把蓝缎带的奖章，用针别在一条白布上，当有亲友们来我们家时，父亲就拿出这条白布来，我握着这一端，他握着那一端，将中着头奖的蓝缎带，让亲友们来观赏。

猪、牛并不在乎它们赢得的蓝缎带，可是父亲却十分重视，因为这些奖品，替他带来了一种“自重”的感觉。假如我们的祖先，没有这种“自重感”炽烈的冲动，我们不会有文化，就跟其他动物差不多了。

就是这种“自重感”的欲望，激起一个没有受过良好教育，在一家杂货店工作的贫困店员，翻遍了整个堆满杂货的大木桶，找出他用五分钱所买的几本法律书籍，痛下决心去研究。你或许听说过这杂货店的店员，他的名字叫“林肯”。

这“自重感”的欲望，激发了狄更斯写出他不朽的名著。这“自重感”的欲望，使华伦完成了他的设计。同时由于这自重感的欲望，使洛克菲勒积存了他一辈子花不完的钱。也就是这个欲望，使你城里的巨富，建造一座他所需要的大房子。

人们甚至会为了取得同情、注意，和一种“自重感”而故意装病。例如，麦金利夫人，强迫她任职美国总统的丈夫，放下国家的重要事务，要他依偎在她床边，搂抱着她，抚慰她睡去，这样每次需要数小时的时间，麦金利夫人借此得到她想要的自重感。

有些专家宣称，人可能真的会发疯，为的是要在疯狂的幻境中，寻找在现实世界中未能获得的自重感。在美国医院中，患精神病的数目要比患其他病的总和还多。如果你年纪在十五岁以上，又住在纽约州这地方，你可能有二十分之一的机会，在你的一生中要住七年以上的精神病院。

我最近曾向一位精神病院的主治医师，提出那样的问题。这位医师由于他有渊博的、有关精神病理方面的学识，使他获得最高的荣誉。他诚实地对我说，他也不知道人们为何会精神错乱。可是他却做这样的解释，许多精神错乱的人，在他的疯癫中，找到了真实世界中所无法获得的自重感。

这位医师，他告诉了我一个真实的故事：“我现在有个病人，她的婚姻是一出悲剧，她需要爱情、孩子和社会上的声望。可是现实的生活，却没有赋予她梦幻中的希望。她丈夫不爱她，甚至于拒绝跟她一起用餐，她丈夫甚至强迫她服侍他在楼上房间吃饭。她没有孩子，没有社会地位。终于造成了她精神错乱，而现在在她疯癫梦幻中，已跟她丈夫离了婚，恢复了她少女时的姓名。她现在相信自己，已嫁给英国皇家贵族；并且坚持要人家称她是史密斯夫人。至于她所希望的孩子，在她幻想中也已经有了。每次我去看她时，她都会说：“医生，我昨夜生了一个孩子。”

这故事悲惨吗？我不知道。那位医生对我说：“如果我能伸出我的手，去治愈恢复她的清醒，我也不愿意那样做，她现在似乎获得了她真正所期盼的快乐。”在这类患者所创造的梦境中，他们似乎找到了一直以来所期望的自重感。

据我所知：有史以来，年薪百万元的只有两个人，“克莱斯勒”和“司华伯”。恩地·卡耐基付司华伯年薪百万元，那是由于司华伯是位优秀的天才？不，不是的。那是由于司华伯对钢铁的制造，有特殊的专长？不，也不是的。

司华伯曾这样告诉过我，有许多在他手下做事的，对钢铁的制造方面，比他知道得多。司华伯有这样高的薪金，那是由于他有特殊待人的能力。

司华伯这样说：“我认为，我在人群中有激发他们热诚的能力，那是我所具有的最大的资源，我充分发展每一个人才能的方法，是用赞赏和鼓励！”

他又说：“世界上最容易摧毁一个人志向的，那就是上司所给他的批评。我从来不批评任何人，我只给人们工作的激励。我急于称赞，而迟于寻错，如果说我喜欢什么的话，那就是诚于嘉许，宽于称道。”

这是司华伯平时所做的，也正跟一般人相反的。一般人不喜欢一件事，他会尽量地挑剔错误，如果真的喜欢，他会什么话也不说一句。

司华伯又这样说："在我一生认识的世界各地知名人士中，我还没有找到一个人，无论他如何伟大，地位如何崇高，不是在被赞许的情形下，比在被批评的情形下，更能够成就伟大的事业。"

是的，他所说的，就是恩地·卡耐基惊人成就的原因之一。恩地·卡耐基并非私下地，而是公开地称赞他的同仁。恩地·卡耐基甚至于在他的墓碑上，还称赞他的助手。这是他为自己所写的碑文："埋葬在这里的，是个知道如何跟比他自己聪明的人相处的一个人。"

诚恳的赞赏，是洛克菲勒对待人的一个成功的秘诀。例如，有这样一件事……当他的一个伙伴：倍德福，措施失当，在南美做错了一宗买卖，而使公司亏损了一百万元时，洛克菲勒对他并没有任何批评或指责。他知道倍德福已尽了最大的努力，同时这件事已告结束。所以，洛克菲勒找些可称赞的事来，他恭贺倍德福，幸而保全了他投资金额的百分之六十。洛克菲勒这样说："那已经不错了，我们做事不会每一件都是称心如意的。"

我们照顾了孩子、朋友和员工们体内所需要的营养，可是我们给他们自尊上所需要的营养，却又何等稀少。我们给了他们牛排、马铃薯等食物，保持他们的体力，可是忽略了给他们赞赏和那些温和的言语。

爱默逊说："凡我所遇到的人，都有胜过我的地方，我就学他那些好的地方。"这样的见解，非常正确，值得我们重视。停止思考我们自己的成就和需要，让我们去研究别人的优点，把对人的恭维、谄媚忘掉，给予人由衷、诚恳的赞赏。人们对你所讲的，将会重视和珍惜，即使你已把这件事忘了很久；可是他还牢牢记着你所说的话。

请献出你真实，诚恳的赞赏。

——资料来源：戴尔·卡耐基著. 人性的弱点［M］. 彭玲译. 北京：中国发展出版社，2008.

第三节 人际困扰的心理调适

你需要知道的事：心理困扰不等于心理障碍

有的同学遇到烦恼，常常在心里轻易给自己贴上“障碍”的标签，结果这样的错误想法更加加剧了自己的烦恼。其实要被诊断为心理障碍，需要一个很高的“门槛”。这个“门槛”有一系列的标准，需要由专业的心理医生来鉴别。不过，如果你的痛苦能找到现实原因，这种痛苦既没有持续三个月以上，也没有严重妨碍工作、学习、社会交往，那么可能它依旧只能被称为“困扰”。面对生活的盛衰起伏，人人都会有困扰，但是不是人人都有障碍。不用担心，你的问题并不是独有的，而是多数人共同的困扰。

一、人际困扰新解及调适

（一）自卑心理及其调适

自卑是一种低估自己的能力，感觉自己各方面都不如别人的情绪体验。大学生在人际交往中常见的社交自卑感，一种表现为忧郁，孤僻，退缩，避让，不敢主动交往，怕当众出丑，怕失去自尊与面子；另一种表现为过分地争强好胜，因怕暴露内心的软弱和自身的某些缺点，而采取一副盛气凌人的样子来加以掩饰，这些都是由自卑感引起的。

没有人能做好所有的事，人人都有做不到的事，每个人都有自卑的一面。其实从某种意义上说，人类追求卓越本身也是对超越自卑的一种需求和表现。

自卑体验能指引我们看到自己的不足和发展方向，这是它的价值所在。发现问题永远是问题得以解决的前提。问题的解决，永远要以问题的暴露为前提，否则谈不上解决和进步。成长必定伴随痛苦，甚至从某种程度上可以说问题的暴露速度和程度是与进步的速度深度成正比的，只要个体视问题为机会而非自卑的借口。

如果实在因为自卑而苦恼，可以尝试每天记录自己成功完成的事情，不论大小，事无巨细，都记录下来。这些事情在任何人身上，每天其实都在发生。要想从自卑变得自信，必须有丰富的成就体验的积累。成就体验无法靠他人的鼓励、说教或者自身盲目的暗示来获得，必须依赖于个体的正性行为结果的体验和强化。记录可以作为实现成就体验积累的载体。当个体真的开始记录自己成功完成的事情时，就会发现大量被自身先前忽视的成就体验。这些必定存在的体验就是摆脱自卑，走向自信的沃土。

（二）嫉妒心理及其调适

嫉妒是指在竞争中为了获得一定权益，对竞争对手的一种冷漠、贬低、排斥甚至敌视的心理状态。

嫉妒也有其正面的心灵能量，它往往蕴含着一种追求卓越和进步的取向。没有人会嫉妒自己的同学玩游戏时获得了多少虚拟金币，嫉妒的内容总与才能、荣誉等具有正面力量的事物有关。

嫉妒作为一种心理体验，是可以被原谅的。不过如果我们在嫉妒心的驱使下去不正当地伤害别人，那就有了道德评价的意义。因嫉妒而伤人，往往损人不利己。如果我们产生了嫉妒体验，那么要学会经常反思嫉妒的无效性。临渊羡鱼，不如退而结网，化嫉妒为正当进取。

想一想，说一说

假如黑板上有一条十厘米长的直线，如何使这条直线变短？

设想一下，假如你前面坐的是巩俐，后面坐的是比尔·盖茨，你可能是谁？当我们产生嫉妒体验的时候，意味着身边一定出现了“高手”，这也是高考的学子向往名校的核心原因之一。做人就要争当圈子里“最差的人”。这样，我们的进步才是最快的。如果周围的人都比我们强，其实转念就明白，这是上苍赐给我们的机会和资源。有智慧的人会好好珍惜并感恩。我们经常相处的朋友，他们的水平的平均值，就是我们的实际高度。

（三）自我中心及其调适

自我中心的心态凡事总是希望只满足自己的欲望，要求人人为己，却排斥主动付出。往往有这种体验的人，曾在过去充分享受过父爱母爱，而健全、充分的父爱母爱并不是所有人都一定享有的。

那么，这种心理是怎么产生的呢？这里可以用一个假想情境来解释说明。在很久很久以前，有一个小朋友放学回家，突然，他想吃苹果了。于是，父母跑去超市买了3个苹果回来。这三个苹果个头差异很大，其中两个苹果加起来都没有另外一个苹果大。然后，母亲把最大的给了这个小朋友，自己与丈夫吃另外两个小苹果。这个细节可以戏谑地称为“一个苹果引发的血案”。正是这个大苹果造就了这个小朋友的自我中心。对小朋友而言，父母就是他的世界，而他的世界是围绕着他在转的。成年后，他依旧想当然地认为世界应该围绕着自己转，因为大苹果一直是自己吃的，轮不到别人。于是这个小朋友就理所当然地有了自我中心的心态。

这种心理不可避免地在个体成年后带来一系列人际困扰和冲突。有这么一则真实的案例，在某学校大二女生寝室，住着8位同学。每当其中的A同学伤心难过哭泣的时候，其余7位同学的反应相当一致，异常“冷漠”，恨不得走出寝室，不想看见A。这7位同学都是“冷血”吗？原来，在往日的相处中，无论哪位舍友引起A的不悦情绪，A都会在QQ签名上，空间上，指名道姓，破口大骂，7位同学频频轮番上榜。A没有的东西如果其他舍友有，她会主动去借，但是其他人如果有用得着A的地方，A总是愤愤不平，一脸不情愿。于是才上演了前面那一幕。

其实每个人都是父母眼里的宝贝，同学关系不是亲子关系，它是双向地健康付出。这个世界上没有谁是欠我们的，除了父母外，基本不会再有人长期无条件地一味对我们付出而不求任何回报。即使面对父母，作为一个健康的成人，也应该懂得感恩。对于朋友同学，要尝试一点一滴地去主动付出。别人的好，要放在心上，切忌理所当然，因为它不是天经地义的。

（四）羞怯心理及其调适

有羞怯心理的同学，在社交中面对陌生人或异性时表现腼腆、不自然，同时往往伴随着一种自责感而感到困扰。

羞怯同样有其合理的能量和正面价值。它代表了个体具有天真、真诚的特质。某女生来咨询室咨询如何克服自己的羞怯心理。该学生自述自己在公共场合被关注时会脸红，但是一下子就过去了，也没有影响到什么，只是自己难以接受。下面是咨询师和来访者的一段对话。

咨询师：很多男生喜欢你，是吗？

来访者：您怎么知道？高中时就收过很多情书，来大学后也有不少人表白。

咨询师：你的追求者怎么评价你？

来访者：他们说我天真，可爱。（面带微笑和满足）

咨询师：你觉得呢？

来访者：嘿嘿，挺好的。

咨询师：如果哪天你不会再脸红了，可能就没那么天真可爱了。

来访者：为什么？

咨询师：因为你的脸红是你天真可爱的表现，就好比一个硬币的两面。

来访者：我怎么没想到，这个不算缺点。谢谢老师，那我还是脸红吧。

就像上面这位同学一样，其实这种羞怯背后的真诚特质是一种巨大的人格魅力。如果所谓的羞怯没有严重干扰自己的正常生活，就无须调适。如果同学们希望提升公众发言能力，只需要不断上台磨炼即可，并不需要让自己去扭曲纯真的本性，变成一个“不害臊”的人。

（五）猜疑心理及其调适

猜疑是一种由主观推测而产生的不信任他人或环境的复杂的情感体验。它所蕴含的正面特质是细腻、谨慎，能够觉察到先一步的危险，发现别人容易忽略的细节。

猜疑心理的调适，需要我们认识到这种心理往往与安全感的不足有关，可将注意力转向寻求安全感的满足。此外，要明白猜疑只是一个念头而已，不把它当成事实去看，就不会对生活有较大的干扰。当我们对他人或事物产生猜疑体验的时候，要牢记以事实为依据，不把想法当事实。当我们一次次发现自己的猜疑原来不符合事实，那么这种过分地猜疑感就会渐渐减轻。

二、训练与测试

社交回避及苦恼量表（SAD）

指导语：请根据你的实际情况，在下面的每个条目上选择“是”或“否”。

题目	选择	
1. 即使在不熟悉的社交场合里我仍然感到轻松。	是	否
2. 我尽量避免迫使我参加交际应酬的情形。	是	否
3. 我同陌生人在一起时很容易放松。	是	否
4. 我并不特别想去回避人们。	是	否
5. 我通常发现社交场合令人心烦意乱。	是	否
6. 在社交场合我通常感觉平静及舒适。	是	否
7. 在同异性交谈时，我通常感觉很轻松。	是	否
8. 我尽量避免与人家讲话，除非特别熟。	是	否
9. 如果有同新人相会的机会，我会抓住的。	是	否
10. 在非正式的聚会上如有异性参加，我通常觉得焦虑和紧张。	是	否
11. 我通常与人们在一起时感到焦虑，除非与他们特别熟。	是	否
12. 我与一群人在一起时通常感到放松。	是	否
13. 我经常想离开人群。	是	否
14. 在置身于不认识的人群中时，我通常感到不自在。	是	否
15. 在初次遇见某些人时，我通常是放松的。	是	否
16. 被介绍给别人使得我感到紧张和焦虑。	是	否
17. 尽管满房间都是生人，我可能还是会进去的。	是	否
18. 我会避免走上前去加入到一大群人中间。	是	否
19. 当上司想同我谈话时，我很高兴与他谈话。	是	否
20. 当与一群人在一起时，我通常感觉忐忑不安。	是	否
21. 我喜欢躲开人群。	是	否
22. 在晚上或社交聚会上与人们交谈对我不成问题。	是	否
23. 在一大群人中间，我极少能感到自在。	是	否
24. 我经常想出一些借口以回避社交活动。	是	否
25. 我有时充当为人们相互介绍的角色。	是	否
26. 我尽量避开正式的社交场合。	是	否
27. 我通常参加我所能参加的各种社会交往。不管是什么社交活动，我一般是能去就去。	是	否
28. 我发现同他人在一起时放松很容易。	是	否

解释说明：

回避分量表的分数为：常模+标准差=4.14+2.62；焦虑分量表的分数为：常模+标准

差=3.92+3.1；总分：常模+标准差=8.03+4.64。本测试结果仅供参考，如有疑问请联系专业心理咨询师。

（1）当做题者的分数低于（常模+标准差）分数时，表示个体表现正常，没有这方面问题。

（2）当做题者的分数高于（常模+标准差）分数，但低于（常模+2*标准差）时，则表示个体在这方面可能存在一定程度的问题，需要接受进一步的专业人员的检查。

（3）当做题者的分数高于（常模+2*标准差）分数时，则表示存在这方面的问题，需要接受专业的帮助。

社交回避及苦恼分别指回避社会交往的倾向及身临其境时的苦恼感受。回避是一种行为表现，苦恼则为情感反应。这种情感和行为反应，可能来源于对自己表现的否定性自我评价；过分关注他人对自己言行举止的看法；缺少在某些人际场合中与人交流的愿望。或者是曾经有过印象深刻的失败经历，或者曾经多次长时都没有得到满意的效果。

参考建议：

（1）不要对自己的表现有太高、太完美的要求。

（2）换位思考，尝试用自己看待别人在人际交往中的表现的方式来看待自己的表现。

（3）通过与人交流，了解他人对自己表现的真实看法。

（4）找符合自己兴趣愿望的场合和话题。

——参考资料：百度文库

三、补充阅读与思考

你在夸大你的缺点吗？

在日常咨询中，咨询老师经常发现，很多同学不能客观地评价自己的优缺点，尤其不能客观地对待自己的缺点。有一次课堂上，老师带领同学们做了一个小练习，让同学们在纸上写出他们非常在意的三个缺点，结果大家很快就写好了（很多人都擅长写自己的缺点，但不擅长写自己的优点）。然后老师又请同学们写上这个缺点的反义词，例如一个同学写的缺点是“懒惰”，那对应的反义词应该是“勤奋”。之后老师又请同学们分别对这两个词汇与自身的吻合度打分（0～10分），邀请大家观察看看发现了什么。

一个同学提出这样一个问题，他说自己发现了一个很奇怪的现象：他感觉自己各方面都很懒，所有懒惰程度有七八分之多。可是那个他给自己的“勤奋”打分时，发现自己有时候其实也挺勤奋的，分数也有七八分。他很奇怪，为什么自己的“懒惰”分数和“勤奋”分数加起来不是十分，而是十五六分。

这似乎真是一个奇怪的现象，为什么自己既可以“很懒”，又能很“勤奋”。我们认为一个很重要的原因是，由于大家关注点的不同，注意力所引发的能量偏狭地聚焦于某一个点上，产生了感觉误差，而且这种误差往往很大。当我们关注我们缺点的时候，就会无形中把自己的缺点放大，以至于误认为自己的缺点很大，很严重，把所有的注意力聚焦于自身的缺憾和不足上，以至于觉得自身优点很少，甚至没有优点，于是感觉就变得非常糟糕。反过来看，当我们关注自身优点的时候，我们自然而然地产生了积极的情绪体验。

可能有同学会问，那我们的优点和缺点情况到底如何？其实这个问题具有一定的欺骗性，不一定有太大的意义。人是一系列思想和行为的集合体，任何一个行为，在某些时间，某些处境，都可能是适宜的，而在其他一些条件下则不适宜。与其在优缺点的抽象而笼统的标签中纠结，不如从行为着眼，在具体的情境中，选择并培育自身良好的行为。我们的潜意识是很聪明的，它总在我们选择在哪个时刻对我们来说是最利于自己的行为，尽管我们的意识层面不一定明白。

还有一次，一个同学与老师聊天的时候，评价自己不够果断，我们同样用这个方法予以回应。询问他“果断”对应的反义词是什么，他说是“犹豫”。于是让他分别对自己的果断和犹豫打分（0～10分），结果这位同学对于自己“果断”和“犹豫”的评分都是“五六分”。他自述目标是达到七分。当这位同学同时看到自己的“基线值”和“理想值”的时候，突然领悟到其实自己没有那么糟糕，而且提高两分也没有想象的那么难，自然也就不再纠结所谓的“不果断”了。

相信每个同学都有进一步提升自己的渴望，但是我们不能忽视一个事实，大家都跟上面两位同学一样，我们所摈弃自身的缺点，其实没那么严重，没那么夸张。所以，我们有时候是在夸大自己的缺点。当我们过分在意自己“缺点”的时候，别忘了去看看缺点的反义词，了解一下我们身上已有的与那个缺点对应的优点，而且很多时候你会发现自己在这个优点上的得分并不低。

第七章　恋爱心理与性健康

——学会爱与被爱

生活中的心理学

柏拉图式爱情

有一天，柏拉图问他的老师苏格拉底："什么是爱情？"

苏格拉底说："你尝试着去穿过一片麦田，在走的过程中摘一棵最大最好的麦穗，但是要求你不能走回头路，而且只能摘一次。"柏拉图觉得很容易，充满信心地出去，却最终垂头丧气地出现在苏格拉底的面前，告诉老师他空手而回的原因："很难得看见一株看似不错的，却不知是不是最好，因为只可以摘一次，只好放弃，再看看有没有更好的，到发现已经走到尽头时，才发觉手上一棵麦穗也没有。"苏格拉底意味深长地说："这就是爱情。"

柏拉图有一天又问老师苏格拉底："什么是婚姻？"

苏格拉底说："你到杉树林走一次，要不回头地走，在途中要取一棵最好、最适合用来当圣诞树用的树材，但只可以取一次。"柏拉图有了上回的教训充满信心地出去半天之后，他一身疲惫地拖了一棵看起来直挺、翠绿，却有点稀疏的杉树。苏格拉底问他："这就是最好的树材吗？"柏拉图回答道："当我穿越树林的时候，看到过好几棵非常好的树，这次我吸取了上次麦田的教训，看到这棵还不错就选它了，我怕如果不选，我又会错过机会，最终空手而归。尽管这棵不是我见到的最棒的一棵。"这时，苏格拉底又意味深长地说："那这就是婚姻。"

柏拉图有一天又问老师苏格拉底："什么是幸福？"

苏格拉底说："请你穿越这片田野，去摘一朵最美丽的花，但有个规则：你不能走回头路，只能摘一次。"于是柏拉图又去做了，不久之后他捧了一朵比较美丽的花回来。苏格拉底问他："这就是最美丽的花了吗？"柏拉图回答道："当我穿越田野的时候，我看到这多美丽的花，我就摘下来了，并且认定它是最美丽的。而且，当我后来又看见很多美丽的花朵的时候，我依然坚信这朵花是最美丽的，所以这就是我摘回来的最美丽的花。"这时候苏格拉底欣慰地笑了，说："这，就是幸福。"

第一节 了解爱与爱情

你需要知道的事：爱的五种语言

美国婚姻辅导专家盖瑞·查普曼（Gary Chapman）博士出版的《爱的五种语言》一书，经出版后数次登上纽约时报畅销书排行榜。在书中所提到的爱的五种语言，都让读者从一种新的角度开始明白爱的温馨和力量。

爱的语言之一：肯定的言词。爱，并非是想方设法获取你所想要的，相反，你会为了所爱之人去付出、去做些什么。而在两个人的互动中，如果能够听到彼此肯定的言词，那么我们就更会被激励，也更愿意去付出、去回报这份爱。

爱的语言之二：精心的时刻。所谓的精心，事实上是指两个人可以在一起的时刻。在一起，不仅仅意味着物理空间上的一起，更意味着能够彼此关注同样的事情，谈论同样的话题，分享此时此刻的美好。

爱的语言之三：接受礼物。有时候说不出来的语言，反而可以用礼物予以表达出来。这是最容易学习的爱的语言。此外，还有一种无形的礼物，就是你自己。有时候你的出现，你的陪伴，将成为对方心中最美好的礼物。

爱的语言之四：服务的行动。有些事是你主动愿意做的，而有些事可能是你的另一半希望你做的，后者就是服务的行动。你为另一半服务，让他（她）高兴，这种服务也是表达爱的一种间接的方式。

爱的语言之五：身体的接触。身体的接触可以建立关系，也可以破坏关系，它可以传达爱意，也可以表达恨意。有时候，身体上的接触远比语言上的“我爱你”和“我恨你”来得更直接和犀利。

一、什么是爱?

到底什么是爱？你能准确地定义朋友、好友、恋人的概念吗？到底这些人际关系中的爱有什么不一样呢？科学家们对于爱的研究也很痴迷。目前，人们将爱的类别概括为三个方面：

☆ 情欲：性激情和欲望。

☆ 亲密：真诚和理解。

☆ 承诺：投入和奉献。

你不妨想一想，在你的关系里面，是否都包括了所有这三方面呢？回答一般是否定的。事实上，我们要将“爱”（Loving）某人和与人“恋爱”（In Love）两者区分开来。你会发现，大部分的人都说，在自己生命当中“爱”的人比他们“恋爱”的人多。

美国耶鲁大学的心理学家斯滕伯格（R. J. Sternberg）于1988年提出了爱情的体验由三个部分组成：激情、亲密和承诺。这三个部分是爱情的三大基石，由三个部分可以组成一个“爱情三角形”（见下图）。每对恋人的爱情三角形的每个成分的程度都有深浅差异，可能会形成不同的三角形，进而产生不同的爱情类型。

① 激情：是爱情中来自外表吸引和性吸引并促使关系产生浪漫和外在吸引力的动机。激情的形式常常是对性的渴望，但是，从伴侣处得到满足的任何强烈的情感需要都属于这一类别。

② 承诺：维持关系的决定、期许或担保，将自己投身于一份感情的决定及维持感情的努力。

③ 亲密：指两个人感到亲近，相互契合，相互关联，相互归属的感觉。

从本质上来看，承诺主要是认知层面的，亲密是情感层面的，而激情是动机层面的。所谓爱情关系的“热度”是指激情，而爱情所带来的温暖来自亲密，相比而言，承诺则反映出一个决策性的决定。

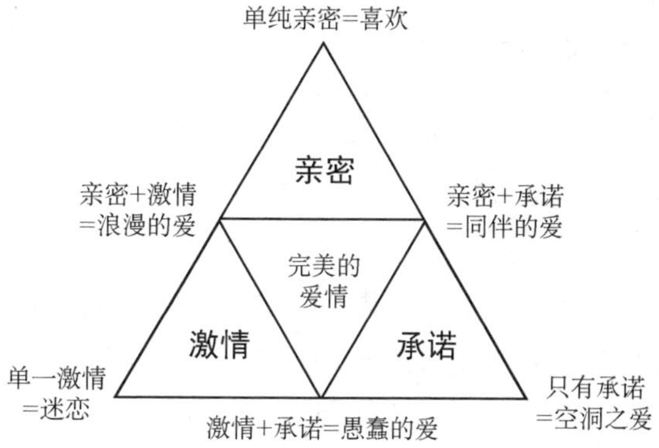

图　爱情三角形

让我们来看几种较为常见的爱情类型（见下表）。

（1）喜爱。当亲密程度高而激情和承诺非常低的时候，会产生喜爱。喜爱发生在有着真正的亲近和温暖的友情中，但不会唤起激情，也不会唤起你与之共度余生的期望。如果一个朋友确实激起了激情，或者他（她）离开的时候会被强烈思念，则这种关系就已经超越了喜爱，变成了别的。

（2）迷恋。迷恋中有着强烈的激情，但缺乏亲密和承诺，当人们被不太熟悉的人激起欲望时会有这种体验。有时候，人们对偶像的痴迷和崇拜会近乎这种迷恋的感觉。

（3）空爱。没有亲密或激情而只有承诺就是空爱。在西方文化中，这种爱常见于激情燃尽的关系中，既没有温暖也没有激情。然而这种关系也常见于一些包办婚姻的文化之中，双方为了结婚而结婚，最终的爱情只留下一纸文书而没有任何别的东西。

想一想，说一说

在以前，你期待的爱情是什么样的？现在呢？

（4）浪漫之爱。当程度高的亲密和激情一起发生的时候，人们体验的就是浪漫的爱。尽管斯滕伯格并不认为浪漫之爱中包括了承诺的部分，但是越来越多的人认为，当浪漫之爱发展到一定阶段的时候，人们会自发地对自己的浪漫关系做出承诺，进而发展出更深一层的关系。

（5）友伴之爱。亲密和承诺结合形成对亲密伴侣的爱，可以称为友伴的爱。亲近、交流和分享伴随着对关系的充足的投资，双方努力维持深度而长期的友谊。随着年龄的增长，爱情中的激情部分会逐渐消失，但是伴随在婚姻中的亲密和承诺会依然存在，并且维持婚姻幸福长久。

表 爱情三元理论：关系的类型

	亲密	激情	承诺
无爱	低	低	低
喜爱	高	低	低
迷恋	低	高	低
空爱	低	低	高
浪漫之爱	高	高	低
友伴之爱	高	低	高
虚幻之爱	低	高	高
圆满之爱	高	高	高

二、爱情心理的特征

有研究者对爱情和喜欢做了区分，比较爱情与喜欢的差别。

首先，爱情有较多的幻想，喜欢则不是由对他人的幻想唤起的，而是由对他人的现实评价唤起的。你会留意到，当你喜欢一样事物或者人的时候，你会明确地说出来你喜欢的原因和理由；但是，如果这种情感变成了爱情，那么有可能你可以说出你爱的理由，但大部分的时候你很难说清楚理由。而且有趣的是，哪怕你说不出来这个人有多么好，令你多么得倾心，但是你却会在某个清晨，某个午后，想起这个人，甚至幻想与这个人可以度过美好的时光。相反地，估计你不会时不时幻想和你心爱的狗散步于夕阳之下吧？

其次，喜欢是一种单纯的情感体验且比较平稳、宁静，而爱情则比较狂热、激烈并与许多相互冲突的情绪有联系。如果爱情是惊涛骇浪的话，喜欢就是小桥流水。有时候，人们甚至有一些错觉，认为如果两个人之间的爱情不能像罗密欧与朱丽叶、梁山伯与祝英台或者杨过与小龙女那样轰轰烈烈的话，似乎就不能称之为爱情。事实上，现实中的爱情故事不会像琼瑶言情剧中的一波三折，会更朴实，更平淡，不会总是夹杂着几代人的恩恩怨怨，但是爱情始终会比喜欢来得更为深刻与复杂，而且更不容易被外界因素妥协。你会更执着、更坚定你的选择，哪怕没有外界的轰轰烈烈的波折，也少不了内心跌宕起伏的动荡。

再次，爱情往往与性欲有关，而喜欢则不涉及这方面的需要。这一点，在很大程度上区分了爱情与喜欢，但是这种也并非是非此即彼的。另外，有性欲的也未必一定等同于爱情。

最后，爱情具有独占性和排他性，而喜欢则不是如此。有一种说法，世界上三角形的事物是最稳定的，除了爱情。也就是说爱情只能是彼此双方的，而不涉及第三个人。你可以允许对方有很多的伙伴，但是他（她）的眼里只能有你一个恋人。这一特性也造就了我们所谓的“吃醋”的现象。2004年，德国心理学者Philip Broemer和Michael Diehl对这个问题进行了研究，他们认为：无论对方看起来是否有魅力，爱人都可能会吃醋，并且还可能会“酸”到很多人。很多人都有这样的体会，恋爱中的男女，总是想要把自己最好的一面展现给对方，平时的言行举止都会显得那么得特立独行。一旦这种独特性消失了，他们就会像泄了气的皮球，瘫倒在地。研究者在实验中发现，如果人们脑海里有这样的想法：原来还有人和我一样可能让爱人“触电”，那么他（她）就会觉得对爱人来说，自己不是“唯一”的，他（她）的嫉妒心就会更强。爱人会在心里和嫉妒对象进行比对，这期间如果他们觉察到自己的不足，嫉妒就会产生，就像跟安吉丽娜·茱莉比美貌和性感，和姚明比身高与球技，这只会让人自惭形秽。恋爱关系中这种自我“唯一性”的保持非常重要，它不仅关系到亲密关系的维持，还影响到人们恋爱经验中的自我感知，如果一段恋爱关系让某个人觉得自己“没什么可取之处”，那么他的心理也会相应地出现不健康的信号，甚至影响正常的人际交往。所以，在日常生活中，恋人间信任感的建立非常重要，既然恋人愿意选择你作为他（她）最重要的一部分，那你身上绝对有值得他（她）为你付出的魅力，正所谓“情人眼里出西施”，嫉妒心的产生主要是因为人们经常联想一些不利于自己的情形，虚构了一系列可能的后果，没有顾及恋人间应有的信任，而信任恰恰是恋爱关系的“基石”。因此，相信自己的“唯一性”，信任恋人对你的爱，是根本的消除嫉妒之道。

虽然爱情与喜欢是不同的，但是喜欢是爱情的基础。研究表明，能力、外貌、报酬、相似与互补、相近与熟悉等因素会影响爱情，它们是决定一个人最终选择什么样的人做恋人或伴侣的重要条件。

三、爱与依恋

上述我们讲述一些和爱情有关的普遍性的特征，但是当你纵观这个世界的时候，你会发现其实人们对爱的体验是具有很大的个体差异的。通过观察，你会发现很多有趣的现象：一个平时很独立的女孩，在恋爱之后会对男朋友十分依赖；有的人尽管在恋爱关系中冲突不断，争吵不断，但是始终不愿意结束这段关系；有的人在做朋友的时候总是表现得很招人喜欢，但是一旦成为恋人，则会招惹无数的麻烦。这一现象就与我们接下来要讲到的“依恋关系”有着重要的联系。

在所有的人际关系中，都涉及到了情感的联系，而在恋爱关系和亲密关系里，这种情感联系则变得非常微妙与特殊，也许你对待朋友是一个十分豁达和心胸宽阔的，但是你对你的恋人则可能是很挑剔与严苛的，这种微妙的变化可能在早期形成你与你父母的关系的时候就已经决定了。

近些年，研究者们试图通过研究“成人依恋风格”来了解人们在亲密关系中爱的发生发展过程，然而通过研究发现，“成人依恋风格”与早期儿童对父母依恋关系的好坏有重要的联系。所以，我们先来了解一下早期儿童对父母依恋关系的类型。

爱因斯沃斯和她的同事在对婴儿和母亲的关系进行研究后，界定了亲子关系的三种类型。第一种是安全型关系，妈妈对孩子关心、敏感。体验到这种依恋的婴儿知道妈妈负责和亲切，他们能忍受与妈妈短暂的分离。第二种是焦虑-矛盾型关系，妈妈对孩子的需要不是特别的关心和敏感，婴儿在妈妈离开后就大哭，还害怕陌生的环境。第三种是回避型关系，这种关系中的妈妈对孩子也不是很敏感。孩子则对妈妈疏远、冷漠。当妈妈离开时孩子不焦虑，妈妈回来时也不是特别高兴。

依恋理论家认为，人际关系的早期经验成为我们处理以后人际关系的基础。如果从小父母对我们关系敏感，我们就会把同他人的关系视为爱和支持的源泉。如果我们依恋和被关注的需要得不到满足，我们会变得怀疑和不信任。而这些心理模式主要是无意识的。有时候，只有当你开始谈恋爱，开始关注自己与人交往的关系模式的时候，你才会意识到你父母与你的关系是如何影响了你的人际关系的。

同样地，研究者们对成人的依恋类型做了调查，发现成人的依恋类型也基本可以分为安全型、焦虑–矛盾型和回避型三类，其中安全型的依恋关系占绝大比例，有60%的人都属于这种类型。

接下来你可以初步判断一下你的依恋类型。在下列三个表述中选择一个最接近你实际情况的描述。

陈述1：

我感到接近其他人是相对容易的事情，依靠他们我觉得很自在。我不经常担心被抛弃或者有人跟我太过接近。

陈述2：

接近其他人我觉得有些不自在，我感到很难完全信赖他们，很难让我自己去依靠他们。任何人过于接近我都会让我变得紧张，伴侣经常让我更亲近一些，但这种亲近让我感到不舒服。

陈述3：

我感到其他人有些疏远我，不如我期望的那样亲近。我经常担心我的伴侣并非真的爱我或者不愿意跟我在一起。我想与我的伴侣关系十分密切，但有时还会把人吓跑。

选择第一种说法的是安全型依恋风格；第二种说法是回避型依恋风格；第三种说法是焦虑–矛盾型依恋风格。

依恋类型与我们的恋爱有什么联系？在一项十多年的追踪研究中，研究者在测量了被调查者的依恋类型之后，又分别在21岁、27岁和43岁时候测量他们的各项人际关系的满意度情况。研究的结果发现，直到这些人到了52岁的时候，有95%的安全型依恋风格的被调查者都已经结婚，其中仅有24%的曾经离过婚。而在回避型依恋风格调查者中，72%的曾结过婚，其中50%的人经历过离婚。可以看出，安全型依恋风格的成年人更容易建立婚姻关系，且关系也相对保持得更稳定。

那么，我们来看看这几种类型的人对待情感的态度，值得注意的是，这里的态度更多是无意识的内心过程。

（1）安全型依恋：比另外两种类型的人更倾向于认为，他们的关系中有很多爱、义务和信任，他们能忽略同伴的缺点而接纳和支持同伴，跟他们交流比跟另外两种类型的人交流感觉更温暖更亲密。

（2）回避型依恋：存在着核心的困扰问题是害怕亲密及怀疑他人。他们认为真正的爱不会长久，电影和小说里描写的那种深爱在现实生活中根本不存在。有意思的是，在一项研究里回避型依恋风格的大学生中有43%的人说他们从没恋爱过。因此，回避型依恋风格的成人避免与人接触和走近。

（3）焦虑–矛盾型依恋：多次恋爱，但是难以得到他们拼命追求的长久的欢乐。他们唯恐失去伴侣，因而屈从于伴侣的愿望，尽力去让对方快乐。而这让对方颇感压力，从而破坏了他们之间的关系。

值得欣慰的是，尽管我们童年时期与父母的依恋风格会影响我们的成人依恋风格，但是这种风格未必是永远都不变的。当那些具有回避型或焦虑-矛盾型依恋风格的人进入一个安全的、长期的成人人际关系时，他们要想改变自己的依恋类型也是可能的。有研究表明，不安全型依恋的人，如果进入一段稳定、真情和信任的恋爱关系5年之后，其不安全的依恋会有所改变。也就是说，如果你的恋爱对象、配偶是一个安全型依恋风格的人，那么能够帮助你慢慢修复并获得安全的依恋。除此之外，2年以上的长期心理咨询，在一定程度上也可以帮助个体修复不安全的依恋类型，建立更稳定信任的人际关系。

二、训练与测试

如果你对你的亲子依恋关系感兴趣，那么不妨来看看这个测验。这是一个测量亲子亲密关系的问卷，该问卷可以衡量你与你的父母的依恋关系的程度。本测试结果仅供参考，如有疑问请联系专业心理咨询师。

指导语：请思考每句话在多大程度上符合你与父母之间关系的实际情况，在题后选择一个恰当的数字打“√”。数字表示的含义为：1=完全不符合；2=比较不符合；3=不确定；4=比较符合；5=完全符合。

1. 我会把自己遇到的问题和困难告诉妈妈……1　2　3　4　5
2. 如果妈妈知道有事情困扰我，她会询问我……1　2　3　4　5
3. 我没有从妈妈那里得到什么关注……1　2　3　4　5
4. 妈妈接受我现在的样子……1　2　3　4　5
5. 我对妈妈感到生气……1　2　3　4　5
6. 当我为某事生气时，妈妈能理解我……1　2　3　4　5
7. 与妈妈讨论我的问题让我感到羞愧或愚蠢……1　2　3　4　5
8. 我很容易因为妈妈感到心烦……1　2　3　4　5
9. 妈妈帮助我更好地了解我自己……1　2　3　4　5
10. 妈妈尊重我的感受……1　2　3　4　5
11. 我会把自己遇到的问题和困难告诉爸爸……1　2　3　4　5
12. 如果爸爸知道有事情困扰我，他会询问我……1　2　3　4　5
13. 我没有从爸爸那里得到什么关注……1　2　3　4　5
14. 爸爸接受我现在的样子……1　2　3　4　5
15. 我对爸爸感到生气……1　2　3　4　5
16. 当我为某事生气时，爸爸能理解我……1　2　3　4　5
17. 与爸爸讨论我的问题让我感到羞愧或愚蠢……1　2　3　4　5
18. 我很容易因为爸爸感到心烦……1　2　3　4　5
19. 爸爸帮助我更好地了解我自己……1　2　3　4　5
20. 爸爸尊重我的感受……1　2　3　4　5

计分方式：

按照你所选的数字进行计分，其中3、5、7、8、13、15、17、18为反向计分题，例如，如果第3题，你原本选2，那么计算分数的时候算4分；原本选1，那么计算分数的时候算5分；原本是3，那么计算分数依然是3分。

该问卷的得分结果越高，说明你与你的父母依恋的安全性水平越高，亲子亲密关系越好。

三、补充阅读与思考

喜欢与爱

史铁生

说真的，我并不喜欢我的家乡，可扪心而问，我的确又是爱它的。但愿前者不是罪行，后者也并非荣耀。大哲有言，“人是被抛到世界上来的”，故有权不喜欢某一处“被抛到”的地方。可我真又是多么希望家乡能变得让人喜欢呀，并为此愿付绵薄之力。

不过，我的确喜欢家乡的美食，可细想，我又真是不爱它。喜欢它，一是习惯了，二是它确实色香味俱佳。不爱它，是说我实在不想再为它做什么贡献；原因之一是它已然耗费了吾土吾民太多的财源和心力，二是它还破坏生态，甚至灭绝某些物种。

喜欢但是不爱，爱却又并不喜欢，可见喜欢与爱并不是一码事。喜欢，是看某物好甚至极好，随之而来的念头是：欲占有。爱，则多是看某物不好或还不够好，其实是盼望它好以至非常好，随之而得的激励是：愿付出。

尼采的“爱命运”也暗示了上述二者的不同。你一定喜欢你的命运吗？但无论如何你要爱它；既要以爱的态度对待你所喜欢的事物，也要以同样的态度对待你不喜欢的事物。大凡现实，总不会都让人喜欢，所以会有理想。爱是理想，是要使不好或不够好的事物好起来，便有“超人”的色彩。喜欢是满意、满足甚至再无更高的期盼，一味地满意或满足者若非傻瓜，便是“末人”的征兆。

把喜欢当成爱，易使贪贼冒充爱者。以为爱你就不可以指责你，不能反对你，则会把爱者误认为敌人。所以，万不可将喜欢和爱强绑一处。对于高举爱旗——大到爱国，小到爱情——而一味颂扬和自吹自擂的人，凝神细看，定能见其贪图。

爱情也会有贪图吗？譬如傍大款的，哪个不自称是“爱情”？爱国者也可能有什么贪图吗？从古到今的贪官，有谁不说自己是“爱国者”？上述两类都不是爱而仅仅是喜欢，都没有“愿付出”而仅仅是“欲占有”。喜欢什么和占有什么呢？前者指向物利，后者还要美名。

爱情，追求喜欢与爱二者兼备。二者兼备实为难得的理想状态，所以爱情是一种理想。而婚姻，有互相的喜欢就行，喜欢淡去的日子则凭一纸契约来维系，故其已从理想的追求降格为法律的监管。美满家庭，一方面需要务实的家政——不容侵犯的二人体制和柴米油盐的经济管理，倘其乱套，家庭即告落魄，遂有解体之危；另一方面又要有务虚的理想或信仰——爱情，倘其削弱、消失或从来没有，家庭即告失魂，即便维持也是同床异梦。爱国的事呢，是否与此颇为相似？

不过，爱情的理想仅仅是两个人的理想吗？压根儿就生在孤岛上的一对男女，谈什么爱情呢？最多是相依为命。孤岛上的爱情，必有大陆或人群做背景——他们或者是一心渴望回归大陆，或者原就是为躲避人群的伤害。总之，唯在人群中，或有人群为其背景，爱情才能诞生，理想才能不死。仅有男女而无人群，就像只有种子而无阳光和土地。爱情，所以是博爱的象征，是大同的火种，是于不理想的现实中一次理想的实现，是“通天塔”的一次局部成功。爱情正如艺术，是“黑夜的孩子”，是“清晨的严寒”，是“深渊上的阶梯”，是“黑暗之子，等待太阳”；爱情如此，爱国也是这样啊，堂堂人类怎可让一条条国境线给搞糊涂呢！

良善家庭的儿女，从小就得到这样的教育：要关爱他人，要真诚对待他人，要善解人意，要虚心向别人学习……怎么长大了，一见国、族，倒常有相反的态度在大张旗鼓？还是没看懂“喜欢”与“爱”的区别吧。不爱人，只爱国，料也只是贪图其名，更实在的目的不便猜想。爱人，所以爱国，那也就不会借贬低邻人来张扬自己了——是这么个理儿吧？

第二节 成长与爱的能力

你需要知道的事：骑士和公主的寓言故事

一个全身披着盔甲的骑士在原野上纵驰，突然他听到女人急促的呼救声。他催马疾驶，来到一个城堡边。他发现，一个女人被一条龙困住。骑士英勇地抽出他的利剑，杀死了那条龙。城门打开了，全城人都热烈欢迎他，公主也热情款待他。他被当作英雄般地安置在城堡中。他和公主相爱了。

一个月后，骑士离城出发了。在他回来的路上，他又听到了呼救声，又一条龙在袭击城堡。骑士纵马抽出剑，准备与龙搏斗。公主从城堡里跑出来，“别用剑，用这绳套，它更好用。”公主将绳套扔给他，并打手势告诉他怎么用。骑士犹豫了一下，照公主示意的那样，把绳套套在龙的脖子上，然后使劲地拉。龙被杀死了。全城人为他欢呼。不知怎么的，骑士却觉得自己没什么了不起，不值得全城人的崇拜和信任。在庆祝晚宴上，骑士有点郁郁寡欢。过后，他忘了擦亮他的盔甲。

又一个月后，骑士又出发了。当他佩带着他的剑离开时，公主提醒他小心，并告诉他带上绳套。在回来的路上，他又看到一条龙在袭击城堡。这一次，当他带着剑冲上前来时，他犹豫了一下，他想也许他该用绳套。在他犹豫的时候，龙喷出火来，火伤了他的右臂。困惑中，他抬头看见他的公主在城堡的窗口朝他挥舞。“用毒药。”公主喊道，“绳套不好用。”公主扔给他毒药，他将毒药喷进龙的口里。龙被杀死了，全城人又一次欢呼，但骑士却感到羞耻。

又一个月后，骑士再次出发。当他带着他的剑离开时，公主提醒他小心，让他带上绳套和毒药。他对公主的建议有点不痛快，但还是带上了。在他这一次的旅途中，他又听到一个女人的呼救声。当他冲向呼救声时，他的忧郁消失了，他的自信恢复了。但当他抽剑准备与龙拼搏时，他又一次犹豫了，他想，我该用剑？绳套？还是毒药？公主会说什么？在这当口，他记起遇到公主之前的自己，那时他只有一把剑。于是他重新获得了信心，他扔掉绳套和毒药，用他的剑杀死了那条龙。全城人再一次为他欢呼。

但是，身着闪亮盔甲的骑士再也没有回到他的公主身边。

一、学会爱的能力

（一）爱情价值观：是一场相遇？还是一场旅行？

爱情是人类数以千万年来都不断追寻的东西，人们无数次地想知道爱情的真谛是什么。不同的人有着不同的爱情价值观。

有一类人，他们相信这个世界上存在着“真爱”，认为在茫茫人海中总是有那么一个人是“私人订制”的，也就是所谓的Mr. Right和Miss. Right，这一类人也相信，要做的就是等待属于自己的“另一半”，在他们眼中，恋爱就是两个生命的完美嵌合，是一种和谐的、理想的、超越一切的存在。

还有一类人，他们不太相信上述的论调。他们把爱情想得更简单与朴实，更不像前一类那样感觉如此的神圣，他们认为，所谓的爱情就是一场“旅行”。普通的两个人相遇，共同开启一段叫作“爱”的旅程。一路可能欢声笑语，也可能阴云密布，但这都不重要，重要的是他们一起经历，一起成长。

持两种不同爱情观点的人，他们的恋爱会是怎样的呢？2014年发表在《实验社会心理学期刊》（*Journal of Experimental Social Psychology*）上的一篇文章指出，持有第一种看法的恋人，在经历感情冲突时，会更加伤心。

科学家们对此有一个很好的解释——归因。

当你把爱情看作是一场神圣的相遇，就会倾向于认为你遇到了对的人，并且会把“对的人”作为维持一段感情的重要因素。如果你抱有这种信念，一旦发生了矛盾，你就会首先认为是自己选错了人，自己的判断有问题，这个人不是自己完美的另一半，而不是去想着如何解决问题。这种消极归因会降低人们对爱情的满意度。

如果你将爱情看作一场旅行，你就会对这场旅行中可能出现的各种突发状况做好心理准备，你就不会以如此完美的高期待去面对爱情。一旦出现矛盾，你会更理智地就事论事去处理两个人之间的关系，可能是误解或者沟通的障碍，而不会归结于是这个人不适合自己。

所以，有时候看起来开始很浪漫的爱情，可能到头来会非常短暂。而以平常心开始的爱情，可能会维持更久的时间，也走得更远。两种都有得有失，最后还是看自己要什么。

（二）男人来自火星，女人来自金星

尽管男人和女人都是人，尽管我们都有衣食住行的需要，然而在爱这件事情上，男人和女人的需要则有着天壤之别。接下来让我们来看一看男人和女人都有着怎样不同的爱的需要，同时也帮助你更好地了解在恋爱关系中要如何对待你的另一半。

在《男人来自火星，女人来自金星》这本书中提到了人类普遍的12种对爱的需要。它们分别是：关心、了解、尊重、专一、认同、许诺、信任、接受、感激、崇拜、赞许、鼓励。这12种爱的需要对于男女来说都十分重要，然而，性别不同，对这几种需要的重视度也不同，也就是说男女所需要的“爱的基本需要”（见下表）有所不同。只有当最基本的需要得到满足后，你的爱才会起到真正的作用。

表　男女对爱的基本需要

女人的基本需要	男人的基本需要
关心	信任
了解	接受
尊重	感激
专一	崇拜
认同	赞许
许诺	鼓励

1. 她需要关心，他需要信任

对女人最好的爱，就是对她的关心和重视。如果男人让女人感到她很与众不同，感到会被重视，那么男人已经成功地满足了女人第一个需要。如果男人能做到这一点，那么女人将会更信任、更愿意敞开心扉。

对男人最好的爱，就是对他的信任。就像这一小节引言部分的故事一样，故事里的公主一再地试探骑士的真心，这会让骑士感受不到起码的被信任的感觉。同样地，在现实生活中，有很多的女性因为内心的不安全会试图窥探另一半的隐私、查手机、查电脑，这些都会伤害最基本的信任的需要。如果当女人对男人的能力和意向透露出积极的信念时，他的第一个基本爱情需要就被满足了，因此他自然会更关心和注意她的感觉和需要。

寓言故事：相爱的兔子与猫

兔子和一只猫相爱了。兔子很爱猫，猫也很爱兔子，所以兔子决定要把自己觉得世界上最好的东西给猫，猫也决定要把自己觉得世界上最棒的东西留给兔子。于是每到吃饭的时候，兔子就会给猫留一根胡萝卜，而猫则会给兔子留一条新鲜的鱼。

猜一猜，想一想：

它们两个的爱情能够长久吗？为什么？

2. 她需要了解，他需要接受

女人总是会有丰富的内心世界，也很愿意分享自己的内心世界。如果当女人分享自己的感受和想法的时候，男人不要妄加评论、不要施加价值评价，那么这个女人就会觉得自己是被爱的，被了解的。所谓的了解，是设身处地地站在她的角度来理解看到和感受她所经历的事情。所以，当一个女人不断倾诉她的感受的时候，如果你能倾听的越多，就能够越让她感到自己是被爱的。

和女人类似的，男人需要的是接受。接受就是不拒绝。这并不代表这个男人十全十美，无可挑剔，而是指接受男人的完美和不完美，但是却总是试图去改变他的不完美。很多的女人喜欢抱怨自己的另一半，甚至会拿其他的男人与另一半做比较，这样的行为会被男人知觉为“不被接受”，会十分受伤。如果当男人一旦觉得自己被接受，他就会很乐于倾听，给予对方所需要与应得的了解。

3. 她需要尊重，他需要感激

表达尊重的最好的方式就是考虑甚至优先考虑女人的权利、愿望和需要。当有问题需要协商的时候，当两个人出现分歧的时候，给她话语权，给她做选择的权利，这会让女人感到自己得到了尊重，同时也会因此对男人充满感激。

而对于男人而言，他们需要的是知道自己的所作所为，所思所想都没有白费，他们需要感到自己的努力是有价值的，是会得到回应的。只有这样，他们才会为了爱情付出更多的努力，也会更主动地尊重另一半。

4. 她需要专一，他需要崇拜

所谓的专一，不仅仅是情感上独一无二的投入，更是一种特别的宠爱和特殊的对待。这种与众不同的优待会让女人感到幸福洋溢。如果男人能够更重视另一半的需要，当自己的兴趣与配偶的需要发生冲突的时候，能够果断地满足另一半的需要，那么她就会感到专一的爱。

而让男人感受到受宠若惊的爱就是来自女人的崇拜。如果女人因为男人某方面的才干、性格特点、品行而感到惊喜和满足，男人会感受到崇拜。这种崇拜并不是为了取悦对方，而是一种发自内心的肯定与骄傲，那么男人就会更安心、更忠诚地奉献自己的爱。

5. 她需要认同，他需要赞许

认同女人的观点的同时，男人也可以保留自己的观点。女人需要的并不是争论出谁对谁错，她只是需要让男人了解到自己的想法和感受。如果男人不断争辩与理论，只会让女人感到自己的观点受到了打压。所以，男人如果能够认同女人，则能够让女人感受到自己的权利。事实上，女人需要的权利并非是实质上的，而只是需要一些心理上和精神上的权利。

女人对男人赞许的态度让男人对自己的优点更自信。赞许男人并非意味着赞同他的想法和做法，但是赞许的态度意味着对男人想法和做法背后充分理由的赞许与支持。当男人感受到赞许的时候，他也会更愿意去认同她的感受。

6. 她需要安慰，他需要鼓励

女人在遇到困难与挫折的时候，并不需要男人指导、教育、讲道理，在这种时候，女人需要的只是情感上的安慰与支持。女人是感性的动物，所以一定要时刻记得关心和在意女人的情感。

同样地，男人也要依靠女人的鼓励。与安慰不同的是，鼓励潜藏着“向前”的动力，而安慰则更像是原地的休息。如果在男人受挫与失败的时候，女人能够给予鼓励，一方面给予了男人信心和勇气，同时也肯定了男人的能力，另一方面也不会让男人感受到自己很弱小，只能够被安慰的羞耻感。

（三）好聚好散

如果你想开始一段感情，开始走进另一个人的生命里，那么你要准备的不仅仅是去检视你自己的爱情价值观，也不仅仅是去了解男女恋爱心理的差异和沟通的技巧，更重要的是你需要为自己做一份关于失恋的心理建设。

图　失恋

失恋是指恋爱的一方拒绝或中断恋爱关系，从而给另一方可能会造成的一种严重的心理挫折（见右图）。从心理角度来看，失恋可能是大学生求学期间最为严重的挫折之一。由于爱情的特殊性，失去一段感情是其他事物所无法替代的，因此失恋会造成一系列消极的心理情绪，比如羞愧、悲伤、孤单、空虚、绝望，这些消极的情绪如果无法得到及时的排除和化解，很有可能导致失恋者采取一些问题行为和过激行为，如酗酒、自残、自杀或者报复伤人等。

爱情的过程是无比美好的，相映衬出了失恋的无限痛苦与伤痛。事实上，失恋并不可耻，失去了这个人的爱并不意味着你失去了整个世界，也不代表你是个彻头彻尾的失败者。然而，失恋是个永远“站着说话不腰疼”的事情，如果你不是身处其中，可能很难明白失恋者为什么如此难以走出这段时期。所以，如果你身边有朋友失恋了，你要做的不是去告诉他“天涯何处无芳草”，也不是去和他一起赌咒发誓世界上没有好女（男）人，你要做的，只是静静的陪伴，给予温暖和支持。当人们失去一段真挚情感的时候，来自亲人、朋友的情感支持会成为失恋者走出阴霾的最强大的力量。

解决失恋的其他方法有以下几种。

1. 刺激疗法

如果你觉得你删除手机号码、删除QQ好友，丢掉了对方出现在你生活中的所有物件，不去想，不去哭，就可以忘记一个人，那就大错特错了。心理学研究显示，暂时镇压情绪和抑制思路，只会让下一次情绪到来时更加痛苦。所以，如果失恋了，那就请尽情地悲伤，尽情地哀悼你所失去的人、失去的那段美好的回忆。直接接触那些触动情绪的物品和场景，可能会勾起你强烈的情绪，但是当你一次一次地回忆过去，去宣泄情绪，这就是一种自我疗伤的过程。眼泪会带走你内心的痛苦，抚平你的情绪，让你可以接受一个人的离开，最后再重新开始新的生活。

2. 比较疗法

每个遭遇悲惨经历的人都会有一种“我是世界上最不幸的人”的悲观想法。如果你失恋了，请找到那些曾经失恋的朋友，或者目前失恋了的同病相怜的“战友”，和他们聊一聊，甚至是和他们比一比，或许你会发现这个世界上还有更值得同情的人，也会让你觉得“他那么惨的遭遇都已经振作起来了，我也可以振作”。在失恋的这段时间里，寻找朋友的支持是最重要的。

3. 心理咨询

如果你已经失恋一个月以上了，你的情绪依然十分低落，存在一些饮食和睡眠的问题，亲友们的关怀和慰藉对你来说都不能缓解你内心的痛苦，那么你可能需要心理咨询老师专业的辅导和帮助。

二、训练与测试

大学生的恋爱观测试

根据实际情况选择一个最符合自己心理状况的答案。不要在一道题上花费太多时间，第一反应的答案最准确。

1. 我对爱情的幻想是：

A. 满足自己人生神秘的欲望和需求。

B. 令人心花怒放，充满无限欢乐和诗意。
C. 实现自己远大理想的阶梯，使人振奋向上。
D. 没有想过。
2. 我希望我开始谈的恋爱是：
A. 由于一次偶然的相遇结下了一段微妙的因缘，彼此就追求。
B. 由于两人青梅竹马，情深意长，最终成为爱情。
C. 由于在工作和学习中产生爱情。
D. 无法回答。
3. 我认为爱情是：
A. 男女间的性爱。
B. 男女间的一种最纯洁的感情。
C. 异性间的相互爱慕，渴望对方成为自己伴侣的感情。
D. 不清楚。
4. 我希望我恋人：
A. 待人和蔼可亲，相貌比较漂亮，有权有势。
B. 有漂亮的容貌，健美的身材，待人接物周到，举止优雅。
C. 长相一般，用心体贴自己，为人忠厚老实。
D. 无法回答。
5. 我喜欢我爱人在三美之中是：
A. 外貌美。
B. 姿态、仪表、发式美。
C. 心灵美。
D. 拒绝回答。
6. 我想象中的小家庭的业余时间是这样度过的：
A. 各人干各人的事，互不干涉。
B. 有共同事业，互相商讨，共同进取。
C. 虽然自己对于某事没什么兴趣，但还是愿意陪对方消磨时间。
D. 不想回答。
7. 我对爱情的字面解释是：
A. 爱情、性爱是男女间友情的高级形式。
B. 有爱不一定有情，而有情必定有爱。
C. 爱情两字是不能拆开的，它是男女之间的感情。
D. 没想过。
8. 我喜欢的爱情格言是：
A. 爱情，这疯狂的字眼，为了你还有什么不能办到的呢。
B. 生命诚可贵，爱情价更高。若为自由故，两者皆可抛。
C. 痛苦中最高尚、最无私和最纯洁的乃是爱情的痛苦。
D. 都有点喜欢。
9. 恋爱后自己有一位异性朋友时：

A. 没有必要告诉对方，这是自己的自由。
B. 让对方知道，但不允许对方干涉自己。
C. 让对方知道，并且在对方同意的条件下才与他交往。
D. 不能回答。
10. 我认为幸福的爱情是：
A. 一切故事和传说中，关于爱情和婚姻都是幸福的。
B. 以共同的情操、思想和社会活动作为基础。
C. 互相尊重对方，包括尊重对方的感情。
D. 无法回答。
11. 我认为追求和对付高傲的异性的办法是：
A. 若无其事，完全做出一些与自己意志相反的动作。
B. 大献殷勤，做对方要求做到一些事情。
C. 自己也变得很高傲。
D. 不愿意回答。
12. 我认为：
A. 人是因为美才可爱。
B. 美和可爱是同时产生的。
C. 人不是因为没才才可爱，而是因为可爱才美丽。
D. 没想过。
13. 一旦发现我的爱人变心时：
A. 我会把爱转为恨。
B. 无所谓，只当自己看错了人。
C. 认为是幸运的，从中可以吸取教训。
D. 不知如何是好。
14. 下面的8个字中，我最喜欢的是：
A. 郎才女貌，爱如鱼水。
B. 形影不离，心心相印。
C. 志同道合，忠贞不渝。
D. 不知道。
15. 我对离婚的看法是：
A. 认为很平常，一旦发现更值得爱的人就抛弃原配。
B. 感到很惊讶，坚信自己的婚姻不会这样。
C. 认为离婚很正常，不过离婚者的爱情是不幸的。
D. 不知如何回答。

【计分与解释】

选A得1分，选B得3分，选C得3分，选D得0分。然后累计，得出总分。

总分在35分以上者，说明恋爱观非常正确，值得坚持；在25～35分之间的说明恋爱观基本正确，有需调理之处；在25分以下者，说明恋爱观存在问题，应树立健康正确的恋爱观。如果所选答案为D的个数在6个以上，说明恋爱观尚未确立，正处于游移不定之中，需要尽快确立自己的恋爱观。

三、补充阅读和思考

爱情是需要学习的
——陈一筠教授给大学生讲座节选

在座的朋友都18岁以上，也有个别小一点。那我们大学生群体，在座的同学到大学来读书，我相信我们首先考上大学，就是要去学专业的，为将来建立一个好的事业基础，以便将来可以去做工程师或教师或民族工作者。一个相当密集强化的准备，这是大学四年的任务，当然有人还要读研究生。但是，想过没有，你们18岁以后了，那么你们还要做另外一个准备，哪位同学能告诉我你们要做什么样的准备？哪位同学能站起来告诉我，做夫妻要不要准备，做父母要不要准备，但是我问同学们，你们在从中学到大学的课程里边，哪一门课在教你们怎么做夫妻，怎么样准备做父母。哪一门课，有没有？所以，我非常痛心地感觉到，由于现在大学生中学生家长期待我们的就是将来有一个好的学校，拿一个好的考分，拿一个好的文凭，去做一个好的事业，甚至挣一份好的工资。但是，很少想到这些孩子将来他们有一个幸福的婚姻和美满的家庭吗？我们的家长都期待，但是期待是一回事，为他们投入了什么，为他们准备了什么，又是另外一回事。

我希望送给同学们一句话，可以将来随时提醒自己，就是："一个人的一生当中其实是没有任何成功的，能够弥补婚姻家庭的失败，也没有任何成功能够来代替婚姻家庭的成功，因为事业的辉煌不过是一阵子，而婚姻家庭的幸福是一辈子。"我希望我们用这样的理念，共同鼓励彼此，将来能够去考虑到我们双向的成功，才是一个真正成功的人。

世界上所有的职业都有培训，但是唯有做夫妻和做父母没有培训。做夫妻做父母的知识首先要从做恋人开始准备，首先说的一点，今天跟大家分享三点理念，或者是说我在研究和实践当中总结出来的一些感受。今天的婚姻，跟爷爷、奶奶、父母那辈的婚姻是完全不同了。因为家庭是社会的细胞，婚姻是家庭的基础。随着社会时代的变迁，婚姻家庭一定会从传统走向现代。中国现在是现代化的开始阶段、初级阶段。但是，毕竟我们已经踏出了传统时代的界限，传统婚姻，就是爷爷奶奶那一辈，父母那辈，包括我自己的前半生，我们所经营的婚姻基本上是过日子，养孩子，就是传统的"经济合作社""生育共同体"。同学们想想是不是这样，过日子就简单，生几个孩子长大，父母就白头偕老。那是无师自通，不用那么多学习。爷爷奶奶怎么结婚，父母怎么结婚，你跟着怎么结婚，于是就从一而终，白头偕老。就这么回事，但是今天的婚姻随着时代的变化，人们结婚主要动机不是为了生孩子和过日子，是为了什么，是为了享受感情，是为了在心理上得到满足，相互能够在心理上得到安抚，去抗击现代社会可能承受的各种压力。心理急救站、温馨的港湾、沙漠的绿洲，讲的就是心理的氛围，所以现在夫妻结婚是为了心理上的满足，感情上的满足。然后为了文化上有共同语言，有共同的兴趣，共同的志向，去打拼事业，去成就自己的人生。因此，它是一种文化的共同体，是一种心理共同体，还有性生活的群体，是为了在更合法地最自由最健康地去通过婚姻来满足性的需要，包括性的生理需要和心理需要，当然也包括通过性来创造下一代的生命，就是爱情的结晶。

由于现代的夫妻对婚姻的要求，不是简单地生孩子、过日子了，而是心理、文化、情感、性生活的群体，这么高的要求，我们却没有经过培训，所以我看到那些大量的夫妻婚姻的失败，并不是他们有道德上的瑕疵、问题，也并不是他们成心就把自己的婚姻搞得半途而废。而是他们真的不知道，怎么样去经营和维护好现代的婚姻呢？当初两个人高高兴兴去结婚，壮志满怀地去登记，两个人信誓旦旦去举行了婚礼，为什么不能把爱情进行到底呢？每个人都在困惑，缺什么？我觉得缺的是知识和信念，所以今天我们必须在这两点上来帮助那些还没有走向婚姻的青年男女朋友，准备好去承诺、去维护、去经营现代的婚姻，这就是婚姻家庭的教育课。

我们对婚姻爱情的高期待，跟我们建设能够达到这种期待的婚姻家庭的能力之间，有严重的反差，有非常巨大的落差。正是因为在落差当中，出现了人们对婚姻很多很多的不满，这些不满反映在婚姻家庭的动荡解体中，反映在那些暴力中，反映在那些不和谐中，反映在婚外情中，反映在这些夫妻之间的陌生、冷淡、熬煎等的关系之中。我相信在座的朋友有个别的同学，有没有感受过你在一个战斗的父母身边受苦。你不知道为什么父母他们那么恩爱去结婚，才决定把你生下来。可是他们忙着自己打架的时候，他们不太在乎孩子。于是，让孩子心灵受苦，所以这样的情况又导致了一部分孩子出现问题。所以，这是我想说的第一点，我讲得非常简单。

第三节　科学认识两性

你需要知道的事：性教育会使青少年性行为提前吗？

性教育，一直都是教育者们所关注的一个重要问题。性教育很重要，但是不同国家，不同文化，不同家庭里的性教育的方式却大相径庭。长期以来，有以下两种性教育的方式。

较全面的性教育：介绍男女两性生理差异，性行为的含义，如何进行正确的避孕等。

禁欲型的性教育：重点在于必须让性行为在婚后发生，有的介绍一些避孕的方法，但是比较强调各种避孕方式的失败率。

在一项由专门从事生殖健康研究的非营利组织古特马赫学院（Guttmacher Institute）的研究人员进行的研究中，研究者使用了2006至2008年《美国家庭成长调查》（*NSFG：National Survey of Family Growth*）的数据。这项调查中，4691名15至24岁的参与者回答了自己是否接受过如何“对性说不”和避孕方法的正规指导。这些参与者还回答了关于第一次阴道性交经历的一些问题。研究结果发现，接受过正规性教育的青少年发生性行为的时间相对更晚，并且，他们比没有接受过性教育的同龄人更可能使用避孕措施。

一、性的生理与心理知识

在北京的一项关于未成年人性科学和性健康知识的调查中发现，许多青少年竟不知道月经来潮或遗精代表着什么，更令人担忧的是，一些人居然认为婚前性行为很平常，即使是中学生，也没什么大不了的。尽管这是在未成年中的一项调查，然后即便是针对当今的大学生，大学生们也会对性知识表示十分迷茫与困惑，甚至会觉得性是肮脏的、不道德和羞耻的事情，又或者是走向另一个极端，片面地崇尚性自由。

面临如此严峻的性教育缺失的现状，或许教师、父母甚至整个社会都要有所反思。那么，接下来就让我们有机会来科学学习一些性知识。

（一）性的生理知识

或许在中学时期的生物课讲过，男性与女性在生理上的区别主要体现在性器官的差异上（见右图）。

图　男女性生理差别

1. 主性器官

判断男、女性别，实施男女生殖功能的主要器官。从解剖生理学角度来看，男女两性的性别区分及完成种属繁衍的男性最主要器官就是两性的性腺。在男性为睾丸，女性为卵巢。它们都具有双重功能，一是分泌性激素以维持基本性别特征及促使性成熟；二是产生生殖细胞（精子与卵子），为繁殖后代做准备。

2. 附性器官

辅助主性器官完成生殖机能，并在外观形态上体现性别差异的各种器官。人类为体内受精，子宫内发育胚胎的繁殖生育方式。所以，男女两性的附性器官的使命，从男性来说是要将男性的生殖细胞——精子输送到女性体内以达授精之目的；就女性而言，乃是将卵巢排出的卵细胞，输进输卵管，接受男性生殖器输出的精子，使卵受精，将受精卵输送到子宫着床，发育成胎儿，并在适当时机，经由产道排出，通过这一分娩过程完成繁殖新个体的任务。

3. 生殖器介绍

男女的生殖器官如下表所示。

表　男女的生殖器官

	内生殖器	外生殖器
男	生殖腺（睾丸）、附属管道（附睾、输精管、射精管、男性尿道）、附属腺（精囊腺、尿道球腺、前列腺）	阴茎、阴囊
女	生殖腺（卵巢）、输送管道（输卵管、子宫、阴道）	阴阜、大阴唇、小阴唇、阴蒂、阴道前庭、处女膜、前庭大腺，统称为女阴

4. 青春期的性发育

在中国，普遍将11～17岁作为个体青春期的年龄阶段。不少学者认为，12岁之前为青春前期，13～18岁为青春中期，19岁之后为青春后期。男生进入青春期的时间普遍晚于女生1～2年。青春期是人生中最具活力，身心变化最突出的时期。近些年，由于摄入食物营养较为丰富、环境等各方面的原因，个体进入青春期的时间已经大大被提前了。

青春前期，女孩出现月经初潮，男孩睾丸发育出现首次遗精，是进入青春期的标志。在此之前两年左右，女孩最早出现乳房发育，骨盆开始变宽，臀部变圆，身高及体重增长速度超过平均数；男孩睾丸、阴茎开始发育，身高、体重也迅速增加。

青春中期，又称性征发育期，在身高剧增的同时，生殖器官及第二性征发育成熟，由于内分泌功能活跃，使其产生性骚动。男子第二性征包括长出体毛（胡须、腋毛、阴毛）、变声、阴茎和睾丸发育、精液分泌（射精、泄精）、骨骼变硬、肌肉发达、出现男性特有气味等。女子的第二性征包括长出体毛（腋毛、阴毛）、子宫及卵巢发育、月经初潮、乳房发育、骨盆扩大、皮下脂肪增加、出现女性特有气味等。

青春后期，其特征是性器官发育完全成熟，体格形态发展也完全成熟。青春中期，虽然性器官、第二性征已发育成熟，但要到22～25岁才能完全成熟。人体的骨骼系统，经过青春期的突长之后，到25岁左右，骺软骨停止生长，全部骨化，至此人体的高度不再增加，循环系统、呼吸系统也同样，青春中期之后心脏的重量及外形接近成人，要迟至35岁左右才能发育完全成熟；就呼吸功能而论，也要到青春后期才能完善（见右图）。

图 青春期

（二）性的心理知识

性心理是指人对性生理变化、性别特征和差别，以及两性交往关系的内心体验。

1. 性心理的由来

性心理主要受两方面因素的影响：性发育的自然本能的作用、两性社会活动对大脑的影响。

① 性发育的自然本能的作用：这部分的因素主要与性激素带来的身体变化有关。当女性身体日渐丰满，男性身体日渐强壮，这些生理发育都强有力地影响人的心理状态。或许你会开始展现你性别上面的魅力，愿意被人欣赏与认可。

② 两性社会活动对大脑的影响：人类与动物最大的区别是，人的大脑具有社会化的部分。我们会对所处的社会、文化、环境的因素做出相应的反应。因此，在外界环境中可能存在各种各样与两性相关的、性知识有关的书刊、文学作品，都可能会让青少年产生浓厚的兴趣，促使性心理的产生。

换句话说，性心理是由性生理发育的内部冲动和社会意识的发展相结合而形成的。在产生性心理的两个因素中，对性心理的内容起决定性作用的是社会生活条件和环境影响。由此可见，性心理的产生是不可避免的，是正常的。我们不要把性心理看成是羞耻的东西。问题在于要适当地调节性心理，培养健康的性心理。

普及性知识：青春期男生的遗精现象

青春期男生出现的遗精现象，本来是一种正常的现象，但由于不了解这种正常生理变化是怎么回事，因而往往引起紧张、恐惧、不安的情绪，这种内心体验就属于性心理现象。

尽管这是看似很小且正常的生理变化，但是对于不少刚进入青春期的青少年而言，如果没有科学知识的普及和正确的引导，可能会造成许多烦恼与困惑，严重的可能会引发一些心理疾病。

2. 性幻想（Sexual Fantasy）

与性有关的虚构想象，又称性想象，是一种普遍存在的性心理现象。根据精神分析学观点，幻想的性质与梦相似，是人们内心愿望的反映，所以也被称为“白日梦”。幻想也是心理防御机制之一，人们借助于幻想对内心某些被禁止的愿望获得部分代偿性满足，来减轻对自我的压力以消除焦虑。

在幻想中，人们总是把自己作为中心人物出现，在性幻想中也同样如此。性幻想中的对象可以是熟悉人，或者是图画、小说中的人物，也可能是模糊易变的虚构人物。这种性幻想常无止境，并与个人过去的性经历有关。

性幻想可以成为一种性刺激，仿佛一种“心理春药”，因此常见于手淫与做爱时来激发性高潮的情况。假如做爱时对性伴侣不够满意（如勉强结合的夫妻），往往通过幻想（想象与另外倾心的情人做爱）才会达到性高潮。这在同性恋中相当多见，有的同性恋者被迫与异性结婚后，只有将妻子或丈夫幻想成同性者，才会获得性满足。同性恋者手淫时的性幻想对象也是同性。

普及性知识：性幻想是对？是错？

性幻想是一种普遍的心理现象，通常是无害甚或有益的。它既可作为性兴奋的“心理春药”，也是一种心理防御机制，替代不能实现的性追求而获得部分代偿性心理满足。但是，如果过分沉溺于性幻想白日梦中影响了正常生活或社会功能，甚或幻想过分离奇并坚信是真实的，就属于病理性幻想或妄想了，可能是心理问题或者精神疾病，需要及时寻求心理咨询师或者医院精神科医生的帮助。

3. 性自慰

自慰是自我抚弄性器官以达到性兴奋的行为。虽然，用自慰方式达到性高潮，作为性欲的表现常见于青春期，但在幼儿及孩童期间，自慰也是常见的现象。

几乎所有社会文化的传统观念中都认为自慰是堕落、邪恶的行为，对精神及身体都有害处。宗教的戒规强化了这些观念，甚至十九世纪欧洲的医学理论也持这种观点。这些态度可能是源于某些信念及假设而形成的。首先，性行为被认为只与生育有关，其他方法的表现都是邪恶的。其次，精子是健康的、强壮和智慧的精华，随便浪费精子是会导致身体虚弱、视力减退、神经错乱及丧失生育能力的。再次，自慰是一种卑下的性活动，只有比人类低等的动物或迟钝的人才会有这些行为。最后，自慰是不道德的行为，会招致心灵上的责备和惩罚。

然而，现在大量资料和证据证明这些观念是错误的。在美国的一项调查显示，至少有92%的男性及70%～80%的女性都承认有自慰行为。在欧洲方面的研究结果也差不多，相信其他国家进行的研究将证明自慰是世界性行为。长久以来，并未有足够的科学根据能够证明自慰对个人的生理及心理健康有影响。相反，自慰已被证实是一种健康、欢畅、有助于放松紧张的行为，比起那些由于恐惧而压抑自己不去自慰的人，更能有一个较平衡的性生活。

从近年来在这方面的深入研究及临床实验所得的资料，可见现时自慰不单被认为是正常及自然的性表现，而且对治疗性失调极有帮助。在马斯特斯和约翰逊的医疗实践中，不论男女，自慰都能帮助他们建立正常的性行为。

总而言之，传统对自慰的反对，是基于一些毫无根据的说法，认为自慰会引起不良的生理和心理后果。事实上，自慰是一种普遍的现象，是一种正常的自然的性行为。没有科学根据能证明自慰对身体及精神有害。相反，自慰已被证实是治疗性失调所必需的，对某些人来说更是唯一可行的性表现方式。

二、训练与测试

性知识是否正确，关系到性爱态度和感觉。有些人持着错误知识，却埋怨自己的性爱不理想。美国专家提供了一份简单的自测表，帮助人们了解自己的性知识是否及格。本测试结果仅供参考，如有疑问请联系专业心理咨询师。

1. 只要有恰当刺激，女性都能高潮，是吗？

A. 对，摩擦它，高潮就会到来。

B. 错，大多数女性不会高潮。

C. 错，女性首先要通过自我体验和学习，才能实现高潮。

2. 真的存在G点吗？

A. 对，它位于阴道壁1/3处。

B. 对，但它与性生活关系不大。

C. 错，这是一个神话。

3. 所有女性都能有多次高潮吗？

A. 对，如果她有合适的伴侣。

B. 错，性高潮有时和基因有关，且不能作为性反应的第一标准。

C. 对，如果她真的全神贯注。

4. 随着年龄的增长，“用进废退”适用于男人还是女人？

A. 男人、女人都适用。

B. 更适用于男人，这也是为什么他们被称为“下流老头”。

C. 这更适用于女人。规律性活动能增强性器官的供血，减少绝经后雌激素水平下降带来的影响。

5. 男和女，谁更容易感染性病？

A. 差不多。

B. 男人，因为他们更外露。

C. 女人，因为她们的性器官保留伴侣体液的时间更长。

6. 性幻想是一种欺骗吗？

A. 对，如果你需要性幻想才能达到高潮，说明你存在问题。

B. 错，性幻想是所有人正常的体验。

C. 对，但不要告诉别人。

答案：1. C；2. A；3. B；4. C；5. C；6. B；

分析：如果全都正确，那恭喜你，你具备了基本性知识。如果答对了4～5道题，也很好，但还应该继续学习。答对了3道题以下，说明你应该补习一下性知识，不然性爱会受影响。

——选自人民网《生命时报》

三、补充阅读

关于自慰行为的一些数据与事实
——科学松鼠会

很多就诊于泌尿男科的患者，常常认为自己目前的性功能低下来源于自己以前的手淫史，究竟手淫会带来什么危害？尤其对于男性朋友，手淫，男人到底失去了什么？是困扰许多男性的最常见问题。

自慰（手淫）在英文里有许多说法，如“Choking the chicken，tickling the pickle，spanking the monkey”等，但无论你怎么称呼它，自慰（手淫）是一个相当普遍的做法。不相信吗？看看下面的示意图展示的关于自慰的13个非常有趣的事实和有关统计数据。

（译者注：数据主要出自美国。）

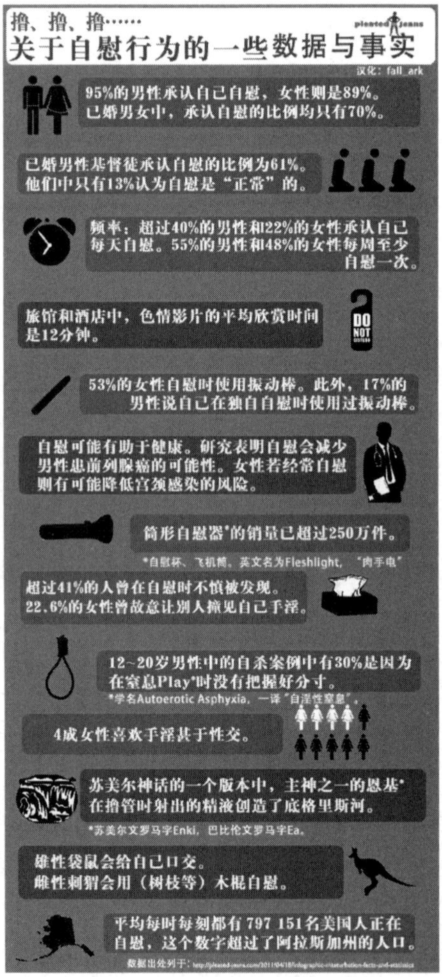

大多数人有过手淫的经历

手淫，作为人类常见的一种性行为，约94%的男性和70%的女性有过手淫的经历。手淫一般需要自我刺激外生殖器而达到性愉快或性高潮，以寻求性快乐。

手淫是正常的性行为方式

手淫是一种单一个体性行为，与异性性行为、同性性行为同属性行为范畴，神经科学研究证实，手淫与性交引起的基本生理反应并没有什么区别。近年来，随着心理学、神经生理学的研究深入，医学专家已经将手淫归结为正常的性行为方式，它通过一种健康的行为表达来探讨自己的性感觉，并可以在没有男女性交的情况下释放性压力。

手淫的危害并不在行为本身

长期以来，手淫常常被看作一种有害健康的不良行为，男性在偷偷“自我寻欢”后，随着短暂的兴奋逝去，很多人会感觉内疚与惭愧。其实，手淫的危害并不在行为本身，而在心理上的影响，这种内疚与惭愧，以及手淫当时那种“偷偷摸摸”“急急忙忙”的感觉，常常引起焦虑紧张，而焦虑紧张可以引起日后的心理性的性功能低下。

手淫时，男人们获得了快乐，手淫后，男人们又获得了焦虑紧张，仅此而已，这就是手淫的危害所在，而这种危害还来源于人们对手淫的错误认识！

手淫，男人到底失去了什么呢？

回答很简单，什么都没有失去！如果对手淫没有一个客观正确的认识，倒是可以获得焦虑紧张，后者对于男人的危害当然不言而喻！

手淫应有“度”

所以，男人对于手淫，首先应该有一个正确的认识，手淫就是一种正常的生理现象，应该合理安排，不要过频，不要沉溺于其中，要适量适度，要善待自己的器官。

男性朋友们，放下包袱吧，正确认识手淫，不要因为手淫而恐慌，也不要因为曾经的手淫史而自责，那是一种成长的经历！

第八章　描绘我的未来梦

——做自己生涯的主人

生活中的心理学

四只毛毛虫的故事

四只长大的、爱吃苹果的毛毛虫各自去森林找苹果吃。

第一只毛毛虫根本就不知道这是一棵苹果树，没有目的，不知终点；没想过什么是生命的意义，为什么而活着。

第二只毛毛虫知道这是一棵苹果树，找到了一个大苹果就扑上去大吃一顿，但它发现要是选择另外一个分枝，它就能得到一个大得多的苹果。

第三只毛毛虫知道自己想要的就是大苹果，并制订了一个完美的计划，最后，这只毛毛虫应该会有一个很好的结局，但是真实的情况往往是，因为毛毛虫的爬行相当缓慢，当它抵达时，苹果不是被别的虫捷足先登，就是苹果已熟透而烂掉了。

第四只毛毛虫做事有自己的规划。它的目标并不是一个大苹果，而是一朵含苞待放的苹果花。它计算着自己的行程，结果它如愿以偿，得到了一个又大又甜的苹果，从此过着幸福快乐的日子。

为什么这四只毛毛虫最终有如此截然不同的结果呢?

第一只毛毛虫它毫无目标，一生盲目，是只没有自己人生规划的糊涂虫，不知道自己想要什么。遗憾的是，我们大部分的人都像第一只毛毛虫那样活着。

第二只虽然知道自己想要什么，但不知道该怎么去得到苹果，在习惯的正确标准指导下，做出了一些看似正确却使它渐渐远离苹果的选择。而曾几何时，正确的选择离它又是那么接近。

第三只毛毛虫有非常清晰的人生规划和正确的选择，但目标过于远大行动过于缓慢，成功对它来说，已是明日黄花，机会、成功不等人。

第四只毛毛虫不仅知道自己想要什么，也知道如何去得到自己的苹果，以及得到苹果应该需要什么条件，然后制订清晰实际的计划，在此指引下，一步步实现自己的理想。

第一节 我的生涯，我知道

你需要知道的事：寓言故事——监狱风云

有三个人因为各种缘故，即将要被关进监狱三年，监狱长答应完成他们三个每人一个要求。美国人爱抽雪茄，要了三箱雪茄。法国人最浪漫，要一个美丽的女子相伴。而犹太人说，他要一部与外界沟通的电话。

三年过后，第一个冲出监狱的是美国人，嘴里鼻孔里塞满了雪茄，大喊道："给我火，给我火！"原来，他忘了要打火机。接着出来的是法国人。只见他手里抱着一个小孩子，美丽女子手里牵着一个小孩子，肚子里还怀着第三个。最后出来的是犹太人，他紧紧握住监狱长的手说："这三年来我每天与外界联系，我的生意不但没有停顿，反而增长了200%，为了表示感谢，我送你一辆劳斯莱斯！"

从这个故事里，你看出了些什么道理呢？很明显，由于三个人当时做出了不同的选择带来了不同的结果，也就是说什么样的选择决定什么样的生活。今天的生活是由三年前我们的选择决定的，而今天我们的抉择将决定我们四年后的生活。

一、认识职业、认识生涯

也许大家已经不太记得从什么时候开始，我们慢慢接触"职业生涯"这个概念。这个概念听起来很耳熟，但是却又很模糊不清。特别上了大学之后，经常被老师、父母挂在嘴边"你要有职业生涯规划的意识""你要想办法发展你的职业，探索生涯发展"，甚至不少的大学都已经开设了大学生职业生涯规划课，但是即便对于许多的大四毕业生来说，甚至是研究生毕业生来说，即便上过课、听过讲座，也还是不明白"生涯"到底是什么，对每个人而言又有什么意义。在接下来的一章中，我们会一起来探讨和认识我们的职业生涯，希望在看过这一章的内容之后，能够让你对这个模糊不清的概念再多一些了解。

生涯，是指人的有生之年，也就是从出生到死亡的人的生命历程。目前大多数学者所接受的生涯定义来自舒伯（Donald E. Super）的论点：生涯是生活中各种事件的演进方向和历程，它统合了人一生中的各种职业和生活角色，由此表现出个人独特的自我发展形态（见下图）。所以，"生涯"可以理解为介于"生命"和"职业"之间的概念，其内容是比较宽泛的，具有丰富的内涵与特性。

下图是著名的生涯发展彩虹图。从图中可以看到，每个人从出生到死亡拥有各个不同的阶段，每个阶段你需要扮演一个或者多个角色，而这些角色所需要你完成的任务就是当前生涯阶段人们所需要做的。

所以，生涯其实并不是一个陌生的东西，对于大学生来说，你们已经经历并且也正在经历作为学生的生涯阶段。有的同学可能会在本科之后结束在学校里进行正规的教育学习，结束学生生涯；有的同学可能会继续深造硕士、博士，继续他们的学生生涯；而有的同学，可能本科之后就进入社会，尽管他们不在学校参加学历教育，但是他们继续参加各

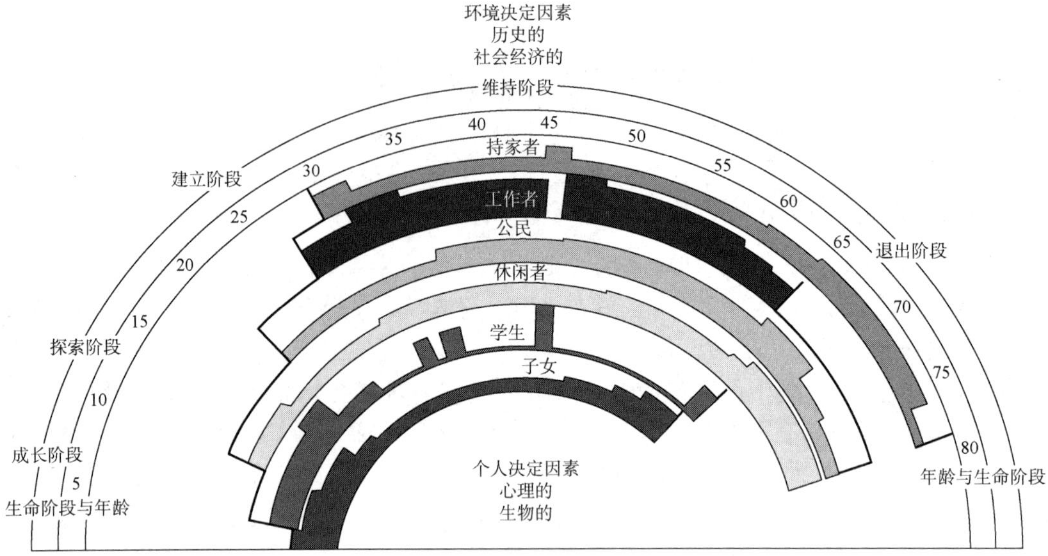

图　舒伯生涯彩虹图

种培训和考试从而在专业工作能力上获得提高，所以他们依然继续着他们的学生生涯。

值得关注的是在20多岁以后，个体逐渐要开始进入的职业生涯的阶段，这是一个全新的生涯阶段，也是一个十分重要的生涯阶段。然而，许多的大学生甚至工作了好几年的人都依然会有一个困惑，不明白到底什么是自己的职业生涯，也不知道可以如何去管理和规划自己的职业生涯。有这样的困惑很正常，因为在中国的基础教育阶段，教育工作者并没有重视对于学生未来职业生涯的引导与教育。中国的教育工作者都非常擅长帮助学生应对在学生生涯中可能遇到的各种学业问题，但是却很少有人教授学生如何应对和解决学生生涯之后的职业生涯的各种问题。这也是为什么很多大学生在毕业之后或者面临毕业之际感到非常迷茫与困惑。工作、职业事业的区别如下表所示。

表　工作、职业、事业的区别

	工作	职业	事业
核心	干活过程 为别人干，有点被动	生活过程 为别人干也为自己干，被动加主动	乐活过程 为自己干，非常主动
特点	人们比较关心的是单位离家近一点，上班时所做的事情少一点，上班后所拿的工资多一点。即：三点期望。只要做到能养家糊口就算完成任务，没有其他需求，没有长短期的规划，没有定期的自我反省等	职业人需要考虑的是职业是否符合自己的性格、气质、能力、意识、价值观、爱好和专业等个人资源需求。在寻找工作时，人们会考虑路途有多遥远，事情有多少，工资收入有多少，同时也会考虑是否适合自己。考虑的是长期职业发展，既考虑目前收入，也考虑未来职业发展，两者统筹兼顾	人们会不管路途有多遥远，不管上班事情再多，也不管工资收入再少，只要喜欢，就会去从事。它是由职业人自己确定的人生目标和理想，并不惜一切个人资源和努力为之奋斗，包括自己的人生

想一想：

你不妨来多思考一个问题，你觉得你现在的学习状态，是属于“把学习当成工作”“把学习当成职业”“把学习当成当前的事业”哪种状态呢？

二、训练与测试

活动一：家族职业树

我们头脑中最早关于“职业”的概念来自我们的家庭成员。可能有的同学会说“我的父母是务农的，我只知道种田，这是职业吗？”也可能有同学会说：“我父母是经商的，我各个亲戚也是经商的，我以后也去做生意，这是职业吗？”正如我们上面所提到的：工作、职业和事业的概念，也许你父母正在做着他们热爱的事业，也可能他们是在进行一份职业或者只是把它作为工作来养家糊口。但无论如何，父母所从事的事情都多少对你对今后未来的规划有所影响。那么，就让我们先来看看你的家族职业树，看看这里面的职业中有没有一个是你有兴趣了解并从事的呢？

请在下图所示职业树中的空白处填写你父母、亲戚所从事的职业。

图　职业树

想一想：请独自思考以下问题

√ 你家族中从事最多的职业是__________。

√ 家人的职业集中在________领域（技术、管理、服务、研究）。

√ 家人希望你从事的职业是_________。

√ 你会考虑的职业是_________________。

√ 你绝对不会考虑的职业是___________。

√ 你感兴趣的职业是_________________。

√ 你希望从你未来职业中所获得的东西是_______________。

谈一谈：请你与你的好友或老师谈一谈以下问题。

√ 谈谈你对自己家族职业的感想。

√ 谈谈家族对自我生涯的期待、职业选择的方向及你的感受。

√ 谈谈你自己未来的理想。

活动二：生涯十字路口

每个人都会选择一条独特的生涯道路，影响你选择的因素有很多很多，也许你需要更清楚地理解到底在你人生道路上有什么因素影响着你，有什么因素起了决定性的影响作用，有什么可能会成为你生涯道路上的阻碍，什么能够成为你的资源，当你清楚地了解了这些之后，也许你会有机会看到一条更清晰的属于你自己的生涯之路。

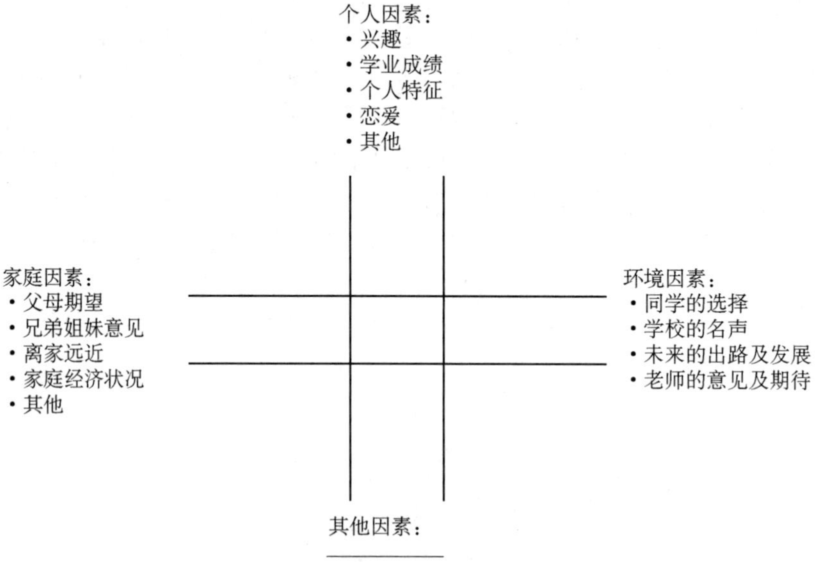

图　影响未来生涯选择的因素

上图中列出了很多影响你未来生涯选择的因素，请你仔细思考后，用1到5来表示这些因素在你做决定时所被考虑的重要程度，看看这些因素中有多少是个人因素，有多少是环境因素，面对这样的现状，你是否接受、是否希望有所改变？

三、补充阅读与思考

寓言笑话的启迪

有两兄弟，他们一起住在一幢公寓楼里。一天，他们一起出去郊外爬山。傍晚时分，等他们爬山回来，回到公寓楼的时候，发现一件事：大厦停电了！这真是一件令人沮丧的事情。为什么呢？因为很不巧，这两兄弟住在大厦的顶楼。那么，顶楼是几楼呢？那就更加不巧了，顶楼是八十楼。很恐怖吧。虽然两兄弟都背着大大的登山包，但看来，也是别无选择，于是，哥哥对弟弟说："我们爬楼梯上去吧。"于是，他们就背着一大包行李开始往上爬。到了二十楼的时候，他们觉得累了。于是弟弟提议说："哥哥，行李太重了，不如这样吧，我们把它放在二十楼，我们先上去，等大厦恢复电力，我们再坐电梯下来拿吧。"哥哥一听，觉得这主意不错："好啊。弟弟，你真聪明呀。"于是，他们就把行李放在二十楼，继续往上爬。卸下了沉重的包袱之后，两个人觉得轻松多了。他们一路有说有笑地往上爬。但好景不长，到了四十楼，两人又觉得累了。想到只爬了一半，往上一看，还有四十楼要爬。两人就开始互相埋怨，指责对方不注意停电公告，才会落到如此下场。他们边吵边爬，就这样一路爬到了六十楼。到了六十楼，两人筋疲力尽，累得连吵架的力气也没有了。哥哥对弟弟说："算了，只剩下最后二十楼，我们就不要再吵了。"于是，他们一路无言，安静地继续往上爬。终于，八十楼到了。到了家门口，哥哥长吁一口气，摆了一个很酷的姿势："弟弟，拿钥匙来！"弟弟说："有没有搞错？钥匙不是在你那里吗？"

正如大家所料，钥匙还留在二十楼的登山包里！

反思这则寓言笑话，它恰好就反映了我们的人生。20岁之前，我们在父母老师的期待之下，背负着考试升学的各种压力，还要面临成长的内心烦恼，一路走得很辛苦。20岁之后，有了稳定的工作，开始做自己喜欢和想做的事情，似乎就像卸下了沉重的包袱，开始了人生中接下来愉快的20年。到了40岁，人开始感叹青春易逝，当发现自己人生种种不如意的时候，就开始埋怨政府、埋怨社会、埋怨领导不会慧眼识珠。不少人就在这样的抱怨中又度过了20年。到了60岁，进入暮年，开始珍惜剩下的日子，可是就在自己快要筹划老年生活的时候，你才发现原来你把你最重要的人生钥匙忘记在了20岁的时候，你的理想、抱负、自我实现的愿望都被留在了20岁，没有来得及完成。

如果你不想自己等到60岁的时候再追悔莫及，那么就趁现在来为自己的职业生涯做点谋划吧！

第二节　生涯规划初尝试

你需要知道的事：电影课堂

在你开始学习这一小节的内容的时候，邀请你先看以下的几部影视作品，也许看完之后你会对生涯、职业和自我规划有更深刻的理解与认识。

《三傻大闹宝莱坞》

皇家工程学院以严格著称，学生们都过着很艰辛的学习生活。唯有一个叫兰乔的学生与众不同，他不喜欢死记硬背，甚至还公然顶撞校长，质疑他迂腐的教学方法。他与另外两位好友在学校的生活充满了艰辛、冒险和乐趣。他鼓励自己的好友追寻理想，而不要一味地按照父母规划的人生道路前进，也劝说校长的女儿离开满眼铜臭的未婚夫去追寻自己的幸福……

在这部电影里，你能听到你年轻时呐喊的声音。

《中国合伙人》

电影讲述了"80后"的三个年轻人，在大学时代相遇相识，并拥有同样的梦想，直至一起打拼事业，共同创办了英语培训学校，最后功成名就的励志故事。这部电影浓缩了一代创业者的成长历程。

在这部电影里，你会感到你内心也有颗创业的种子在萌芽。

《杜拉拉升职记》

现在的社会找工作难，找一份好工作更难，找一份有发展前景的好工作难上加难。杜拉拉好运地接到了全球500强企业DB的前台工作，她从一个前台，到秘书，到HR，在职场上赤裸裸的争夺战里几经锻造，最终以HR经历的头衔完成了自己从菜鸟到达人的华丽转身。

在这部电视剧里，你也会萌发出在职场里大展拳脚的斗志。

一、认识生涯测验、认识生涯规划

由于不少高校都会开设职业生涯规划指导课程，会具体地讲解关于职业生涯的各种理论和生涯规划的步骤，所以在本章节中就职业生涯规划的各种理论和具体实施方法，不做更多的讲解。在本章节，我们关注另一个问题，即如何正确认识生涯测验对于生涯规划的影响。

对生涯规划有所了解的同学们对于生涯测验一定不陌生。也有不少的商业机构将“生涯规划”作为一项新兴的服务项目，对不少的高三毕业生、大学生甚至是职业者进行有关生涯规划的培训项目。不少机构将“职业生涯测验”作为重要的工具，通过测验对个人的职业兴趣取向、个人能力特点做了综合的分析，并对此做出进一步的建议。这种通过测验对个人情况做出综合分析的方式，是非常流行也具有一定科学原理的方式。许多的测验，例如，MBTI职业性格测试，是非常常见的标准化心理测验量表，运用十分广泛，无论是信度、效度，这些常见的测验量表都是较为可靠的测量工具。

然而，问题接踵而至：如何利用好工具？如何解读工具？

问题一：选优势还是选兴趣？

案例1：高三毕业生选专业的困惑

学生小王是今年的高三毕业生，取得了不错的高考成绩，但是在填志愿这事情上犯愁了。近来有不少教育机构都在学校做免费的高考志愿咨询活动，他也去体验了一把，做了一个测验题。测验显示他具有较好的逻辑推理与判断的能力和空间想象，适合学习数理类或者建筑工程类的学科。小王看到这样的结果后并没有感到很轻松，反而更犯难了。从他高中一直的学习情况和高考的成绩反映出来的结果来看，他在数学上确实并不差，空间想象能力、逻辑推理能力都不错。父母也觉得，对于男孩子而言，学习理工科的专业也是个不错的选择。但是，从兴趣来讲，自己更喜欢与人打交道的行业，比如法律类、社会学类的职业。

那么问题来了，小王不知道自己应该选一个自己“更擅长”的专业还是选一个自己“更喜欢”的专业？

不少人在职业生涯路上都遇到这个问题：自己擅长做的事情和自己喜欢做的事情未必是同样的事情，怎么办？

当前的心理测验往往是标准化的，经过了科学统计的反复修订得出来的，所以大部分的人会比较认同测验结果，发现自己测验的结果和感知到的自己真实现状相差不大。就像案例中的小王，他高中阶段理科学业方面并不吃力就展现了他数理化能力方面的优势。然而，能力与性格是两个独立不同的东西，所以你也会在两者中看到矛盾的地方。假如你也遇到和小王同样的困惑，那么不妨试思考一下以下几个建议。

1. 多了解一些职业信息，看看有无两全其美的办法

高中的学习是比较封闭甚至是闭塞的。大部分人对专业、职业的理解也是很狭窄的。也许你一开始会觉得你的需要是一个“两难问题”，但是或许你可以再多一些了解，看看你所向往的职业发展是否有可能被实现。当前的职业，很少有完全只涉及单一学科领域的。比如，如果你是学数学的，看似是一个很理科和学术的学科，但是有可能你会在大三大四的时候选择一个具体的应用发展方向，比如金融数学或者理论数学。如果你学习金融数学，那么必然你会再接触不少和金融有关的学科知识，假如你进入了证券金融类的行业，也许你会从事金融类的窗口服务行业（与人打交道），或者你会管理金融服务的后台运作（与事情打交道）。所以，把眼光放宽广一些，搜集更多的资料，让你的选择可以更合心意。

名人故事：华语歌坛歌手李健

李健是目前华语歌坛上被世人所熟知的一名歌手。如果你对他有多一些了解的话，你就会知道，他毕业于清华大学，他的专业并不是他目前从事的歌唱，而是电子工程。

李健在一期访谈节目中提到自己当年保送清华大学的时候，也曾想过自己到底要学什么专业。他在初中的时候就展现出他的音乐天赋，弹了一手好吉他。有人问他为什么当年不进入中国音乐学院这样的音乐殿堂深造，他说艺术有时候反而要在生活中才能够寻找灵感。

他在清华的学习并不轻松，因为电子工程类的学科学习是艰苦的，也并非是他擅长的。但是，他在大学期间参加了多个音乐社团，在校期间多次登台表演，大展风采。在他毕业后的一年多时间里，他成为了一名网络工程师，做着与专业相关的事情，但是他似乎却无法找到生活的热情。后来是一个很偶然的机会，受清华校友卢庚戌的邀请，成立“水木年华”演唱组。随后他辞掉了工作，开始了他的演艺生涯。

2. 喜欢做的事情≠喜欢学的专业

有人说：“当你把一件自己喜欢做的事情当作工作来做的时候，你可能就会失去那份喜欢。”这句话并非完全没有道理。因为兴趣与爱好是充满乐趣的、自由的、充满想象力的；但是工作有时候是枯燥乏味的，有截止日期的，有绩效要求的，不灵活甚至是一成不变的。

问题二：大学被迫学了一个不想学的专业，怎么办？

案例 2：大一学生的电子邮件

老师：

您好，我遇到一些困难想请老师您帮助。由于高考分数不高，所以我现在的专业是被调剂的专业，并不是我想读的。我也做了一个职业测验，说我适合从事工商管理类的工作。我很犹豫到底要不要在大一的时候转专业，如果无法转专业，那么我该怎么办？

大一电气专业学生

在大学里面，第二个案例里面的情况有很多。无论是211、985的重点大学，还是在普通大学里面，这种因分数被调剂而没有读到自己理想专业的学生都是很普遍的。这样的学生往往会有以下三种发展的可能性。

第一种是无论如何奋力学习转专业的学生。目前在不少大学都提供转专业的指标，但是可能要求学生达到一定的学业标准才能够申请转专业。所以，有的学生在学期初就很坚定地要转专业，所以及时了解学校政策，努力达到申请的标准，是这部分学生努力的方向。转专业的决定有时候是很辛苦的，因为你在大一除了公共课之外可能也会修学一些专业课程，如果决定转专业，那么意味着可能你要比别人多学一些课程，同时也要在接下来的时间里去补修之前没有修学的课程。

第二种是愿意接受和尝试新专业的学生。这类的学生也不少。在刚开始的阶段里会因为专业不理想，而经历一段时间的消沉、低落和情绪沮丧。但是，当进入大学开始积极投入新的生活之后，会慢慢开始认识新专业，从老师、师兄师姐那里更多地了解这个专业，也认真地学习与对待这个专业，进而慢慢接受，并愿意在未来从事该领域的相关工作。

第三种是顺利毕业但选择新的生涯发展道路的学生。在中国，或许这一类的学生不占少数。有的学生，即便就读了自己所喜欢的专业，但是随着学习的进行也发现这个专业并非自己想象中那么让自己着迷，所以渐渐地也对自己的专业失去了兴趣。所以，可能你会听到父母或者师兄师姐跟你讲“大学学习和找工作是两回事”这一类的观点。客观来看，有不少大学毕业生最终从事的行业与自己学习背景并不匹配。但是，这并不代表你在大学可以完全不好好学习。有个别的学生，因为自己对专业不喜欢，所以就多门考试挂科，甚至到勒令退学的地步。大学的学习不仅是学知识，更是学一种思维方式、为人处世之道、拥有更广的人脉资源。所以，请以这样的态度来对待你的专业吧：“假如你无法爱上一个人，那么至少你也要学会客气和礼貌对待这个人，同时去寻找你所爱的那个人。”让自己顺利地毕业，然后尝试着去寻找你更热爱的生涯发展之路。

结合两个案例我们可以看到，尽管学生们在做生涯规划的时候都选择心理测验量表，然而如何使用测验和解读测验才是很重要的关键。它可以帮助我们提供一些参考的依据，但是如果你完全盲目相信测验给出的建议而不结合你个人主观感受和当前的实际情况，那么这样也可能会带来很多的问题。生涯的选择是需要结合各方面的因素而认真考虑对待的事情。

对于当代的大学生来说，如果你抱怨你在大学里什么都没学到，那么你最好能够反思一下你自己在大学期间是否好好学习过。大学的学习与过往的学习都很不同，这里的学习并非只是指专业学科的学习，而还包括了学科之外的个人能力的培养。要如何更好地培养自己的能力，为今后进入社会做准备，你不仅需要知识准备，也需要能力准备，那么你可能会在大学期间的学生社团活动、社会实践活动甚至是与朋友组织的联谊活动中学得。所以，请不要因为专业学习的无兴趣而让你放弃了认真投入大学生活的机会。

在第二部分中我们会介绍一个职业性格测验量表，希望同学们能够好好利用这个测验了解自己的职业倾向，对自己在大学四年的学习生活及毕业之后找工作起到一些建设性的指导作用。

二、训练与测试

MBTI职业性格测试量表

我们在前面提到了要如何正确地认识测验量表的作用。接下来我们介绍的这个是目前很流行的职业性格测验。请仔细阅读测验的相关说明，并认真独立完成测验。做完之后，结合你自身的情况，如果有什么还没想明白的，不如去找辅导员、老师、心理咨询老师谈谈，或许能够给你多一些的启发。

（一）MBTI性格测试施测流程和行为规范

MBTI的第一张量表于1942年问世，之后不断修订、完善，至今已升级了10多个版本。值得一提的是，在30多年前，MBTI量表还只对接受过专门训练的心理学家开放。事实上，在MBTI的设计中包含着一整套严格的施测流程和行为规范。

1. MBTI性格测试施测流程

第1步　调整心态：性格类型的心理测验结果并没有优劣好坏之分。放松心情，尽量摆脱其他因素的干扰，而按照自己真实意愿协调即可。

第2步　施测前教育：受测者了解MBTI的测试目标、基本思路和主要内容。

第3步　答问题卷：受测者尽管按照自己的理解答题，也可以跳过模棱两可的问题不答，但是不应与其他人讨论。

第4步　答卷计分并比较：受测者将初步测试结果与以前的自我感觉相比较，并且对两者的差别及其成因做出思考。

第5步　阅读完整分析报告描述：受测者阅读并思考MBTI提供的性格类型描述，尽可能明确自己的职业性格类型。

2. MBTI性格测试行为规范

受测者需始终处于轻松自如的状态下，既没有现实中工作、生活的压力，也避免受到量表本身可能含有的设计倾向的诱导。

受测者必须正确实施每一个步骤，以便准确理解MBTI的测试结果。MBTI量表的分值代表了受测者对自身性格类型的清楚程度，而非其占有某种性格特征的完全程度或者表现强度；MBTI提供的性格类型描述仅供受测者确定自己的性格类型之用，其中描述的各种行为表现应该从性格动力学或者气质理论的角度予以理解……MBTI的有效性取决于施测中规范、有序地执行每一个环节。

MBTI旨在帮助人们了解自我的本来面目，即个人与生俱来的性格；既然后天的种种环境压力和客观条件可能扭曲甚至彻底逆转个人的行为表现，那么对自己性格最有发言权的当然只能是受测者自己。MBTI就像一个经验丰富的“开道者”（而不是诊断病因的医生）提着灯笼照亮你面前的路却从不在意你去向何方——无论你的目的地在哪里，他只管提着灯笼照亮你的前方；然而，没有这样一名开道者你便陷于沉沉黑暗之中无所适从。

MBTI的评估系统说到底就是不断引导人们暴露、进而认清自我的本来面目。甚至量表得分也只是一种辅助或者参考，当测试结果与自评结果不合时，MBTI不会一味坚持量表的得分，然后拿出一纸对应的行为描述来说服你接受这样的结果。最清楚自己性格的当然恰是你自己——无论从理论上还是实践中都是如此——这也正是MBTI的理念。

（二）MBTI测验题说明

（1）《性格分析报告》展示的是你的性格倾向，而不是你的知识、技能、经验。

（2）MBTI提供的性格类型描述仅供测试者确定自己的性格类型之用，性格类型没有好坏，只有不同。每一种性格特征都有其价值和优点，也有缺点和需要注意的地方。清楚地了解自己的性格优劣势，有利于更好地发挥自己的特长，而尽可能地在为人处事中避免自己性格中的劣势，更好地和他人相处，更好地做重要的决策。

（3）本测试分为四部分，共93题；需时约18分钟。所有题目没有对错之分，请根据自己的实际情况选择。将你选择的A或B所在的○涂黑，例如：●。

只要认真、真实地填写了测试问卷，那么通常情况下你都能得到一个确实和你的性格相匹配的类型。希望你能从中或多或少地获得一些有益的信息。

【一】哪一个答案最能贴切地描绘你一般的感受或行为？

序号	问题描述	选项	E	I	S	N	T	F	J	P	
1	当你要外出一整天，你会 A. 计划你要做什么和在什么时候做；B. 说去就去	A							○		
		B								○	
2	你认为自己是一个 A. 较为随兴所至的人；B. 较为有条理的人	A								○	
		B							○		
3	假如你是一位老师，你会选教 A. 以事实为主的课程；B. 涉及理论的课程	A			○						
		B				○					
4	你通常 A. 与人容易混熟；B. 比较沉静或矜持	A	○								
		B		○							
5	一般来说，你和哪些人比较合得来？ A. 富于想象力的人；B. 现实的人	A				○					
		B			○						
6	你是否经常让 A. 你的情感支配你的理智；B. 你的理智主宰你的情感	A						○			
		B					○				
7	处理许多事情上，你会喜欢 A. 凭兴之所至行事；B. 按照计划行事	A								○	
		B							○		
8	你是否 A. 容易让人了解；B. 难于让人了解	A	○								
		B		○							
9	按照程序表做事， A. 合你心意；B. 令你感到束缚	A							○		
		B								○	
10	当你有一份特别的任务，你会喜欢 A. 开始前小心组织计划；B. 边做边找需做什么	A							○		
		B								○	
11	在大多数情况下，你会选择 A. 顺其自然，B. 按程序表做事	A								○	
		B							○		
12	大多数人会说你是一个 A. 重视自我隐私的人；B. 非常坦率开放的人	A		○							
		B	○								
13	你宁愿被人认为是一个 A. 实事求是的人；B. 机灵的人	A			○						
		B				○					
14	在一大群人当中，通常是 A. 你介绍大家认识；B. 别人介绍你	A	○								
		B		○							
15	你会跟哪些人做朋友？ A. 常提出新主意的；B. 脚踏实地的	A				○					
		B			○						
16	你倾向 A. 重视感情多于逻辑；B. 重视逻辑多于感情	A						○			
		B					○				
17	你比较喜欢 A. 坐观事情发展才做计划；B. 很早就做计划	A								○	
		B							○		
18	你喜欢花很多的时间 A. 一个人独处；B. 和别人在一起	A		○							
		B	○								

（续表）

序号	问题描述	选项	E	I	S	N	T	F	J	P	
19	与很多人一起会 A. 令你活力倍增；B. 常常令你心力憔悴	A	○								
		B		○							
20	你比较喜欢 A. 很早便把约会、社交、聚集等事情安排妥当；B. 无拘无束，看当时有什么好玩就做什么	A							○		
		B								○	
21	计划一个旅程时，你较喜欢 A. 大部分的时间都随当天的感觉行事；B. 事先知道大部分的日子会做什么	A								○	
		B							○		
22	在社交聚会中，你 A. 有时感到郁闷；B. 常常乐在其中	A		○							
		B	○								
23	你通常 A. 和别人容易混熟；B. 趋向自处一隅	A	○								
		B		○							
24	哪些人会更吸引你？ A. 一个思维敏捷及非常聪颖的人；B. 实事求是，具有丰富常识的人	A				○					
		B			○						
25	在日常工作中，你会 A. 颇为喜欢处理迫使你分秒必争的突发事件；B. 通常预先计划，以免要在压力下工作	A								○	
		B							○		
26	你认为别人一般 A. 要花很长时间才认识你；B. 用很短的时间便认识你	A		○							
		B	○								

【二】在下列每一对词语中，哪一个词语更合你心意？请仔细想想这些词语的意义，而不要理会它们的字形或读音。

序号	问题描述	选项	E	I	S	N	T	F	J	P	
27	A. 注重隐私；B. 坦率开放	A		○							
		B	○								
28	A. 预先安排的；B. 无计划的	A							○		
		B								○	
29	A. 抽象；B. 具体	A				○					
		B			○						
30	A. 温柔；B. 坚定	A						○			
		B					○				
31	A. 思考；B. 感受	A					○				
		B						○			
32	A. 事实；B. 意念	A			○						
		B				○					
33	A. 冲动；B. 决定	A								○	
		B							○		
34	A. 热衷；B. 文静	A	○								
		B		○							

（续表）

序号	问题描述	选项	E	I	S	N	T	F	J	P	
35	A. 文静；B. 外向	A		○							
		B	○								
36	A. 有系统；B. 随意	A							○		
		B								○	
37	A. 理论；B. 肯定	A				○					
		B			○						
38	A. 敏感；B. 公正	A						○			
		B					○				
39	A. 令人信服；B. 感人的	A					○				
		B						○			
40	A. 声明；B. 概念	A			○						
		B				○					
41	A. 不受约束；B. 预先安排	A								○	
		B							○		
42	A. 矜持；B. 健谈	A		○							
		B	○								
43	A. 有条不紊；B. 不拘小节	A							○		
		B								○	
44	A. 意念；B. 实况	A				○					
		B			○						
45	A. 同情怜悯；B. 远见	A						○			
		B					○				
46	A. 利益；B. 祝福	A					○				
		B						○			
47	A. 务实的；B. 理论的	A			○						
		B				○					
48	A. 朋友不多；B. 朋友众多	A		○							
		B	○								
49	A. 有系统；B. 即兴	A							○		
		B								○	
50	A. 富有想象的；B. 以事论事	A				○					
		B			○						
51	A. 亲切的；B. 客观的	A						○			
		B					○				
52	A. 客观的；B. 热情的	A					○				
		B						○			
53	A. 建造；B. 发明	A			○						
		B				○					

（续表）

序号	问题描述	选项	E	I	S	N	T	F	J	P	
54	A. 文静；B. 爱合群	A		○							
		B	○								
55	A. 理论；B. 事实	A				○					
		B			○						
56	A. 富同情；B. 合逻辑	A						○			
		B					○				
57	A. 具分析力；B. 多愁善感	A					○				
		B						○			
58	A. 合情合理；B. 令人着迷	A			○						
		B				○					

【三】哪一个答案最能贴切地描绘你一般的感受或行为？

序号	问题描述	选项	E	I	S	N	T	F	J	P	
59	当你要在一个星期内完成一个大项目，你在开始的时候会 A. 把要做的不同工作依次列出；B. 马上动工	A							○		
		B								○	
60	在社交场合中，你经常会感到 A. 与某些人很难打开话匣儿和保持对话； B. 与多数人都能从容地长谈	A		○							
		B	○								
61	要做许多人也做的事，你比较喜欢 A. 按照一般认可的方法去做；B. 构想一个自己的想法	A			○						
		B				○					
62	你刚认识的朋友能否说出你的兴趣？ A. 马上可以；B. 要待他们真正了解你之后才可以	A	○								
		B		○							
63	你通常较喜欢的科目是 A. 讲授概念和原则的；B. 讲授事实和数据的	A				○					
		B			○						
64	哪个是较高的赞誉，或称许为？ A. 一贯感性的人；B. 一贯理性的人	A						○			
		B					○				
65	你认为按照程序表做事 A. 有时是需要的，但一般来说你不大喜欢这样做；B. 大多数情况下是有帮助而且是你喜欢做的	A								○	
		B							○		
66	和一群人在一起，你通常会选 A. 跟你很熟悉的个别人谈话，B. 参与大伙的谈话	A		○							
		B	○								
67	在社交聚会上，你会 A. 是说话很多的一个；B. 让别人多说话	A	○								
		B		○							
68	把周末期间要完成的事列成清单，这个主意会 A. 合你意；B. 使你提不起劲	A							○		
		B								○	
69	哪个是较高的赞誉，或称许为 A. 能干的；B. 富有同情心的	A					○				
		B						○			

（续表）

序号	问题描述	选项	E	I	S	N	T	F	J	P	
70	你通常喜欢 A. 事先安排你的社交约会；B. 随兴之所至做事	A							○		
		B								○	
71	总之，要做一个大型作业时，你会选 A. 边做边想该做什么；B. 首先把工作按步细分	A								○	
		B							○		
72	你能否滔滔不绝地与人聊天 A. 只限于跟你有共同兴趣的人；B. 几乎跟任何人都可以	A		○							
		B	○								
73	你会 A. 跟随一些证明有效的方法；B. 分析还有什么毛病，及针对尚未解决的难题	A			○						
		B				○					
74	为乐趣而阅读时，你会 A. 喜欢奇特或创新的表达方式；B. 喜欢作者直话直说	A				○					
		B			○						
75	你宁愿替哪一类上司（或者老师）工作？ A. 天性淳良，但常常前后不一的；B. 言词尖锐但永远合乎逻辑的	A					○				
		B				○					
76	你做事多数是 A. 按当天心情去做；B. 照拟好的程序表去做	A								○	
		B							○		
77	你是否 A. 可以和任何人按需求从容地交谈；B. 只是对某些人或在某种情况下才可以畅所欲言	A	○								
		B		○							
78	要做决定时，你认为比较重要的是 A. 据事实衡量；B. 考虑他人的感受和意见	A					○				
		B						○			

【四】在下列每一对词语中，哪一个词语更合你心意？

序号	问题描述	选项	E	I	S	N	T	F	J	P	
79	A. 想象的；B. 真实的	A				○					
		B			○						
80	A. 仁慈慷慨的；B. 意志坚定的	A						○			
		B					○				
81	A. 公正的；B. 有关怀心的	A					○				
		B						○			
82	A. 制作；B. 设计	A			○						
		B				○					
83	A. 可能性；B. 必然性	A				○					
		B			○						
84	A. 温柔；B. 力量	A						○			
		B					○				
85	A. 实际；B. 多愁善感	A					○				
		B						○			
86	A. 制造；B. 创造	A			○						
		B				○					

（续表）

序号	问题描述	选项	E	I	S	N	T	F	J	P	
87	A. 新颖的；B. 已知的	A				○					
		B			○						
88	A. 同情；B. 分析	A						○			
		B					○				
89	A. 坚持己见；B. 温柔有爱心	A					○				
		B						○			
90	A. 具体的；B. 抽象的	A			○						
		B				○					
91	A. 全心投入；B. 有决心的	A						○			
		B					○				
92	A. 能干；B. 仁慈	A					○				
		B						○			
93	A. 实际；B. 创新	A			○						
		B				○					
	每项总分										

【五】评分规则

1. 当你将●涂好，把8项（E、I、S、N、T、F、J、P）分别加起来，并将总和填在每项最下方的方格内。

2. 请复查你的计算是否准确，然后将各项总分填在下面对应的方格内。

每项总分

外向	E			I	内向
实感	S			N	直觉
思考	T			F	情感
判断	J			P	认知

【六】确定类型的规则

1. MBTI以四个组别来评估你的性格类型倾向："E-I""S-N""T-F"和"J-P"。请你比较四个组别的得分。每个组别中，获得较高分数的那个类型，就是你的性格类型倾向。例如：你的得分是：E（外向）12分，I（内向）9分，那你的类型倾向便是E（外向）了。

2. 将代表获得较高分数的类型的英文字母，填在下方的方格内。如果在一个组别中，两个类型获同分，则依据下边表格中的规则来决定你的类型倾向。

评估类型

同分处理规则

假如E=I，请填上I

假如S=N，请填上N

假如T=F，请填上F

假如J=P，请填上P

每一种性格类型都具有独特的行为表现和价值取向。了解性格类型是寻求个人发展、探索人际关系的重要开端。

【七】解读你的测验结果

由于本书的篇幅有限，不能一一列举每种测验结果的参考解读。如果你想对你个人的职业性格类型做一个深入的了解，那么请在网络上以“MBTI测验结果”为关键词语进行检索，查看你的测验结果。

三、补充阅读与思考

比尔·拉福职业选择之路

一个美国小伙子立志要做一名优秀的商人。中学毕业后考入麻省理工学院，没有去读贸易专业，而是选择了工科中最普通最基础的专业——机械专业。大学毕业后，这位小伙子没有马上投入商海，而是考入芝加哥大学，攻读为期三年的经济学硕士学位。最出人意料的是，获得硕士学位后，他还是没有从事商业活动，而是考了公务员。在政府部门工作了五年后，他辞职下海经商。又过了两年，他开办了自己的商贸公司。20年后，他的公司资产从最初的20万美元发展到2亿美元。这位小伙子就是美国知名企业家比尔·拉福。1994年10月，比尔·拉福率团来中国进行商业考察，在北京长城饭店接受《中国青年报》记者采访时，他谈到他的成功应感激他的父亲的指导，他们共同制定了一个重要的生涯规划，最终这个生涯设计方案使他功成名就。我们来看一下这个成功的简图：工科学习→工学学士→经济学学习→经济学硕士→政府部门工作→锻炼处世能力，建立广泛的人际关系→大公司工作→熟悉商务环境→开公司→事业成功。

第一阶段：工科学习

选择：中学时代，比尔·拉福就立志经商。他的父亲是洛克菲勒集团的一名高级职员，他发现儿子有商业天赋，机敏果断，敢于创新，但经历的磨难太少，没有经验，更缺乏必要的知识。于是，父子俩进行了一次长谈，并描绘出职业生涯的蓝图。因此，升学时他没有像其他人一样直接去读贸易专业，而是选择了工科中最基础最普通的机械制造专业。

评析：做商贸必须具备一定的专业知识。在商品贸易中，工业品占绝对多数，不了解产品的性能、生产制造情况，就很难保证在贸易中得到收益。工科学习不仅是知识技能的培养，而且能帮助建立一套严谨求实的思维体系。清楚的推理分析能力，脚踏实地的工作态度，正是经商所需要的。

收获：比尔·拉福在麻省理工学院的四年，除了本专业，还广泛接触了其他课程，如化工、建筑、电子等，这些知识在他后来的商业活动中发挥了举足轻重的作用。

第二阶段：经济学学习

选择：大学毕业后，比尔·拉福没有立即进入商海而是考进芝加哥大学，开始了为期三年的经济学硕士课程。

评析：在市场经济下，一切经济活动都通过商业活动来实现，不了解经济规律，不学习经济学知识，就很难在商场中立足。

收获：比尔·拉福掌握了经济学的基本知识，搞清了影响商业活动的众多因素，还认真学习了有关法律和微观经济活动的管理知识。几年下来，他对会计、财务管理也较为精通，在知识上已完全具备了经商的素质。

第三阶段：政府部门工作

选择：比尔·拉福拿到经济学硕士学位后考取了公务员，在政府部门工作了五年。

评析：经商必须有很强的人际交往能力，要想在商业上获得成功，必须深知处世规则，善于与人交往，建立诚信合作关系。这种开拓人际关系的能力只有在社会工作中才能得到提高。

收获：在环境的压迫下比尔·拉福养成了强烈的自我保护意识，由稚嫩的热血青年成长为一名老成、处世不惊的公务员，并结识了各界人士，建立起一套关系网络，为后来的发展提供大量的信息和便利条件。

第四阶段：通用公司锻炼

选择：五年的政府工作结束之后，比尔·拉福完全具备了成功商人所需的各种素质，于是辞职下海，去了通用公司。

评价：通过各种学习获得足够的知识，但知识要通过实践的锻炼才能转化为技能。

收获：在国际著名的通用公司进行锻炼，比尔·拉福不仅为实践所学的理论找到了一个强大平台，而且学习到了丰富的管理经验，完成了原始的资本积累。这也是大学生创业应该借鉴的地方，除了激情还应该考虑到更多的现实。

第五阶段：自创公司，大展拳脚

选择：两年后，他已熟练掌握了商情与商务技巧，便婉言谢绝了通用公司的高薪挽留，开办了拉福商贸公司，开始了梦寐以求的商人生涯，实现多年以前的计划。

评析：时机成熟后，应果断决策，切忌浪费时间，应抓住契机实现计划。

收获：比尔·拉福的准备工作，几乎考虑到了每个细节。拉福公司的成长速度出奇的快，二十年后，拉福公司的资产从最初的20万美元发展为2亿美元，而比尔·拉福本人也成为一个奇迹。

比尔·拉福的生涯设计脉络清晰，步骤合理，充分考虑了个人兴趣、个人素质，并着重职业技能的培养，这种生涯设计在他坚持不懈的努力下，终于变为现实。也许他的这套生涯设计方案并不完全适合你，但是却能带给你一个重要的信息：人生是可以设计的！只要你有信心、恒心，加上科学的规划和设计，案例的主角也许就是明天的你。

第三节　健康职场心理保健

你需要知道的事：电影课堂

《当幸福来敲门》是由加布里尔·穆奇诺执导，威尔·史密斯等主演的美国电影。影片讲述了一位濒临破产、老婆离家的落魄业务员，如何多次遭遇挫折却依然努力，尽管只读过高中的他，通过刻苦耐劳、奋发向上，成为股市交易员，最后成为知名的金融投资家的励志故事。影片获得2007年奥斯卡金像奖最佳男主角的提名。

这部名作无一例外感动了每一位观众，重新唤起了观众们对生活的热爱与追求。人生总是充满了各种艰辛与苦难，然而只要拥有一颗奋斗与永不放弃希望的心，那么你终将追逐属于你的幸福梦。

一、求职就业心理战

也许对于刚进入大学的你对于求职还没有任何的感觉，既然上两节都提到了要提高个人生涯意识，那么我们不妨在这里来“未雨绸缪”，感受一下在几年之后可能会遭遇的求职心理战。

（一）迎接人生新角色

求职和就业，不仅仅意味着你的生活场所改变（从学校转变为职场），更意味着在心理层面你开始成为一个真正意义上的“成年人”。所以，你不仅要做很多求职就业的知识能力准备，更要做好心理准备，学会心理成熟起来，学会独立思考，并尽快让自己在经济上独立起来。

不良心理1：拼爹心理

不少毕业生无法很好地将自己当作一个“独立成年人”，依然在就业问题上希望有所依靠。“拼爹”“啃老”是当前社会中经常出现的词语，但有不少学生以拼爹为荣，以啃老为傲，这样的心理状态带来了很多不好的影响，比如有些学生觉得“找工作就是要靠关系，能力再强也没用”“我之所以没被录用是因为我家里没有背景”。很多的毕业生将自己的不学无术归结于外部因素，还一味地埋怨父母和埋怨社会。

请记住，当你进入大学的时候，就是你学习如何开始成为一个“独立人”的时候，你需要通过自己的智慧和汗水，让“独立”成为现实。有时候经济上的独立远比思想上的独立更简单，只要你肯为自己未来规划并脚踏实地开始行动，那么属于你自己的未来就会很快到来。

（二）做好吃苦的准备

请不要觉得很夸张，也许你求职期间所要经历的挫折会比你过去二十年的挫折还要多。所以，你需要有足够的心理准备，面对无数次的求职失败。

当前求职主要环节包括：投简历→一面（群体性面试、小组讨论）→二面（个人面试）→终面→拿offer。

不得不面对的现实就是如此：也许你投了几十份简历，可能才收到一两个面试机会；可能你好不容易过了群体面试，却又败在了个人面试环节；也许你拼尽全力杀进了终面，到头来还是一场空，与offer失之交臂。

不良心理2：自我否定心理

求职过程中最忌讳出现“自我否定”的心理，却也是最难避免的。当你无数次被人拒绝、遭遇失败的时候，你很难还依然对自己抱有乐观积极心态，也很难在这些失败面前维持自己的自信心。你会怀疑大学四年你所努力学习的东西到底有没有用？不少学生在多次失败后甚至会怀疑自己是不是这辈子都找不到工作了？

心理学研究：幼儿园孩子中的日常挫折

为什么人们那么害怕挫折？研究者已经证明，挫折在生命的早期就会产生不良影响。

研究者让74名幼儿园里的孩子报告他们日常挫折的情况，为了得到这一信息，研究者向孩子们询问在最近的一个月里，是否出现了“丢东西”或“被嘲笑”的情况。在确定了每件事情是否发生之后，他们询问孩子是否感觉很糟糕，从而测量出孩子们对于这些挫折所感受到的压力。在确定了日常挫折带给孩子的影响之后，研究者请孩子的父母和老师来指出孩子采取消极行为的程度如何。结果发现，受到挫折越多的孩子，其问题行为也越多，也就是说那些生活中遭受更多挫折的孩子，进攻性和破坏性也越大。

从这一结果可以知道，为什么人们在求职受挫之后会情绪低落，也会有一些烦躁、骂人甚至摔东西的破坏性行为。

如果当你开始因为多次的求职失败萌生自我否定的念头的时候，你需要记得：

（1）如果你求职失败了，会有很多的原因，也许并不是你能力不够，而是因为你并非与这个岗位、公司文化匹配。招聘公司有时候的心态是：只选最对的，最对的未必是最好的。这一点，和谈恋爱对象匹配度如出一辙。

（2）挫折与失败都是求职路上在正常不过的家常便饭了，只有当你经历了足够多的挫折与失败，你才会有机会接到一根橄榄枝。

（三）没有一步登天的路

还未进入职场和刚刚进入职场的你可能会很羡慕那些年薪几十万的白领。但是要知道，没有谁可以在职场上一步登天，那些白领们一定在职场初期付出了很多艰辛的努力才能够有当下的回报。

不良心理3：不能脚踏实地

作为一个职场新人，切忌给人留下“不踏实”的印象，“不踏实”不是一个对你能力的描述，而是一个对你人品和态度的描述。能力是可以提高的，领导和老板也都能够接受新人存在能力不足的现状，能力不足是情有可原的；然而，大多数人对人品和态度看法都认为“江山易改，本性难移”，如果你一开始给人一种不踏实的印象，那么可能就很难进一步取得对方的信任与认可。

请记住，欲速则不达，任何事情都不可能一蹴而就。每一个成功都是一步一个脚印走过来的，所以，初入社会的你，请放弃那些一步登天的幻想。脚踏实地，做好自己的事才是最重要的。

（四）学会压力应对

进入职场之后你会发现，生活的压力是时刻存在的，而且这些慢性的压力会扰乱你的生活，甚至可能会要了你的命。所以，你需要学习一些对付压力的方法。

在心理学上，应对（Coping）是指对付那些被知觉为紧张或者超过了个体资源所及的内在或外在要求的过程。应对包括了行为上的、情绪上的和动机上的反应与想法。其中，比较常用的一种应对压力的方法是认知压力评估法。所谓认知压力评估，就是指你对当前的压力做一个认知上的解释和评价的过程，通过这一过程你会知道目前：①所被要求做的事情是什么；②这件事情对你威胁有多大；③你具有哪些资源来帮助你。

以下是一个认知压力评估的步骤，你可以用这样的步骤来评估一下你在求职和就业期间的压力。

表 认知压力评估

步骤	关键问题
1. 对挑战进行评估	如果我不改变，风险是否严重
2. 考察可选方案	这一选定方法对于应付挑战是否可以接受？我是否已经充分考察了所有可能的选择？
3. 权衡可选方案	哪个选择是最佳的？ 最佳选择是否可以满足所需？
4. 仔细考虑义务	我是否应该将最佳选择付诸实践，并让他人知晓？
5. 即使是消极反馈也要坚持	如果我不改变，风险有多严重？ 如果我改变了，风险有多严重？

有时候当你面对一些很复杂的选择的时候，你的大脑会充斥着各种各样的声音，让你不知道该听谁的意见。这种时候，你不妨按照这个步骤试一试，看看能不能帮助你理清当前混乱的现状，帮你更好明确你的下一步计划。

二、训练与测验

活动一：挫折大暴露

尽管大家现在还没有经历职场上的挫折，但是在你们生命中一定也遭遇过一些不顺心和不顺利，也许你们曾经的这些经历和感触会影响和决定你们“挫折应对能力”。接下来，大家不妨和自己宿舍的同学、亲密的小伙伴一起来讨论一下你们生命中所遭遇过的挫折及各种心理变化，看看这些挫折对自身的成长都带来了哪些影响。

活动形式：小组讨论

活动方法：

（1）4～8个人组成一个小团体进行小组讨论。

（2）每个人轮流谈谈自己生命中让自己觉得最有挫败感的事件，并谈谈这件事情对自己的影响。

（3）回忆这个挫折事件之后自己是如何解决和应对的？自己做了哪些事情？身边的家人和朋友做了哪些帮忙？

活动二：积极自我暗示

求职过程中，自信和信心是尤为重要的。有时候，自我暗示会成为决定自信的重要因素。我们需要通过改变自己与自己对话的方式来给自己一些积极的自我暗示。学习积极的自我暗示并不是意味着做白日梦，当你以这种积极暗示和自己对话的同时，你也需要相应地完成对话里面所提到的事情。

请在未来的两周中尝试学习以下积极的自我暗示语言：

1. 准备

我可以制订一个计划对付它。

只要想着我可以做什么就行了，那要比感到焦虑好。

不做消极的自我暗示，理智一点。
2. 面对
一步步慢慢来，我是可以控制好局面的。
这种焦虑是普通人都会经历的，焦虑是提醒着我要抓紧时间。
放松，学会放松，事情已经在我的掌控之下了，让我来做一个慢而深的呼吸。
3. 应对
当恐惧来临的时候，我就放下手中的事情。
保持对当前事物的专注度，看看我必须要去做什么。
别试着完全消除恐惧，只要把恐惧控制在可控范围内就行了。
这其实也并不算最糟糕的事情。
休息一下，想点别的事情吧。
4. 自我强化
见效了，有效果，我能行。
看来也没我想象中那么难，那么糟糕啊。
我对自己的进步感到特别高兴。

三、补充阅读

为你的健康干杯

是时候给出最后的建议了。与其等压力或疾病自己找上门时再去应付，不如设定目标来健康地组织你的生活。下面的9步可以带来更多的快乐和更好的精神健康，可以作为一种指导，鼓励你更加积极地生活，并为你自己和他人创建一个更加积极的心理环境。下面的步骤可以在一年内实施。

永远不要说关于你的不好的事情。寻找那些你将来采取行动可以加以改变的不快乐的根源。只给你自己和他人建设性的批评——下次应该采取什么不同的做法来得到你想要的东西?

将你的反应、想法和感受同你的朋友、同事、家庭成员及他人进行比较，从而可以估计出自己行为的适宜性及你的反应同适宜的社会规范的关系。

结交一些密友，你可以同他们分享感受、快乐和忧虑。致力于发展、保持和拓展你的社会支持网络。

发展一种平衡时间的观点，从而可以灵活地对待你的工作、环境的要求和自身需求。有工作在手时请面向未来，目标达到、有快乐在握时请珍惜现在，和你的老友联系时请珍惜过去。

永远对你的成功和快乐充满信心（并且和他人分享你的积极感受）。清楚地了解你独特的、与众不同的品质——那些你可以提供给他人的品质。例如，一个害羞的人可以给一个善谈者提供专注的倾听。了解你的个人优势和可以有效进行应对的资源。

当你感觉你就要对自己的情绪失去控制时，请用离开的办法避开使你不快的环境，或者站在另一个人的位置上考虑一下，或者设想未来，使你看到问题得以克服的前景，或者向一个同情者加以倾诉。请允许你自己感受和表达自己的情绪。

记住失败和失望有时是伪装下的祝福。它们可以告诉你目标可能并不适合你，或者救你于未来更大的失败之前。吃一堑，长一智。遭受挫折后说一句“我犯了个错误”，再继续前进。你所经历的每一次事故、不幸和挫折实际上都是一个潜在的美妙机会，只是它们未以真面目示人。

如果你发现你无法使自己或他人走出抑郁，那就向学校或社区的健康部门受过训练的专业人员寻求帮助。在某些情况下，有些看上去的心理问题实际上是生理问题，有些则正好相反。在你需要他们之前就了解一下你的学生心理健康服务内容，而在运用它们时不必有任何被诬蔑的疑惑。

培养健康的愉悦。花些时间去放松、去反省、去收集信息、去放风筝、去享受你的爱好、去进行一些你可以独处的活动，以及那些你可以做到并得到更好的活动。

现在你的感觉如何？如果你生活中的应激源正将你偷偷地带入坏情绪中，我们希望你能给采用认知再评估的方法减轻它们的影响。如果你感到自己病了，我们希望你可以利用你精神的康复能力加速你恢复健康的进程。永远不要低估这些控制着你的生活的各种“感觉”的力量，利用这些力量吧！

——选自《生活中的心理学》

第九章　大学生生命教育
——托起生命的希望

生活中的心理学

生命阵痛——蝴蝶破茧的故事

一天，一只茧上裂开了一个小口，一个人坐在旁边，看蝴蝶破茧。他一直在观察着，一个小时、又一个小时，茧里的蝴蝶坚持不懈地想将身体从那个小口中一点点地挣扎出来……但是，茧紧紧裹着蝴蝶，它动弹不得。看起来蝴蝶似乎已经竭尽全力，不能再前进一步了…… 这个人实在看得心疼，决定帮助蝴蝶一下。他拿来一把剪刀，小心翼翼地剪开了茧壳。蝴蝶抖落了茧壳，很容易地挣脱出来了。但是，它的身体羸弱，翅膀薄如蝉翼，紧紧地贴着身体…… 这个人期待着，期待着在某一时刻，蝴蝶的翅膀会打开并伸展起来，越来越丰满、舒展、足以支撑它的身体，成为一只健康美丽的蝴蝶。然而，这一刻始终没有出现！

实际上，这只蝴蝶在余下的时间里将极其可怜地拖着萎缩的身子和瘪塌的翅膀爬行，它永远也不能飞起来…… 这个好心好意的人并不知道，蝴蝶从茧上的小口挣扎而出，这是上天的安排，要通过这一挤压过程将体液从身体挤压到翅膀，这样它才能在脱茧而出后展翅飞翔……

生命，本就是一场破茧化蝶的过程。成长，就是充满了蜕变中的甜蜜与苦涩，而这所有的滋味，都必须亲自挣扎着走过。

生命就是一次次蜕变的过程。唯有经历了各种各样的折磨，才能增加生命的厚度。一个人的成长过程，恰似蝴蝶破茧的过程，在痛苦的挣扎中，意志得到锻炼，力量得到加强，心智得到提高，生命在痛苦中得到升华。当你从痛苦中走出来时，就会发现，你已经拥有了飞翔的力量。

第一节　认识生命，感悟人生

你需要知道的事：人类生殖全过程

（1）受精

女性卵巢产生的卵细胞由卵巢排出以后，进入输卵管。含精子的精液进入阴道，精子依靠它本身的运动，可以经过子宫腔而到达输卵管，这时如果精子和卵细胞相遇，就可能受精。精子和卵细胞相结合的过程叫作受精。在受精过程中，只有一个精于能够进入卵细胞，与卵细胞核融合，形成受精卵。

（2）怀孕

受精卵不断地进行细胞分裂，逐渐发育成胚泡。胚泡缓慢地移动到子宫中，最终植入子宫内膜，就好比一粒种子落到了土壤中，这就是怀孕。

（3）胚胎发育

卵细胞受精以后即开始分裂、分化，形成胚泡。先形成的细胞团为桑椹胚，然后形成囊胚，并植入子宫内膜中，吸收母体的营养。胚胎在母体子宫内发育，通过胎盘和脐带从母体中获得所需要的营养物质和氧气；胎儿产生的二氧化碳等废物也是通过胎盘经母体排出的。

胚胎经过两个月的发育，长度可达22毫米，从外形上看已初具人形，因此，到第8周左右的胚胎就叫作胎儿，此后的胚胎发育也可以叫作胎儿发育。

（4）分娩

一般来说，妊娠到40周时，有独立存活能力的胎儿及胎盘、胎膜、脐带、羊水等附属物自子宫内排出的过程，叫作分娩。子宫内的胎儿正常胎位是头部向下，分娩时头部先从阴道露出，然后胎儿顺利产出。

每一个生命的诞生和存在都是不可复制、独一无二的。回溯我们诞生的过程，两组生命基因的嵌合，更是充满了人所不能把握的偶然性，我们每一个个体，都是机遇的产物，都来之不易。

一、生命与生命的意义

（一）什么是生命

生命泛指有机物和水构成的一个或多个细胞组成的一类具有稳定的物质和能量代谢现象（能够稳定地从外界获取物质和能量并将体内产生的废物和多余的热量排放到外界）、能回应刺激、能进行自我复制（繁殖）的半开放物质系统。

现代生物学给出的一般的科学定义大致上是这样的：生命是生物体所表现的自身繁殖、生长发育、新陈代谢、遗传变异及对刺激产生反应等的复合现象。恩格斯从生物学角度指出："生命是蛋白质的存在方式，这个存在方式的重要因素在于与其周围的外部自然界的不断的新陈代谢，而且这种新陈代谢如果停止，生命也就随之停止，结果便是蛋白质的解体。"恩格斯的生命定义在一定程度上揭示了生命的物质基础，即具有新陈代谢功能的蛋白质。这说明了生命是物质的生物体的存在，是由物质构成的。因此，人的生命过程必然要服从生物界的法则和规律。在所有生命存在中，人是超越一切其他生命现象之上的存在物，人的生命既具有一般生物生命的基本特征，又具有自身特有的生命特征。我们对生命的认识和理解，不仅从生命自身的物质结构和存在方式上认识，更重要的还要正确认识和理解生命在整个生命过程中的现实意义。

（二）生命的存在形态

生命，特别是人的生命有三种存在形式，即生物性存在（自然属性）、心理性存在

（精神属性）和社会性存在（社会属性）。与之相对应的，人的生命存在也产生三种活动：生理活动、心理活动和社会活动。

1. 生物性存在与生理活动

人是自然界的生物，因而具有生物性的存在，这种生命的自然属性，是人的生命的最基本特征，也是人生命心理性存在和社会性存在的基础和前提。人的生命作为一个自然生理性的肉体生命存在，其生长和发展就必然要服从生物界的法则和规律。因此，生老病死等生理活动是每一个人必将经历的，也是无法逃避的。仅从这一方面而言，

2. 心理性存在与心理活动

人之所以为人，在于人不仅为了满足自己的自然生命而活，还要追求超越生物性存在的心理性存在。生命的精神属性，是一个人区别于其他生命的最根本体现和本质要求，也是生命最聚集的闪光点，它涉及人性与人格。正是有了生命的心理性存在，人才有了丰富的心理活动，才使人的生命有了人文意义和社会价值，有了理性的意蕴和道德的升华。

3. 社会性存在与社会活动

人是社会的动物，人的生命是具有社会性的。所谓“社会”，是指生活在一个共同的地域中，说同一种语言，有共同的风俗习惯和文化传统的人类共同体，即一般所说的部落、部族和民族。生命的社会属性，是人伴随着一定的社会文化和心理基础而发展起来的符号识别和社会人文系统，它涵盖了人的成长、学习、交友、工作、爱情、婚姻等涉及人文、人道的种种方面。每个人通过社会活动追求自己生命的意义，实现自己生命的价值。

想一想，说一说

我们虽不能决定生命的长度，却可以通过努力决定自己生命的宽度和高度，提升生命的品质，丰富生命的内涵，增加生命的价值。

请思考一下，我们该如何拓宽自己生命的宽度和高度呢？

生命的这三种存在形态互相作用、互相影响。生命的自然属性决定着人的生命长度，即寿命的长短；生命的精神属性决定着人的生命高度，每个人在成功的顺境和失败的逆境中所得到的深刻体验和灵性的深层次迸发，都将成为富有意义的生命高度的一部分；生命的社会属性决定着人的生命宽度，它是以文化为内核和根基，从零开始不断拓展的。生命的长度、高度和宽度统一在一起，共同凝成了人的生命亮度，也即个体生命“我之为我”的生命亮点。

（三）生命的特征

戴尔·卡耐基曾说：“你应庆幸自己是世上独一无二的，应该把自己的禀赋发挥出来。经验、环境和遗传造就了你的面目，无论是好是坏，你都得耕耘自己的园地；无论是好是坏，你都得弹起生命中的琴弦。”

1. 生命的有限性和不可再生性

所有生命的存在时间都是有限的，生老病死、旦夕祸福都不可预测，任何人都无法避免死亡。同时，生命只有一次，一旦死亡就永远无法复生。

2. 生命的不可逆性和不可替换性

从胚胎起，生命便一直生长、发育，直至衰亡。它绝不可能“倒行逆施”，让人返老还童。同时，生命为个体所有，个体间不能相互交换，彼此也无法替代。

3. 生命的有价性和创造性

生命本身没有价值，但使用它的时候，它是有价值的，对自己、对他人、对社会在不同的场景中都有不同的价值。同时，人的生命具有创造性，人们通过创造去把握生活的变化，通过创造去发现生命的意义，通过创造去实现对自己生命的认识和超越，使得个体的生命更具有价值。

正是因为生命的以上特征，才促使人们不断思考、努力创造，珍惜所拥有的一切，积极面对生活，去追寻自己生命的意义。

（四）生命的意义

人不仅是实体的存在，更是意义的存在。当一个人开始独立自主地思考人生的重要问题时，就会追问：我是谁？我从哪里来？我往哪儿去？人生的意义何在？人生活在这个世界上究竟是为了什么？这种思考实际上就是探索自己的生命意义。“生命唯因其短，故应把它划入人类最壮丽的文明史中以获得永恒；生命也唯因其短，更要加倍珍惜每刻青春，使它在有限的生命线段内尽可能发出最大的光和热。”人为了生存，为了活好、过好，便自然有了对生命不息的追求，而这种追求便富有了生命的意义。生命的意义决定了人的生命存在与发展的方向，生命的意义体现了生命的价值和人的尊严。

1. 追求自我发展，促进自我成长

追求自我发展，促进自我成长是创造更大、更多社会价值，使生命更有意义的基础，也是生命意义的本身。生命不断升华的过程，就是自我价值不断提升的过程，就是通过努力自我完善以实现全面发展的过程。

2. 创造社会价值，促进社会进步

生命的存在，既追求自我发展，还要创造社会价值。人生活在社会中，个体生命无法脱离社会而存在和发展，没有社会价值，人生的自我价值就无法实现。因此，生命的意义还在于创造社会价值，促进社会进步。

3. 超越生命价值，过充实的人生

生命的意义是关于生命的积极思考，是人通过自身的实践活动去超越生命本身，生命也正是在不断超越自身的过程中体现其价值的。生命的意义本身包括个人存在的意义，寻求和确定获得有价值的目标，并去接近这些目标。对生命的意义的探求使人在不同的人生阶段会确立不同的生活目标，在实现目标的过程中感受到活得充实，活得丰富，活得精彩。一个人只有能够理解并承担生活中的责任，肩负起责任，才会感到满足和充实，才能真正体会到生活的乐趣和意义，才会真正理解生命的意义。

（五）尊重生命，学会感恩

每一个生命都是独一无二的，都值得被尊重。生命是最基本的价值，是实现人生其他一切价值的前提和基础，没有了生命什么都谈不上。周国平曾说：“人生中所有最重要的价值，包括幸福、道德、信仰，都是建立在尊重生命价值的基础之上的。”我们要尊重生命，一方面善待自己的生命，另一方面善待一切生命，并常怀感恩之心。

“中国大学生自强之星”陈蒙恩是天津医科大学的一名大学生，2015年春节放假回家，陈蒙恩顾不上休息，每天陪着养母陈荣起早贪黑，在卫生责任区打扫卫生，连除夕和大年初一也没有休息。

1995年一个寒风料峭的清晨，在北京拾荒的陈荣发现一个襁褓，包裹着冻得青紫已经没有哭声的女婴，这个女婴就是陈蒙恩。60多年前，陈荣其实也是个被遗弃的婴儿，被好心人救养后自强地生活着。在六年时间里，陈荣先后收养了5名弃婴。

陈荣平日的生活来源主要靠拾荒，如果捡不到废品，陈荣只能靠卖血来抚养几个孩子。当陈荣难以支撑，走投无路时，北京的一些媒体发现了她，经过媒体报道后，陈荣一家得到援助，有残疾的4个孩子陆续得到手术治疗。考虑到自己的抚养能力和孩子们将来的生活学习，2001年11月5日，陈荣将其他4个孩子送进北京市福利院，带着因为超龄无法被福利院接收的蒙蒙踏上了开往山东临沂的火车。

陈荣拾荒抚养弃婴的事迹感动了蒙山沂水，当地人用温暖的胸怀迎接这对母女，在沂南县委宣传部的协调下，百花园学校（小学）、卧龙学校（中学）先后接收陈蒙恩免费就读。

2013年夏天，陈蒙恩顺利读完高中，参加高考并成为天津医科大学的一名学子。面对高昂的学费，母女俩发愁了。县委宣传部获悉后，干部职工纷纷捐款，又一次解了燃眉之急。步入大学校园后，蒙恩深知自己身上承载着母亲的希望和全社会的期待，她一丝不敢懈怠，严格的自律换来了各科优异的成绩，在校期间获得国家励志奖学金。同时为补贴家用，她做了许多份兼职，为妈妈减轻了不少经济负担。

陈蒙恩念念不忘养母与社会好心人的恩情，一直以“回报社会”为做人准则，自愿捐献造血干细胞成为中华骨髓库的一名志愿者、定期到老人院做志愿者、为院系里家庭遭遇不幸的同学组织募捐，她尽己所能地为养育了她的社会做些什么，正像她的名字一样，“不忘沂蒙及全社会的恩情”。

蒙恩也有一个梦想，希望将来成为一名专业的视光师，为病患提供更全面、可靠的诊断与治疗，为国家视光事业的发展与进步做出贡献。她说：“生如夏花，绽出烂漫。我愿做一朵向阳花，无论生活给我怎样的黑，我仍要执着追求那迷人的光和热。”

二、训练与测试

（一）画出你的生命线

生命最宝贵之处，并不在于它的长度，而在于它的广度和深度。如果我们能很精彩地过好每一分钟，那么这些分钟的总和，也必定精彩。生命线就是每个人走过的生命路线，而这个游戏就是画出你人生的路线图。

● 完成你的生命线

请备好一张洁白的纸和两支彩笔（一支较鲜艳，一支较暗淡，以便用颜色区分心情），在纸的中部，从左至右画一道长长的横线，长度随意。然后给这条线加上一个箭头，让它成为一条有方向的线。在这条标线的最上方，写上“×××的生命线”的字样。

×××的生命线

0 ——————————————————→ （　　）岁

请你在线条的最左侧，写上数字“0”，在线条右方的箭头旁边，写上你为自己预计的寿命数，可以写“68”，也可以写“100”，这条线代表了你生命的长度，它有起点，也有终点，你为它规定了具体的时限。

请你按照你为自己规定的生命长度，找到你目前所在的那个点。比如，你打算活七十五岁，你现在只有二十五岁，你就在整个线段的三分之一处留下一个标志。

1. 过去时

请在你的标志的左边，即代表着过去岁月的那部分，把对你有着重大影响的事件用笔标出来。比如，七岁你上小学了，你就找到和七岁相对应的位置，填写上学这件事。注意，如果你觉得这是件快乐的事，你就用鲜艳的笔来写，并要写在生命线的上方。如果你觉得快乐非凡，你就把这件事的位置写得更高些。如果是让你难过的事，就用暗淡的颜色把它记录下来，并标示在生命线的下方。

依此操作，你用不同颜色的彩笔和不同位置的高低，记录自己在今天之前的生命历程。

2. 将来时

完成了过去时，我们进入将来时。在你的坐标线上，把你这一生想干的事都标出来，并尽量把时间注明。也许有很多同学在这时犯了愁，不是他没有计划，而是他很少将这些计划在时间上固定下来。同时，请视它们带给你的快乐和期待的程度，标在线的上方，如果这件事让你欢欣鼓舞，意义重大，就请用鲜艳的笔墨，高高地填写在你的生命线最上方。

当然，在将来的生涯中，还有挫折和困难，比如父母的辞世、职场失意、患病等各种意外的发生，不妨一一用暗淡的笔墨将它们在生命线的下方大略勾勒出来，这样我们的生命线才称得上完整。

● 想想你的生命线

请看看你亲手写下的这些事件，是位于线的上半部分较多还是下半部分较多？也就是说，是快乐的时候比较多，还是痛苦的时候比较多？

如果你的生命线上所标示的事件，大部分都在水平线以下，那么，是否可以考虑调整一下自己看世界的眼光？你对你的情况是否满意？这不是评判你选择的正误和你生活质量的优劣，而是看你感受如何。如果你觉得这样还好，你就不妨如此继续下去。多种价值观和生活方式并存，也是当今世界的特点之一。如果你不甘心，觉得有改变它们的愿望，那么你可以尝试着用另一种眼光来看待世界。如果你的所有事件都标在了水平线之上，也并非就是一味值得恭贺的事情，因为承认自己的局限，承认人生是波澜起伏的过程，接纳自己的悲哀和沮丧，都是正常生活的一部分，犹如黄连和甘草，都是医病的良药。

生命线不是掌握在别人手里的，它只有一个主人，就是你自己。无论你的生命线是长是短，每一笔都由你来涂画。以前的事已经发生了，哪怕是再可怕的事件，也已过去。你不可能再改变它，能够改变的是我们看待它的角度。一个人的成熟度，在于这个人治愈自己创伤的程度。过去是重要的，但它再重要，也没有你的此刻重要。活在当下，活在此时此刻，这才是获得幸福的诀窍，把握当前，更是对生命本体的尊重。

也许有人会说，我现在画出了自己生命线的规划蓝图，以后还会不会变化呢？不要把一个游戏看得太玄妙，它只是想激起你的警觉，在纷杂的现代生活中，腾出那么一点点时间，眺望远方，拓开一条属于自己的小路。几年以后，你对自己的筹划也许会有改变，但眺望永远是需要的，大方向永远是需要的，改变也是需要的。

如果你有兴趣，不妨过上个三年五载，再用十分钟时间，把这个游戏再做一遍。把以前绘制的生命线找出来，比照着看看，也许会有新的碰撞和修正。

（二）我的感恩宣言

感激母亲，你给予了我生命；

感激父亲，你给予了我坚强；

感谢爱我的人，给了我值得回味的爱；

感谢我爱的人，让我体验到了付出比得到更快乐；

感谢所有的人，是你们让我懂得了人生是如此精彩……

感恩是一种积极的、乐观的生活心态。感恩可以是病床上奄奄一息的患者看到第二天初升的太阳，可以是沙漠中断水口渴之人举步维艰时发现的一片绿洲，可以是迷茫无助时的“柳暗花明又一村”。感恩不同于一般意义上的感谢、感激，而是一种更深的、发自内心的生活态度，对生活感恩，其实也是善待自己、懂得生活。

请试着写下你的感恩宣言：

我的感恩宣言

感恩我的父母，因为________________________________

感恩我的朋友，因为________________________________

感恩我的师长，因为________________________________

感恩我生活中的磨难，因为____________________________

感恩我现在的生活，因为______________________________

三、补充阅读与思考

台湾慈济大学人文教育的启示

启示一：教育学生学会尊重生命

慈济大学在人体解剖之前，将自愿捐赠的遗体尊称为“大体老师”，目的是告诉学生这些“大体老师”不是任意宰割的冰冷冷的尸体，而是有血有肉的先生，需要像尊重其他教师一样尊敬他们。

学校花巨资采用国际最先进的遗体处理方式，令死者保持原来的容貌，让学生感到这些“大体老师”只是处于麻醉状态而已，操刀时，需要手下留情。

当一名自愿捐赠者去世后，学校将捐赠者个人生平事迹和照片张贴于解剖台及解剖室外的走廊上，让人缅怀和瞻仰。在“大舍堂”内，还摆放着一座座由肉体蝉蜕而成的精神纪念塔，成为遗体捐赠者的灵魂安息处，供家属随时祭奠。

试想，在这样充满尊重生命的环境中，谁还敢轻视生命、亵渎生命；在这种氛围熏陶下的医生，谁还不怀着敬畏生命的心情，去履行救死扶伤之天职呢？

启示二：教育学生学会感恩

慈济大学在遗体正式用于解剖前，要举行“遗体启用追思法会”，学生与死者家属共同参加，在肃穆的佛教仪式上，学生要向“大体老师”和家属表示敬意和感谢；在仪式结束后，由上课学生掀开遗体的盖布，让家属见捐赠者最后一面，家属思念亲人、泪流满面的情景，会令学生终生难忘，深感遗体得来不易，需要倍加珍惜。

而在每堂解剖课前，要求学生向遗体行鞠躬礼、默祷祝福，并感谢他们的无私奉献。在下刀之前，学生要向“大体老师”作“解释”，求得他们的谅解。

所有这些教学安排，就是要让学生知道，在佛教盛行、普信前生来世的社会文化中，要让“大体老师”和家属克服“死者为大、入土为安”的传统观念的艰难，需要怀着感恩的心，去对待死者，救治病者。

在潜移默化中，医学生们就会形成高尚的职业操守和职业道德，在未来的从医生涯中，就会怀着感恩之心对待自己的衣食父母，决不会出现冷漠、敷衍和不耐烦，医疗纠纷、医疗事故就会大大减少，有利于良好医患关系的构建。

启示三：教育学生学会做人

每当一名自愿捐赠者去世后，学校都要让学生到捐赠者的家中去收集和整理捐赠者个人生平事迹和照片，以一个个鲜活的事例教育学生积极向善。

学校要学生与捐赠者家属成为良友，学习他们的大爱精神，曾有一位遗体捐赠者家属对学生们说：“我宁可让你们在我死去的亲人身上试划20刀，也不愿你们将来当医生时，在任何病人身上划错一刀”，这让学生们都感动得热泪盈眶。

同时，慈济大学还出版宣传医学人文精神的杂志，由学校创办人证严法师亲自著文，强调要将人文力量“表现在每一个团队队员的身上，不仅用心、也是用爱、用情……用无私大爱，投入拔除众生病苦”。

正是在这种人文力量的感召下，慈济大学的医学生们才真正成为拥有大爱的人。

毕淑敏《我很重要》节选

对于我们的父母，我们永远是不可重复的孤本。无论他们有多少儿女，我们都是独特的一个。

假如我不存在了，他们就空留一份慈爱，在风中蛛丝般无法附丽地飘荡。

假如我生了病，他们的心就会皱缩成石块，无数次向上苍祈祷我的康复，甚至愿灾痛以十倍的烈度降临于他们自身，以换取我的平安。

我的每一滴成功，都如同经过放大镜，进入他们的瞳孔，摄入他们的心底。

假如我们先他们而去，他们的白发会从日出垂到日暮，他们的泪水会使太平洋为之涨潮。

面对这无法承载的亲情，我们还敢说我不重要吗？

相交多年的密友，就如同沙漠中的古陶，摔碎一件就少一件，再也找不到一模一样的成品。

面对这般友情，我们还好意思说我不重要吗？

我很重要。

没有人能替代我，就像我不能替代别人。

我很重要。

第二节　体验生命，澄清价值

你需要知道的事：西方心理学领域对价值观的研究

在西方心理学领域，价值观的研究最早可追溯到20世纪30年代，美国心理学家奥尔波特和阜农采用德国哲学家和心理学家斯普兰格对人的六种分类（经济的、理论的、社会的、审美的、宗教的、权力的）制订了一份“价值观研究量表”，进行了具有开创意义的价值观研究。20世纪50年代，由克拉克洪提出的价值观定义在西方心理学界确立了支配地位，从操作层面对价值观的各种定义进行了整合。20世纪70年代，罗克奇把价值观理解为一种信念，更重要的是，他把价值观分为终极价值观和工具性价值观两个方面，开始了从维度而不仅仅是从内容上对价值观的分析和测量，使价值观的研究进一步走向深入。20世纪80年代以来，以谢洛姆·施瓦茨为代表的价值观研究者从需要和动机出发来解释价值观的深层内涵，试图在此基础上构建一个具有普遍文化适应性的价值观的心理结构。因此，从整体上看，西方心理学在价值观研究方面有一个清晰的发展脉络。

请思考：

1. 你是否了解自己的价值观是什么样的？不妨和你的朋友讨论一下吧。
2. 你觉得你的价值观与父母有什么不同呢？是什么原因造就的不同呢？

一、生命的体验与价值观澄清

想要体会到生命的真正意义，简单的沉浸在日常生活里是感觉不到生活的力量的，通过经历苦难或者困苦，在挫折中成长，用生命创造出高于他人的价值，生命有了超越生活层次的意义，而不是单纯的活着，这是生命的本质，也是使生命变得伟大的地方。当一个人可以用生命创造力量时，才能体验到生命的本质。

每一个生命都值得被尊重

2002年澳网男双半决赛上，法国选手罗德拉·桑托罗正与同胞组合布特·克莱门特展开争夺。这时，一只贪吃的小鸟追逐着飞蛾闯进了赛场。不幸的是，在猎物到手之际，小鸟被罗德拉一记大力回球击中落地。准备接球的布特第一时间做出反应，他迅速扔掉球拍，奔向小鸟坠落的地方，然后双膝跪下，手划十字，送上最后的祷告。其他选手也参加了这场突如其来的“葬礼”，直到裁判用手帕把小鸟包起送到场外——这被称为澳网史上最具人性色彩的一幕。

在那一刻，一定是发自内心的对生命的敬惜、怜悯，使布特忘记了网球公开赛的决赛、忘记了金牌、忘记了在《马赛曲》中徐徐升起的法国国旗；在那一刻，他的心中只有一个生命，一个被偶然误伤的小鸟的生命，而这只小鸟的生命的价值远远大于世界冠军的奖杯。

（一）生命意识的培养

当代大学生身处时代发展的最前沿，备受社会的关注，他们是整个社会最具朝气、创造力和生命活力的群体。随着社会的发展，大学生群体呈现出一些不良状况，他们对待生命的审视角度和观点发生了改变，这直接关乎大学生世界观、价值观、人生观的正确形成，也对整个社会的发展产生了深远的影响，

每个人的生命都是相似的，因为都要经历从出生到死亡的过程。但是，每个人的生命又是独特的，因为每个人的生活经历和生命体验都是各不相同、独一无二的。生命的意义在于创造，在于给原本没有价值的生命创造出一个价值来。作为当代大学生，一定要珍爱生命，培养生命意识，正确认识死亡，升华生命。

（二）生命价值的认知

人为何而活？应如何生活？又如何能活出应活出的生命？

从生命价值的角度来说，生命成长过程不仅是一种物质存在的形式，更是心理的精神气质的存在。生命不仅在于生物体的“活着”，更在于必须活出意义和价值。

（1）生命在平凡中寻找自我。也许我们一生都将很平凡，能够做到平平淡淡是再伟大不过的事情，平凡本身就是一种伟大。生活不是一种负担，无论成败得失，无论悲欢离合，无论精彩平淡，无论贫富骄奢，只要热爱生活，就能享受其中的乐趣，就能拥有精彩的过程。

（2）生命在挑战苦难中实现自我。人的生命不仅有愉悦、幸福的人生体验，还有生活中的重大挫折、苦难、逆境甚至死亡的威胁。这些负性体验并不都是有害的，只有面对苦难和死亡，体验生活中的失意，才能更好地体会生命的脆弱和不可逆转，进而敬畏生命。

（3）生命在过程中圆满自我。生命是一个过程，这个过程里有顺境、逆境，有晴天、雨天，有快乐、悲伤。也只有这样，才是一个完整的过程。

（4）生命在追求中超越自我。当我们把生命中所有的注意力都放在自己身上的时候，就容易紧张、焦虑，内心充满了忐忑和纠结。当跨出这个“小我”，内心装着“天下兴亡，匹夫有责”的“大我”时，心胸将豁然开朗，气定神闲，获得愉快的心理体验。

（5）生命在创造性劳动中开创自我。每个人只有通过自己的实践，通过创造性的劳动才能满足社会和他人的需要，升华自己的精神境界，使自己的生命价值得以实现和发展。

（三）生命价值的评价与升华

人生价值的评价就是人们根据一定的标准对人生价值做出肯定或否定的认识和判断，是用以调整人们之间关系和进行人生导向的重要形式。正确评价人生是人类社会进步的重要标志之一。

人生价值评价从形式上看是主观的，它表现为评价人的主观的利益情感和利益观念，因此，价值评价常常会因人而异。价值就其本质来讲，是对他人的有用性，因此它还有一个客观、统一的评价标准。对社会发展和人类进步越有益，人生价值越大。

要创造出更大的生命价值，需要不断对生命本身进行升华。在这一过程中，爱是主角，要爱自己、爱他人，感受生活、感恩生活。生命的意义并不在于要做出多么伟大的事情，而在于你如何看待自己的生命，如何体现自身的价值，让自己的生命充实而有意义，

拥有自由与尊严。

生命如歌——生命的价值

有一个生长在孤儿院的小男孩，常常悲观地问院长："像我这样没人要的孩子，活着究竟有什么意义呢？"院长总是笑而不答。

有一天，院长交给男孩一块石头，说："明天早上，你拿着这块石头到市场上去卖，但不是真卖，记住，无论别人给多少钱，绝对不能卖。"

第二天，男孩拿着石头蹲在市场的角落，意外地发现有不少人对他的石头感兴趣，而且价钱越出越高。回到院内，男孩兴奋地向院长报告，院长笑笑，要他明天拿到黄金市场上去卖。在黄金市场上，有人出比昨天高出10倍的价钱来买这块石头。

最后，院长叫男孩把石头拿到宝石市场去展示，结果，石头的身价又涨了10倍，更由于男孩怎么也不卖，石头竟被传扬为"稀世珍宝"。

男孩兴冲冲地捧着石头回到孤儿院，把这一切都告诉了院长，并问院长为什么会这样。院长望着孩子慢慢地说道："生命的价值就像这块石头一样，在不同的环境下就会有不同的意义。一块不起眼的石头，由于你的珍惜而提高了它的价值，竟被传言为稀世珍宝。你不就像这块石头一样吗？只要自己看重自己，自我珍惜，生命就有意义、有价值。"

二、训练与测试

（一）我的五样

（1）先拿出一张白纸，在白纸顶端，用黑色水笔一笔一画地写下"×××的五样"。这个×××就是你的名字。这个步骤一定不要省略，因为我们平时除了使用信用卡或是领取重要资料时需要签字，已经很少有机会专心致志写下自己的名字了。这个瞬间，请你细细地体会和内心相拥的感动。这个名字代表的不是别人，就是你自己。

（2）请用黑色的笔在雪白的纸上飞快地写下你生命中最重要的五样东西。这五样东西，可以是实在的物体，比如食物、水或钱，也可以是人和动物，比如父母、妻子、儿女、丈夫或狗；可以是精神的追求，比如宗教或理想，也可以是爱好和习惯，比如旅游、音乐或吃素；可以是抽象的事物，比如祖国或哲学，也可以是具体的物品，比如一个瓷瓶或一组邮票。

（3）现在，你的生活中出了一点意外，生命中最宝贵的五样，保不住了。你必须要舍去一样，请你拿起笔，把五样之中的某一样彻底划去，它在你的生命中也将不复存在。

你的纸上现在剩下了四样宝贵的东西，还有一个黑洞。此刻，生活又发生了重大变故，来得更凶猛急迫，你保不住你的四样了，必须再放弃一样，请三思而后行。

看着你的三样。在生命进程中，你又遇到了险恶挑战。这一次，你又要放弃一样宝贵的东西了。

面对仅剩的两样东西，你的生活滑到了前所未有的低谷，你必须做出你一生中最艰难的选择。你只能留下一样，其余全部放弃。

现在，你的生命中只剩下一样宝贵的东西了，请好好记住这个顺序吧，如果在生活中遇到无所适从的时候，不妨用头脑中的打印机，把这张纸无形地打印出来。也许，奇迹就会发生，你的答案也就诞生出来了。

游戏就像一个小小侦察兵，帮你探查自己的价值观，请思考：

（1）纸上最后剩下的一样是否是自己最先写出的那一样？如果不是，为什么？

（2）自己依次舍弃的都是什么？谈谈自己的想法。

（3）自己最终保留了什么？它为什么对你如此重要？你曾经又为它付出过什么样的努力？

（二）游戏：鸡蛋进化——成长的艰辛

（1）所有的同学都蹲下，扮演鸡蛋。

（2）相互找同伴猜拳，获胜者进化为小鸡，可以半蹲起来。输了的同学仍旧是鸡蛋。

（3）然后鸡蛋继续找鸡蛋猜拳。小鸡和小鸡猜拳，获胜者站起来进化为凤凰，输者退化为鸡蛋。

（4）凤凰与凤凰猜拳，获胜者进化成人，回到座位上坐好，输者退化为小鸡继续猜拳。

（5）以此类推继续游戏，看看谁是最后一个变成的凤凰。

请思考：

在进化过程中，你始终不能进化成长，你会怎么办？你会选择放弃吗？

在凤凰进化成人那一关，你多次被打回鸡蛋，你有什么想法？你能一直坚持从头再来吗？

三、补充阅读和思考

感恩自己所拥有的——画家谢坤山的故事

谢坤山（1958年—），中国台湾台东县人，知名的口足画家，曾出版自传《我是谢坤山》，并在慈济大爱电视台大爱剧场演出《谢坤山的故事》。

谢坤山虽然残疾，但并非一出生就缺手缺脚。他出生于台东的贫穷家庭，童年时就必须帮父母做生意、打工贴补家用。因此谢坤山国小毕业之后，没有继续求学，而是到工厂去打工。后来举家搬到台北，16岁在工厂工作时，因碰触高压电线而发生意外，四肢都被烧焦，经医生抢救之后，只救回了一只脚，在全家陷入绝望之时，谢坤山的母亲勇敢地站起来，告诉医生，只要谢坤山还能活着叫她一声妈，就足够了，自此之后，谢坤山决定不向沮丧投降，反而自己发明了许多方法来解决生活上的困难，甚至还开始学着用嘴咬笔习画。不幸的是，在他跌跌撞撞重新学习生活的这段时光，又因意外碰瞎了一只眼睛。但艺术的世界让谢坤山忘记了自己的残疾，产生了相当大的动力，1980年他师从陈惠兰和画家吴炫三，并回到学校完成了国中和高中教育。这段时间他还结婚成家，生了两个女儿，并成为台湾知名的职业画家。

“我从不去想自己失去了什么，我想的是我还拥有什么！”

正是抱着这样的人生态度，不管怎样艰难，他都心存感恩地一路走来；他不但寻找到自己的幸福，而且尽可能地帮助他人、回馈社会。从谢坤山嘴里听到的最多的字眼就是“感恩”。他感激父母、感激老师、感激妻子、感激朋友、感激许许多多扶助、支持和鼓励过他的人。

出于“感恩”心理，他尽可能地帮助社会和他人。不管多忙，每月必定至少抽出一天时间去慈济医院做义工，在那里，他帮助的都是最绝望的人。他会用自己的经历和感悟鼓励他们放下包袱并且明白：不管遭遇什么，其实我们拥有的，永远比失去的多！

夏衍《野草》

有这样一个故事。

有人问：世界上什么东西的气力最大？回答纷纭的很，有的说“象”；有的说“狮”；有人开玩笑似地说是“金刚”，金刚有多少气力，当然大家全不知道。

结果，这一切答案完全不对，世界上气力最大的，是植物的种子。一粒种子所显现出来的力简直超越一切。

这儿又有一个故事。

人的头盖骨，结合得非常致密与坚固，生理学家和解剖学者用尽了一切的方法，要把它完整地分出来，都没有这种力气，后来忽然有人发明了一个方法，就是把一些植物的种子放在要解剖的头盖骨里，给它以温度与湿度，使它发芽，一发芽，这些种子便以可怕的力量，将一切机械力所不能分开的骨骼，完整地分开了。植物种子的力量竟如此之大。

这，也许特殊了一点，常人不容易理解，那么，你看见过被压在瓦砾和石块下面的一棵小草的生长吗？它向往阳光，为了达成它的生之意志，不管上面的石块如何重，石块与石块之间如何狭小，它必定要曲曲折折、顽强不屈地透到地面上来，它的根往土壤里钻，它的芽往地面上挺，这是一种不可抗拒的力，阻止它的石块，结果也被它掀翻，一粒种子的力量如此之大。

没有一个人将小草叫作“大力士”，但是它的力量之大，的确是世界无比。这种力，是一般人看不见的生命力，只要生命存在，这种力就要显现，上面的石块，丝毫不足以阻挡，因为它是一种“长期抗战”的力，有弹性，能屈能伸的力，有韧性，不达目的不止的力。

种子不落在肥土而落在瓦砾中，有生命力的种子绝不会悲观和叹气，因为有了阻力才有磨炼。生命开始的一瞬间就带着斗志而来的草，才是坚韧的草，也只有这种草，才可以傲然地对那些玻璃棚中养育着的盆花嗤笑。

请思考：

这么弱小的种子为何会有这么强大的力量呢？从这篇散文中你能体会到什么？

第三节　珍惜生命，舞出人生

你需要知道的事：国内外生命教育现状

国外：

美国的生命教育起初是以死亡教育（Death Education）的形式出现的，最早可追溯到1928年哈布特·约翰发表的一篇对美国丧礼和殡仪馆制度评价的文章，而正式兴起则是在20世纪50年代末：Herman Feifel于1959年发表第一部死亡教育的代表著作《死亡的意义》

(The Meaning of Death); 1963年，Robert Fulton在美国明尼苏达州的大学里首次开设了美国大学的第一门正规死亡教育课程；1968年，杰·唐纳·华特士在美国加州创建“阿南达村”学校，开始倡导和实践生命教育思想。此后，国外许多国家相继效仿美国，推行以“生死教育”(Life and Death Education)为主题的教育实践，现已形成较为完整的教育体系。澳洲于1979年成立了“生命教育中心”，明确提出生命教育的概念；日本于1989年所修改的新《教学大纲》中针对青少年自杀、侮辱、杀人、破坏自然环境、浪费等现象日益严重的现实，提出“以尊重人的精神”和“对生命的敬畏”之观念来定位道德教育的目标；新西兰的生命教育始于1988年，其目标是将生命教育精神传送至每所小学和中学，并成立生命教育基金会；澳大利亚的生命教育是Ted Noffs先生于1979年在悉尼创立的，最初是供学校运用的反毒品教育资源；英国查尔斯王子鼓励Ted Noffs先生将生命教育传至英国，并邀请他到英国演说毒品预防教育的议题，到1987年，成立了生命教育中心英国基金会。

国内：

台湾地区的生命教育最早由民间团体于1976年从日本引入，1997年台湾地区教育主管部门开始推行生命教育，成立“生命教育推广中心”，2001年台湾地区教育主管部门前领导曾志朗先生宣布该年为生命教育年，2003年生命教育被纳入高中课程纲要，2008年规定其为必修课。

香港特别行政区于2002年成立了生命教育中心，以社区和中小学为阵地开展生命教育。香港的生命教育主要由社会和宗教教育中心来推动，在公民教育中有生命教育的内容，但不尽充分和完善。

自20世纪90年代以来，中国大陆也全面实施素质教育，倡导以人为本和尊重、关心、理解、信任每一个人，从某种意义上讲，这是开展生命教育的开端。生命教育也开始成为中国大陆学者们关注的焦点。2010年7月29日，教育部正式公布实施《国家中长期教育改革和发展规划纲要》(2010—2020年)，在战略主题中明确提出了要“学会生存生活”，要“重视安全教育、生命教育、国防教育、可持续发展教育。”可见，进行生命教育已成为国家教育发展的战略决策，这也是在国家教育改革文件中第一次载入了要“学会生存生活”，要进行“生命教育”的内容，具有深远的历史意义。2012年5月，国家人力资源和社会保障部中国就业培训技术指导中心推出“生命教育导师”职业岗位培训认证，标志着“生命教育导师”作为一项新的职业由此诞生。

一、心理危机的干预与自杀防御

2013年4月15日，复旦大学官方微博透露，该校医科在读研究生黄洋近日因身体不适入院，病情严重。警方在该生寝室饮水机内检出毒物成分，初步认定其同寝室同学林森浩为嫌疑人。16日下午，黄洋在中山医院抢救无效去世。4月19日，上海警方以涉嫌故意杀人罪向检察机关提请逮捕犯罪嫌疑人林森浩。11月27日，林森浩涉嫌故意杀人案在上海市第二中级人民法院开庭，林森浩认可投毒杀人指控，但自辩“下毒是为了在愚人节开个玩笑”。2014年2月18日，上海市第二中级人民法院一审宣判，被告人林森浩犯故意杀人罪被判死刑，剥夺政治权利终身。

知识改变命运，教育使心灵得到升华。在人们的印象当中，凡是接受过高等教育的大学生应该是知书达理、斯文儒雅的，然而就是这些让人羡慕的高材生缘何成为凶残的杀人犯?

伴随着高等教育的大发展，越来越多的适龄青年有机会进入大学，接受高等教育。而大学不仅是梦想之旅，也承载了理想与现实的冲突。大学生这一群体，在经历了高考的厮杀，为学业奋斗了十几年后，进入了一个陌生的小社会，面临着全新的人际关系、学习模式、生活环境，还必须为明天的就业和发展谋划，在这种精神压力下，一些相对脆弱的学生难免陷入心理危机，出现过激的行为。心理危机，这个不曾为人熟知的字眼也逐渐进入了我们的视野，并引起了大家的关注。

（一）心理危机概述

心理危机（Psychological Crisis）是指个体在遇到突发事件或面临重大的挫折和困难时，当事人自己既不能回避又无法用自己的资源和应激方式来解决时所出现的一种心理严重失衡状态。造成心理危机的事件通常是当事人不能实现或没有预想到的，具有极大的意外性，因而极易造成强烈的心理冲击，甚至是极端的应激反应。心理危机带有很强的主观性，其本质是当事主体对所发生事件的一种主观感受，不同的主体由于认知水平、情感特点、心理承受能力等方面的不同，可能产生的心理应激反应程度也不同。

当个体面对危机时会产生一系列身心反应，一般来说，心理危机反应会维持6～8周。危机反应主要表现在生理上、情绪上、认知上和行为上（见下表）。

表　心理危机表现形式

	表现形式
生理方面	肠胃不适、腹泻、食欲下降、头痛、疲乏、失眠、做恶梦、容易受惊吓、感觉呼吸困难或窒息、肌肉紧张等
情绪方面	害怕、焦虑、恐惧、怀疑、沮丧、忧郁、悲伤、绝望、无助、麻木、孤独、紧张、愤怒、烦躁、自责、过分敏感、担心家人安全等
认知方面	注意力不集中、缺乏自信、犹豫不决、反应迟钝、健忘等
行为方面	日常行为出现一定程度的反常变化，社交退缩、逃避、不敢出门、容易自责或怪罪他人、不易信任他人、原来的作息规律被打破等

当发生危机事件时，个体的应对方式可能有以下三种，对个人的影响也不尽相同。

1. 有效应对，获得成长

当发生危机事件时，有些个体能够迅速做出恰当的反应，通过自身的努力和寻求外界帮助等措施来有效应对出现的危机，获得经验，使自我得到成长。

2. 度过危机，压抑感受

这类个体虽能度过危机，但并没有从认知的角度解决问题，处理的方法是试图通过不闻不问的方式掩盖危机事件的存在，把危机事件有意无意地压抑到无意识中。

3. 无能为力，被危机击垮

这类个体在面对危机事件时，往往采取消极的态度，对眼前的困难无能为力，容易被危机击垮，此时需要有效的心理援助，否则会给当事人留下心理阴影。严重时，甚至会使危机进一步加深，导致采取非正常的手段来解决问题，很多心理危机后的自杀或暴力犯罪事件就是这样产生的。

（二）大学生心理危机类型与特点

正常情况下，大学生都处于身心平衡的状态，也就是说，大学生的思维、意志、情感体验与生理指标都处于某种程度的和谐状态。但在不适当的应激发生时，人原有的平衡状态就会受到影响，会产生诸如思维不清、意志失控、情感紊乱等表现，这时人就会处在危机状态。大学生群体中的心理危机各具特点，每个人的危机都因时间、地点、事件、情境变化而变化。可以说，每个人的危机是不同的，每个人的危机也都是独特的。但从总体上分析，仍可以把危机分为四类。

1. 成才性危机

对大学生来说，每个人都期望成才，都有超越他人的欲望，这种竞争事实上是激烈的、也是残酷的。成才性危机是大学生在追求个人发展的过程中，因个人的成长、发展期望与现实存在冲突而导致的危机，如人际交往困难、学习压力大、入学适应缓慢等。但此类成才性危机一旦成功化解，将有助于大学生朝着更加健康成熟的方向发展。

2. 境遇性危机

这种危机主要是指当出现罕见或突如其来的悲剧性事件时，个人对其无法预测和控制的心理危机。例如，意外交通事故、绑架、强奸、自然灾害、突发的重大疾病等都可能导致境遇性危机。境遇性危机的显著特点是随机的，它会在人的心中产生突然、强烈、意外的震撼，如处理不当，容易产生严重的后果。

3. 现实存在性危机

此类危机是指伴随着重要的人生目的、人生责任和未来发展等内部压力而出现的冲突和焦虑。大学生开始对人生有所思考，但由于认知水平和社会经验有限，容易陷入迷茫和困惑中，这种处境往往会导致心理危机的出现。现实存在性危机不易觉察，持续时间长，如不及时疏导和处理，易出现极端事件。

4. 病理性危机

大学生由于某些心理障碍或心理疾病可能导致心理危机的产生，如抑郁、焦虑、紧张等神经症导致心理危机的发生；也有些是由行为异常而引发的危机，如品行障碍或违纪犯罪等。

心理学家曾对大学生心理危机进行研究，结果表明：引起大学生产生不良心态的生活事件集中表现在与学生相关的学业、社会环境、人际交往、未来与前途等几个方面。因此，大学生心理危机有其独有的特点。

（1）时代性

当代大学生的心理危机，在一定程度上反映了时代、社会对大学生的要求和压力，反映了个人对理想的追求，表现为理想与现实的冲突。大学生的心理危机与时代背景有着高度的相关性，如市场经济下的贫富差距、就业困难等问题对当代大学生产生了很大的压力，一旦应对不好，将产生心理危机。

（2）易发性

心理危机的产生是个体内部和外部条件共同作用的结果。大学生一般为18～25岁，正处于青年初期，生理已经成熟，但心理发展尚处于不成熟向成熟过渡的阶段，而大学生的社会发展又滞后于心理发展，因此在心理上会呈现出积极与消极、自负与自卑并存的矛盾和冲突。任何一个小问题如没有得到及时干预和化解，都有可能引发严重的心理危机甚至悲剧性后果。

（3）发展性

处于发展转变中的人极易受应激事件的影响。大学生在人生这一发展阶段中，会面临完成学业、适应新的人际关系、独立于父母、正确处理两性关系、树立正确的人生观和价值观、顺利完成就业等发展任务，如无法适应这些发展课题，则容易诱发心理危机。

（4）交互性

大学生的心理危机往往是在多种因素共同作用下产生的，其背后都有极其复杂的原因，经济状况、学业期望、人际关系、情感归属、职业规划等交织在一起，当遇到特定的生活事件时，这些因素便会交互着显现出来，引发个体的心理危机。

（5）动力性

大学生的心理危机是与成长共生的，既有“危”又有“机”，正是这些潜在的危机，促使个体积极关注自我，获得成长的力量和动力。

（三）应对危机，健康成长

每个人的内心都充满了成长的动力，我们学习、实践、失败、调整，一次次经历，都是一种成长。成长的动力源自人的内心，但却需要外界来促动。正如植物的生长需要阳光和雨露的滋润，个人的成长同样离不开挫折与危机。适当的心理危机就如同催化剂一样，催生着我们变换角度来看问题，更加多维地认识自我，更加理性地看待他人，更加全面地了解社会。

实现自我成长需要我们很好地认识自己，应对危机，以更加开放的心态接纳自我，提升自我，促使自己健康成长。

1. 认识自我

大学生正处在世界观和人生观确立的过程之中，如何正确地认识自我，是一个重要的课题。人本主义心理学家罗杰斯曾说：“当我接受了现实的自己时，我就发生着变化。”全面而正确的自我认知是培养健全自我意识的基础，也是应对危机的基础。

2. 悦纳自我

悦纳自我是一种心理状态，是一种自我评价的情感和态度。首先要接纳自己，喜欢自己，欣赏自己，体会自我的独特性。其次要客观和理智地看待自身的优势与不足，冷静地面对得与失，不要因为自己的不完美或小失误而否定自我、憎恨自我。大学生应当保持这样一个心态：知道自己的长处和优势，也接纳自己的弱点和短处，清楚自己的潜能和目标，也了解自己的困难和局限。

3. 自我反思

每个人的成长都离不开经验的总结和对自我的重建。《论语》中提到：“吾日三省吾身。”其中，修己便是自我反思的一种有效形式。修己不能一时一事，修己要贯穿整个人生，要时时温习旧经验，求取新知识，发现德之缺憾、智之不足，从而总结经验教训，更好地应对可能发生的心理危机。

4. 自我提升

自我效能感是个体在一定情境下对自我完成某项工作的期望与预期。当人们期望自己成功时，他必定会尽自己的最大努力，并且面临挑战和危机时，会表现出更强的坚持力，从而增加了成功的可能性。

5. 自我成长

人们因为过去的失败所产生的犹疑往往会成为自我成长的沉重负担，导致裹足不前，不敢再寻求新的事物。但在满足于现状的同时，我们可能会突然觉醒，为什么自己还是一直待在原来的位置。“生活的乐趣来自于新的体验，因此没有比拥有一个永远变化的地平线更能带给我们快乐的事情，因为这样的话我们每天都可以有一个新的不一样的太阳。”在这种新的体验中，人们会经历成长中的伤痛和危机，但却能促使自我成长和发展。

（四）自杀的识别与救助

1. 对于自杀认识的误区

（1）谈论自杀的人不自杀。

（2）自杀前没有任何征兆。

（3）自杀者不是真的想死。

（4）一旦产生自杀的想法，这个想法就总是存在。

（5）一个人自杀未遂后，以后再也不会出现自杀行为。

（6）如果一个人有抑郁情绪存在，与他提及自杀会导致他产生自杀的想法。

（7）大多数的自杀是缘于一个突发的创伤事件。

（8）非致命性的自杀行为只是为了引起他人的注意。

（9）如果一个人的抑郁情绪突然好转，他就没有自杀危险了。

（10）大多数自杀者是穷人。

（11）所有自杀者都有精神问题。

2. 自杀行为的识别与预防

大部分自杀者在自杀前都有一些征兆，主要表现在认知、情绪和行为方面。多数自杀者曾明确发出想结束自己生命的警告，或多或少地存在一些自杀行为的信号与线索。比如：

（1）曾有过自我伤害或自杀未遂历史。

（2）向他人直接说出“我希望我已经死了”“我不想活了”“没有我，别人可能会生活得更好”“我所有的问题马上就能得到解决了”等话语。

（3）精神病患者有自责、自罪、指令性幻听、强制性思维等病理现象。

（4）发生亲人去世等重大生活事件，有严重的躯体和心理创伤。

（5）在日记或平时的笔记本、草稿纸上流露出厌世内容。

（6）向他人流露出绝望、无助、愤怒、无价值感等悲观情绪。

（7）有特别的行为、性格或情绪特征改变。

（8）出现过自残行为。

（9）已经形成一个特别的自杀计划。

（10）分配个人财产，向别人赠送个人心爱之物。

（11）与人讨论自杀的方法，搜集有关自杀的资料或时常徘徊于江河、高楼、悬崖、大桥等处。

3. 如何帮助有自杀倾向的人

当你的朋友出现一些自杀的征兆时，我们要冷静，不要惊慌失措，可按照以下原则想办法帮助他，并鼓励他主动寻求帮助。

（1）保持冷静，多倾听，少说话，让他们谈出自己内心的感受。

（2）要接纳他，不对其做任何道德或价值评判。

（3）可表达你也会有同样的感受，并说出你的感受，让他们知道并非只有自己有这样的感受。

（4）给予他希望，让他知道面临的困境能够有所改变。

（5）稳定当事人的情绪，不说刺激其情绪的话，对其表达关怀和支持。

（6）确保当事人的安全，做好看护工作，尽量不让其独处。

（7）应尽量取得他人的帮助，以便与你共同承担帮助他的责任，可及时与老师联系，不要自作主张通知家长。

（8）及时寻找支援，不要单独处理，应与有经验的人联系。可鼓励并陪同当事人去找院系老师、心理咨询机构、医院等，危急情况下可以报警。

（9）如果自杀行为已经发生，立即拨打120等相关电话进行抢救，并通知辅导员或班主任。

二、训练与测试

（一）我的墓志铭

“死是一件无须乎着急去做的事，是一件无论怎样耽搁也不会错过了的事，一个必然会降临的节日。”史铁生在《我与地坛》中这样说。

当代作家毕淑敏在谈及死亡时说：“生命乃通向死亡的单行道。假如能视死如旅，临死之前，能肯定自己的人生在某种意义上有价值的人，大多可以平静地死亡”“长的是人生，短的是年轻，所有面向死亡的修行，都是为了更好地活着。”

同学们，你们是否认真思考过死亡？也许你会觉得忌讳，但是生与死不仅是一个自然命题，也是一个哲学命题，每一个生命都必须面对这个命题。现在请你拿起笔认真思考一下，然后写下自己的墓志铭。

我的墓志铭

法国著名思想家卢梭的墓志铭："睡在这里的是一个爱自然和真理的人。"

英国当代文豪萧伯纳的墓志铭："我早就知道无论我活多久，这种事情一定会发生的。"

我国著名作曲家聂耳的墓志铭引自法国诗人可拉托的诗句："我的耳朵宛如贝壳，思念着大海的涛声。"

普希金的墓志铭："这儿安葬着普希金和他年轻的缪斯，爱情和懒惰，共同消磨了愉快的一生；他没有做过什么善事，可在心灵上，却实实在在是个好人。"

我国著名书法家、北京师范大学著名教授启功的墓志铭："中学生，副教授。博不精，专不透。名虽扬，实不够。高不成，低不就。瘫趋'左'，派曾'右'。脸微圆，皮欠厚。妻子亡，并无后。丧犹新，病照旧。六十六，非不寿。八宝山，渐相凑。计平生，谥曰陋。身与名，一齐臭。"

（二）请写出十个不放弃自己生命的理由

我不去想，是否能够成功，
既然选择了远方，便只顾风雨兼程。
我不去想，能否赢得爱情，
既然钟情于玫瑰，就勇敢地吐露真诚。
我不去想，身后会不会袭来寒风冷雨，
既然目标是地平线，留给世界的只能是背影。
我不去想，未来是平坦还是泥泞，
只要热爱生命，一切，都在意料之中。

——汪国真《热爱生命》

（1）____________________
（2）____________________
（3）____________________
（4）____________________
（5）____________________
（6）____________________
（7）____________________
（8）____________________
（9）____________________
（10）____________________

三、补充阅读

什么是创伤后应激障碍（PTSD）

创伤后应激障碍（PTSD）是指在遭遇不同寻常的突发性、威胁性或灾难性生活事件后，个体延迟出现和长期持续的精神障碍。PTSD可以被看作危机的转移状态之一，是创伤性事件对个体造成的一种长期的心理影响。

PTSD一般在精神创伤性事件发生后数天至6个月内发病，病程至少持续1个月以上，也可长达数月或数年，个别甚至达数十年之久。其中病期在3个月之内的称为急性

PTSD，病期在3个月以上的称为慢性PTSD，而若症状在创伤事件后至少6个月后才发生则称为延迟性PTSD。

PTSD是一种难以诊断的障碍，它症状复杂，难以识别，容易与其他心理障碍相混淆。一般认为应从以下几类症状来进行识别。

1. 创伤性再体验症状

主要表现为患者的思维、记忆或梦中反复、不自主地涌现与创伤有关的情境或内容，也可出现严重的触景生情反应，甚至感觉创伤性事件好像再次发生一样。

2. 回避和麻木类症状

主要表现为患者长期或持续性地极力回避与创伤经历有关的事件或情境，拒绝参加有关的活动，回避创伤的地点或与创伤有关的人或事，对他人有疏离感，有些患者甚至出现选择性遗忘，不能回忆起与创伤有关的事件细节。

3. 警觉性增高症状

主要表现为过度警觉、惊跳反应增强，可伴有注意力不集中、激惹性增高及焦虑情绪。

4. 其他症状

有些患者还可表现出滥用成瘾物质、攻击性行为、自伤或自杀行为等，其生活、学习、工作、人际交往功能受限，这些行为往往是患者心理行为应对方式的表现。抑郁症状也是很多PTSD患者常见的伴随症状。

除以上特征之外，PTSD还具有与焦虑、抑郁、高血压、支气管哮喘等精神疾病和躯体疾病共存的倾向，给个体带来难以承受的痛苦。

由于PTSD是由创伤性事件导致的一种慢性心理疾患，因此，与急性的危机干预不同，PTSD患者应接受较为长期的心理治疗。PTSD支持一般的危机干预技术，较为常见的干预措施包括眼动脱敏技术（EMDR）、认知疗法、疏泄疗法、关键事件应急报告法（CISD）等。另外，若在创伤事件发生后能通过一些心理评定工具来初步评定个体的心理健康状况，将有助于筛选出PTSD高危人群，从而有针对性地对高危人群提供有效的干预策略。

推荐书籍：《热爱生命》杰克·伦敦（著）

一个美国西部的淘金者在返回的途中被朋友抛弃了，他独自跋涉在广袤的荒原上。

冬天逼近了，寒风夹着雪花向他袭来，他已经没有一点食物了，而且他的腿受了伤，鞋子破了，脚在流血。他只能歪歪斜斜地蹒跚在布满沼泽、丘陵、小溪的荒原上，非常艰难地前行着。

就在他的身体非常虚弱的时候，他遇到了一匹狼。他发现这匹病狼跟在他的身后，舔着他的血迹尾随着他。就这样，两个濒临死亡的生灵拖着垂死的躯壳在荒原上互相猎取着对方。

为了活着回去、为了战胜这匹令他作呕的病狼，最终在人与狼的战斗中人获得了胜利，他咬死了狼，喝了狼的血。

最终他获救了，使生命放射出耀眼的光芒。

《热爱生命》是19世纪末20世纪初美国小说家杰克·伦敦最著名的短篇小说，这部小说以雄健、粗犷的笔触，记述了一个悲壮的故事，生动地展示了人性的伟大和坚强。

小说把人物置于近乎残忍的恶劣环境之中，让主人公在与寒冷、饥饿、伤病和野兽的抗争中，在生与死的抉择中，充分展现出人性深处的某些闪光的东西，生动逼真地描写了生命的坚韧与顽强，奏响了一曲生命的赞歌，有着震撼人心魄的力量！

第十章　幸福与心理学

——从今天起，做一个幸福的人

生活中的心理学

幸福，需要学习吗？

每个人都希望自己的人生是幸福快乐的，但对于幸福的理解却众说纷纭，各执己见。“酒逢知己，千杯不醉”是幸福；“轰轰烈烈，策马奔腾”是幸福；“执子之手，与子偕老”是幸福；“儿女承欢，共享天伦”亦是幸福。“幸福”是一堂永远上不完的课。

2012年十一长假期间，央视以“你幸福吗”为主题在街头开展了民意调查活动。央视记者一句“你幸福吗”的街头追问，让全国人民开始热议自己活着的质和量。

“我姓曾。”这句最著名的回答来自路人甲，一度成为热词。

“幸福热”现象触手可及。各类以“幸福”命名的电视剧和综艺节目登陆荧屏，与“幸福”相关的书籍畅销一时，民众街谈巷议，媒体竞相报道。幸福，是天生的感知，还是后天的习得？幸福，需要学习吗？

第一节　幸福的误区

你需要知道的事：幸福—收入之谜

美国南加州大学经济学教授理查德·伊斯特林发现了这个现象：当国家变得更富有时，人们的平均幸福水平并未随之提高。也就是说，通常我们认为，财富增加将导致幸福感的增加，而事实却是人们的物质生活水平提高了，但幸福感却没有同步增长，更多的财富并没有带来更大的幸福。这就是幸福悖论现象，也叫“幸福—收入之谜”。

一、常见的幸福误区

（一）幸福误区：幸福=享乐

享乐确实能带来一时的快乐，但很难持久。贪图享乐的人总是盲目地去满足欲望，逃避痛苦，追求快乐，却很少考虑后果。在他们看来，充实的生活就是不断满足自己各种各样的欲望，眼前的事儿只要能让他开心，就不顾一切地去做，刺激劲儿过去，再找更新鲜的刺激。由于他们只看重眼前，短暂的快乐会让他们失去理智。因为同一件事给人带来的满足感会随着重复的次数而递减，所以说贪图享乐的人，必须不断地去寻找新的刺激，最后当一切都无法为他带来满足的时候，就会变得极度空虚，走向迷途。

想一想，说一说

某调查人到少年犯管教所问一个少年犯："你觉得人活在世上为了什么？"这个少年犯回答："我觉得活在世上就是为了自己幸福。"

"你觉得怎样才算幸福？"

"我认为要什么有什么。"

"一个人一辈子怎样生活才算有意思？"

"吃喝玩乐。"

享受感官的快乐并不是人生的过错，过错在于把追求感官刺激的快乐当成了生活的目的。若把满足吃喝玩乐的无尽欲望当成了幸福本身，就走到了享乐主义这一步。享乐主义的危害令人触目惊心。尽情享乐没有牙齿，却可以吞噬一个人的心灵；尽情享乐没有双脚，却可以把一个人带进罪恶的深渊。

心理学家做过这样的实验：付费给一些大学生，要求他们只是享受，其他什么都不可以做。实验结果是，一段时间后，这些大学生就会感到极度沮丧，尽管参与研究的收入很可观，但过不了多久，所有的人都主动放弃了。贪图享乐的结果，是世上再没有任何东西可以给自己带来快乐，最后只能选择毁灭性的解除痛苦的办法。

当然，对享乐主义和纵欲主义的否定，绝不是让人过苦行主义和禁欲主义的生活。人，饥而欲食，渴而欲饮，寒而欲衣，劳而欲息。人的欲望是创造幸福的要素。当一个人把欲望降低至最低限度后，生活将随之索然无味，生命本身也将失去其应有的光辉。所以，禁欲和纵欲其实是从相反的方向，使人殊途同归地陷入痛苦和不幸。

（二）幸福误区：幸福=名利

英国作家萨克雷有一本很有名的小说叫《名利场》，他把我们生存的世界比作名利场，人人都在追名逐利，人人都以为得到名利就得到了幸福。然而小说的情节告诉我们，结局往往事与愿违。无论是读历史、读小说，还是看现实，我们会发现，一味追逐名利，常事与愿违，很少能梦想成真。

小故事

从前有一个国王，他每天都不快乐，他过着锦衣玉食的日子，可他就是不快乐。怎么办呢？有一位大臣出了个主意，说只要找到一个最最快乐的人，然后把他的衬衫拿过来，让国王穿上睡一觉就好了！士兵们到处寻找，终于找到了一个最最快乐的人，但是最后他们对国王说，没办法，我们拿不回来。国王很惊讶："你怎么会拿不回来呢，我就想快乐啊！你必须把那衬衫拿回来。"士兵跟国王说："国王啊，那个特别快乐的人，他穷得没有一件衬衫。"

目前，大型电视选秀娱乐节目纷纷启动，这些电视选秀节目让青少年过早地卷入了名利场。一项研究认为，如果生命只以追名逐利为目的的话，带来的多是负面后果。这些人比其他人更有压力，更容易沮丧和焦虑，身心都显得不健康，缺乏生命力。有学者在新加坡商业学院学生中做的调查显示，那些内心充满强烈的物质化价值观的人，其自我实现度、生命力和幸福感普遍较低，取而代之的，是更多的焦虑和身体障碍。

我们承认物质决定意识，并不否认物质条件的重要性，但物质条件仅仅是获得幸福感受的基本条件而已。我们常常以为，有了更多的金钱，更大的房子，更高的学历，更好的汽车，我们就一定会幸福，这种想法并不正确。

（三）幸福误区：幸福=成功

很多大学生都有过这样的经历：他们花很长时间努力去做成一件事，认为在这件事情成功的那一刻，会带给自己快乐、充实感和幸福感，甚至带给自己持久的幸福感。成功的一刹那，可能确实会让人欣喜若狂，但用不了多久，那种梦想成真的喜悦和所有的快乐就会消失得无影无踪，内心会突然变得很空虚，甚至迷茫和恐惧。

把达成一个目标或做成一件重要的事看作成功，并把这种成功等同于幸福，这是对幸福理解的误区。正如英国心理学家罗伯特·霍尔登在《拥有幸福》一书中所述："过去20年的心理学研究显示，由金钱改善的生活环境只会在幸福感层面引起短暂提升，比如加薪或中彩票等，但是几月、几周甚至几天后，人就会回到先前的幸福感层面。"无论是正面还是负面的事情，带来的刺激都只是暂时的，幸福感在几个月后就会回到原点。一个太注重结果的人，在达到目标后，其较高的幸福感在维持短暂的一段时间后，又会回到原有的幸福感水平上；同样，若你因为一件事情感到挫败，幸福感下降，经过一段时间，也会回到原来的幸福感水平上。

我们的幸福感就像价值规律阐述的那样，随着市场起起伏伏，价格总是围绕价值上下波动，幸福感也围绕一个幸福的基准值上下波动，如下图所示。

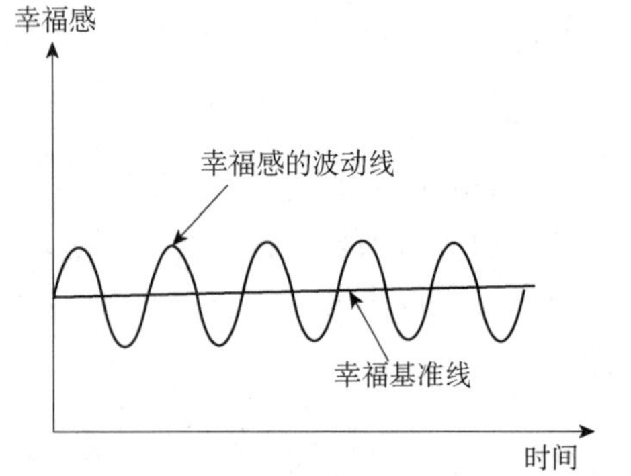

图　幸福基准线

人生中，不断努力达成一个又一个重要的目标，不断努力完成一件又一件重要的事情，无论对个人，还是对社会，都是必要的，也是重要的。外在的事物本身不会改变我们的幸福水平，但并不意味着我们不能提升自己的幸福水平。我们要获得“更幸福”，就需要把自己的幸福感基准线往上调，使自己对生活有更积极的认知（见下图）。可以说，幸福不是成功必然会带来的，把握幸福是你心灵的能力。

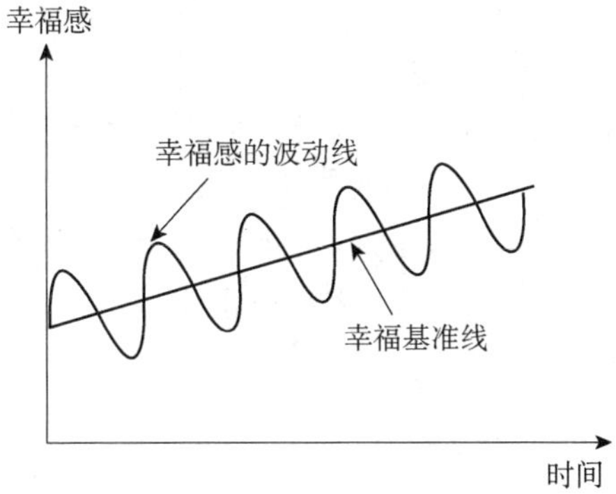

图　积极的幸福基准线

幸福具有复杂性和发展性等特点，现实生活中，人们对幸福的追求存在几个有趣的矛盾现象。

其一，人人都渴望得到幸福，但并非人人都能够真正获得幸福。

其二，一个人越是刻意而执着地追求幸福，他可能越难获得幸福；一个人越是不太在意自己是否幸福，他反而会获得意外的幸福。这可能是因为，刻意追求幸福的人们会身在福中不知福。

其三，一个人如果只顾及自己的幸福，反而难以真正获得个人的幸福，一个人如果以社会幸福为己任，反而能够获得“意想不到”的幸福。因为，个人幸福包含在社会幸福之中，只顾及自己幸福而不顾及别人幸福的人往往是狭隘、贪心、不知足的，他或许能够获得短暂的幸福，但难以获得持久的幸福。

其四，一个人越是顾及别人的幸福，就越能够得到别人给予的幸福。因为，这类人把别人的幸福视为自己的幸福，只要别人获得幸福，他就会发自内心地感到幸福；而且把别人的幸福视为自己的幸福，实际上体现了“我为人人，人人为我”之幸福社会的理想目标。

二、训练与测试

如果说GDP、GNP是衡量国富、民富的标准，那么，幸福指数则可以成为一个衡量人幸福感的标准。“幸福指数”的概念起源于30多年前，最早是由不丹国王提出并付诸实践的。幸福指数作为十分重要的非经济因素，是社会运行状况和民众生活状态的“晴雨表”，也是社会发展和民心向背的“风向标”。想知道自己的幸福指数吗？请做一做下面的测试吧！本测试结果仅供参考，如有疑问请联系专业心理咨询师。

幸福指数测验

请回答下面四个问题，并给自己打分。每题分值为1～10分。你的答案越肯定，分值就越高；答案越不肯定，分值就越低。

（1）你是否充满活力，能够以灵活和开放的心态面对变化？

（2）你是否能以积极的心态面对未来，可以快速地从挫折中恢复过来，重新感到自己有力量掌控生活？

（3）你是否满足现有的生活状况，如健康情况、家庭财务状况、个人安全感、个人自由等。

（4）当你有困难时，是否有朋友会伸出援手；你是否无论做什么都可以沉浸其中，而不受其他事情的干扰；你能否为达到自己的目标从不轻言放弃。

计分方式：

上面第1个问题和第2个问题对应的是个性P；第3个问题对应的是生存状况E；第4个问题对应的是高层次需要H。幸福三要素理论认为：

个性P——判断自己是否幸福的内在标准；

生存状况E——幸福与否的物质基础，包括身心健康、收入状况、安全感及各种选择的自由程度等；

高层次需要H——幸福的调节器，对于维系个性与生存之间的平衡具有重要作用，如自我评价、期望水平、抱负和幽默感等。

幸福指数的满分为100分。按照以下公式打分：幸福指数 $=P+5E+3H$。

例如，你的第1个问题和第2个问题的得分均为8分，那么P=8+8=16；如果第3个问题的得分为7，则E=7；第4个问题的得分为8，则H=8。根据幸福指数公式可知，你的幸福指数为75，这表明你的幸福感处于中等偏上的水平。

三、补充阅读与思考

四个老李的故事

四个老李的故事，或许可以给我们一些启发。

第一个：老李辛苦了一年，年终奖拿了1万，左右一打听，办公室其他人年终奖只有1 000。老李按捺不住心中狂喜，偷偷用手机打电话给老婆：亲爱的，晚上别做饭了，年终奖发下来了，晚上咱们去你一直惦记着的那家西餐厅，好好庆祝一下！

第二个：老李辛苦了一年，年终奖拿了1万，左右一打听，办公室其他人年终奖也是1万，心头不免掠过一丝失望。快下班的时候，老李给老婆发了条短信：晚上别做饭了，年终奖发下来了，晚上咱们去家门口的那家川菜馆吃吧。

第三个：老李辛苦了一年，年终奖拿了1万，左右一打听，办公室其他人年终奖都拿了1.2万。老李心中郁闷，一整天都感觉像压着一块石头，闷闷不乐的。下班到家，见老婆正在做饭，嘟嘟囔囔地发了一通牢骚，老婆好说歹说劝了半天，老李才想开了些，哎，聊胜于无吧。把正在玩电脑的儿子叫过来，给他一百块：去，到门口川菜馆买两个菜回来，晚饭咱们加两个菜。

第四个：老李辛苦了一年，年终奖拿了1万，左右一打听，办公室其他人年终奖都拿了5万。老王一听，肺都要气炸了，立马冲到经理室，理论了半天，无果。老李强忍着怒气，在办公室憋了一整天。回到家，一声不吭地生闷气，瞥见儿子在玩电脑，突然大发雷霆：你个没出息的东西，马上要考试了，还不赶紧去看书，再让我看到你玩电脑，老子打烂你的屁股！

同样数目的年终奖，在不同的环境下却给人带来了截然不同的感受，究其原因，是很多人的快乐，在很多时候，并不在于自己有多好，而在于比别人好多少；很多的人痛苦，在很多时候，并不在于自己有多不幸，而在于比别人更加不幸。这种无谓的快乐和不幸，不仅浪费了自己的精力与感情，也使自己变得卑微又渺小。

第二节　幸福在哪里

你需要知道的事：幸福是什么？

幸福这个词充满了吸引力。然而，幸福却是一个谜，你让一千个人来回答，就会有一千种答案。有这样一个故事：

三个小孩主动清理了树林里的老泉，树林里的仙女感激他们，并祝他们幸福。孩子们不明白幸福是什么，仙女让他们自己弄明白，并相约十年以后在老泉见面，三个孩子出发去寻找答案。

十年后，三个孩子长大为青年，相聚在泉水旁，诉说自己对幸福的理解。一个青年做了医生，帮助病人恢复健康让他感到幸福；一个青年去过很多地方，从事过许多职业，他勤勤恳恳地工作，感到自己对别人有用，因而觉得幸福；还有一个青年留在村子里，他辛勤地种地，用粮食养活了很多人，觉得自己的劳动没有白费，也觉得幸福。

在上一节中，我们列举了种种幸福的误区，强调把握幸福是心灵的能力，要不断提高幸福的基准值。我们常常以为，有了更多的金钱、更大的房子、更高的学历、更好的汽车，我们就一定会幸福，这是幸福的误区。事实上，我们觉得幸福难以获得，常常是因为走入了幸福的误区。一些我们通常非常看重的东西都不是最完满的，那么，究竟什么能使得生活变得幸福呢？

一、追求幸福的类型

如果给幸福下一个定义，你会怎么定义呢？

幸福是一种对生活的满足，感到生活的巨大乐趣，并自然而然地希望这种心情保持长久的愉快感觉。

做一个幸福的人是不是很难呢？

若干年前，英国有家报社，面向社会征集“什么样的人是世界上最幸福的人”这个题目的答案。题目一出，来信像雪片一样飞到了报社。来稿很踊跃，各界人士纷纷应答。报社组织了权威的评审团，在纷纭的答案中进行遴选和投票，评选出世界上最幸福的人，结果是这样的：

（1）目送病人出院的医生。

（2）给孩子洗完澡的妈妈。

（3）在海滩上搭建好沙堡的孩子。

（4）为自己作品画上句号的作家。

原来，世界上最幸福的人并不是一些人想象中的成功的企业家、诺贝尔奖获得者、奥运冠军等，而是生活在我们身边的普普通通的人中的一员，我们每个人也可以成为幸福人群中的一员！

如果我们写一个幸福方程式，等号的一边是幸福，那等号的另一边又该是什么？

幸福方程式：幸福=快乐+意义

根据以上方程式，我们可以把人们追求幸福的类型，非常形象地做一个分类（见下图）。那就是：

- 饮鸩止渴型
- 黄连团子型
- 馊味馅饼型
- 豆沙包子型

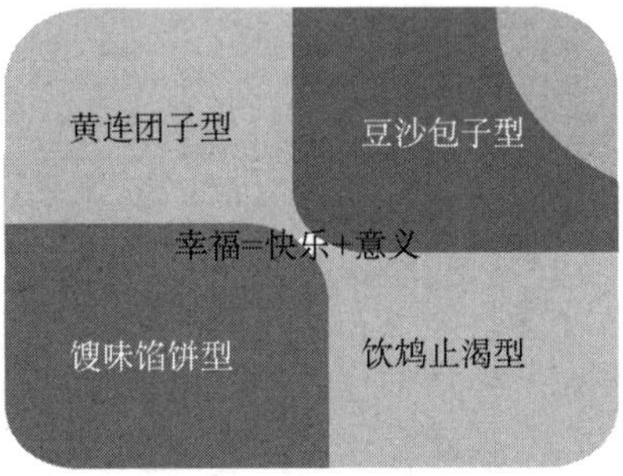

图　幸福的类型

1. 饮鸩止渴型

饮鸩止渴是我们非常熟悉的一个成语。这样类型指为了解决眼前的困境，或贪图一时享乐，而不顾将来的祸害的行为。

“饮鸩止渴型”的人总是寻找快乐而逃避痛苦。他们只是盲目地满足欲望，而从来不认真地考虑后果。他们认为，充实的生活就是不断地满足自己各种各样的欲望。眼前的事只要能让他开心，就值得去做，一直到有更好的乐子再说。他们在爱情和友情方面精力旺盛，但新鲜过后，就会开始物色下一段感情。由于这一类人只看重眼前的、短暂的快乐，有时他们会失去理智。饮鸩止渴型的人的根本错误在于将努力与痛苦、快感和幸福等同化了。

在大学校园里，不少大学生沉湎于网络，他们通宵达旦地看碟片、玩游戏，经常上课迟到，甚至旷课。对于作业要么抄袭复制，要么随便应付。一学期下来，很多课程就开始亮红灯了。久而久之，就不得不面临降级或退学的局面。他们在网络世界里呼风唤雨，却在现实生活中一败涂地。这样饮鸩止渴型的行为，需要大家引以为戒。

2. 黄连团子型

黄连是一味药。黄连很苦，在一些地方当婴儿出生时，用黄连水在嘴唇上蘸一下，意思是吃得了这个苦，以后就不怕苦。黄连清凉解毒，故有“黄连苦口利于病”一说。

图 忙碌的现代人

试想，把黄连磨成粉当作皮，当把它做成团子时，不管里面的馅多么鲜美可口，嘴的第一感觉肯定先吃到奇苦无比的外皮。这就比喻那些终年奔波劳累，把当下的生活过得十分清苦，把幸福推到遥远的将来的行为（见右图）。这在中国的文化里是存在的，就像有句古话说的：吃得苦中苦，方为人上人。在我们很多父母辈身上可能也可以看到它的影子。物质生活条件的低下和社会的不安全感，会让这种幸福观有滋生的土壤和一定的合理性。但斗转星移，目前我们已经进入小康社会，如果一味地把幸福的专享推到发落齿摇、老眼昏花的将来，这样的方式是不是也不合理？

在大学生涯里，黄连团子型的大学生始终处于奔波忙碌的状态。他们努力为自己未来的履历表增光添彩：参加数个学生组织；担任多个重要的学生干部职务；参加各类竞赛——完全不是出于兴趣，仅仅是为了这些比赛能获得加分。黄连团子型的大学生一直处于压力和焦虑之中，他们认为成功一定要以牺牲快乐为代价。闷闷不乐的他们不懂得如何享受工作和生活，因为他们坚信，只有当目标实现的那一刻，快乐才会降临。

事实上，有很多为了学业、为了工作每天勤奋而努力的人，他们也过得十分开心。就像一首美丽的小诗写的那样：“不为胜利而活，不为曲终而活，为美好过程而活。”世界上最有力量的时刻就是当下，留一点时间给自己，留一点当下的幸福给自己。

3. 馊味馅饼型

如果说黄连团子的馅还可能是甘甜的豆沙或枣泥，那么馊味馅饼的面皮和馅都馊了，变质了，吃起来不仅没有好味道，而且也不利于健康。这种幸福观是指某些人固着于一种既不利于眼前，又不利于将来的生活态度。这类人认为自己根本就不配享有幸福，他们往往很消极，对生命采取破罐子破摔的态度。在现实生活中，一遇到事，他们总是或消极对待，或逃避了事。有的人可能心里纳闷：谁会去吃这样的馊味馅饼啊？在大学校园里，这样的大学生还真不少，我们来看一个案例。

情人节到了，有位男大学生精心挑选，给他的女朋友送了一条丝巾。女朋友打开包装后一看，是一条黄色的丝巾。心里就嘀咕了：我最不喜欢的就是黄色了！他怎么这么不了解我呢！偏偏送我最不喜欢的颜色，真是太不体贴了！如此一想，收到礼物的那种欢喜就荡然无存了，接下来的就是生闷气，不理人。恋爱中的女生，千万不要以为男朋友是你们肚子里的蛔虫，不用自己说，对方就能读懂自己的心思。这位女大学生的生活态度就是典型的馊味馅饼型。既没有享受到收到礼物的惊喜和幸福，也不利于一段亲密关系的健康可持续发展。

4. 豆沙包子型

真正持久的幸福感，需要我们为了一个有意义的目标快乐地努力和奋斗。豆沙包子型的幸福观，是我们应该追求和提倡的。包子由包子皮和包子馅组成。包子皮指我们当下的欢愉，包子馅象征着长远的理想。包子皮和包子馅是紧密相连的，这种类型的幸福观用通俗的话讲，就是立足当下，眺望未来。我们每一个人，都应找到正面积极的方向，看到希望，投入情感，缔造属于自己的幸福生活！

比如，一个热爱设计的同学去参加全国包装设计大赛，每天查资料，做设计，在学习的过程中享受创造的快乐，而这快乐的成果又可以帮助他取得好成绩，进而助其在未来的人生中获得幸福。再如，恋爱中的两个人，共同享受爱情的美好，并且帮助彼此成长和发展。但是，有一点要切记，并不是每一件事都可以同时为我们带来现在和未来的幸福。有的时候，我们确实需要牺牲一点快乐，去换取目标的实现。比如，一些同学担任了学生干部，这些职务会占据他们不少时间，所以他们就不得不放弃一些玩乐、逛街的时间，他们必须付出努力，投入情感，做到学习与工作兼顾，才能到达想要的目标。

幸福存在于快乐+意义的生活之中（见右图）。在追求有意义而又快乐的目标时，我们的生命在时间的长河里闪闪发光。

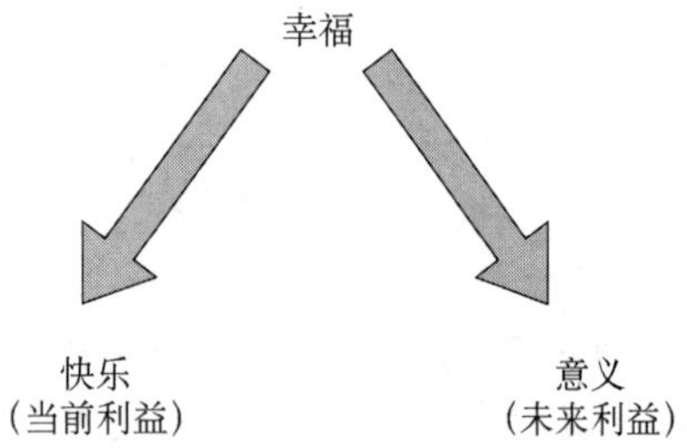

图　快乐、意义与幸福示意图

二、训练与测试

练习一：四个象限

研究表明，把正面和负面的经历都写下来，可以提高我们的身心健康水平。

以快乐为横坐标，以意义为纵坐标，可以把人们追求幸福的四种类型，放入四个象限中（见下图）。

连续七天，每天用五分钟的时间写下你在四个象限里的经历，可以是一件事，也可以是人生中的某一段时期。如果你对于其中某个象限特别感兴趣，就多写一点，但每天的内容不要超过一个象限的范围。不要担心文字是否优美通顺，只管去写。注意，要写下你在当时和现在的感受、你那时的行为，以及你当时和现在的想法。

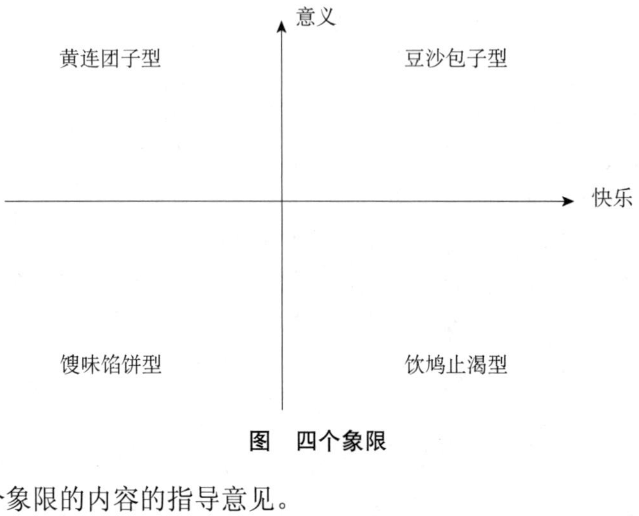

图　四个象限

以下是对每个象限的内容的指导意见。

饮鸩止渴型：解释一下你只顾享乐的时刻或经历。你是否在其中得到了很多？你损失的又是什么？

黄连团子型：写下你在人生中忙碌奔波型的经历。为什么曾经是那样的？你是否在其中受益？你付出的代价又是什么？

馊味馅饼型：写下那段特别痛苦时期的经历，或者那个你感到绝望、无助的时刻，并描述你当时及现在对它最深刻的感受和想法。

豆沙包子型：描述一下你人生中某个特别幸福的时期或者经历。用你的想象力，让自己再次回到那个时候，重温一下当时的感受，并写下来。

无论你写什么，都是写给自己看的。如果写完后你愿意和其他人分享也可以，但在写的时候请不要抑制任何的念头和想法，你越勇敢地表达自己，你就会从中更多地受益。

重复该练习时，你可以写相同或不同的内容，然后定期回顾自己所写的内容，可以是三个月、一年，甚至两年。

练习二：每天培养幸福感

1. 每天培植和强化好的心态

（1）使自己每天都有好感觉，对自己的生活充满信心、希望和热爱。

（2）每天阅读，不断增长知识，提高自身素质，以强化内在力量。

（3）每天思考问题，发现解决问题的有效方法。

2. 每天锻炼身体，提高健康水平

（1）每天早晨慢跑半个小时，做有氧运动，让身体的细胞充满活力。

（2）早、中、晚各做50次深呼吸，让体内充满氧气，消除疲劳。

3. 每天美化自己的生活环境

（1）每天至少花一段时间整理衣物，美化寝室。与同学交流心声，关注他们的需求并提供帮助。

（2）每天赞美、鼓励同学和朋友，倾听他（她）的感受和需要。

4. 每天提高知识素质，加强自我教育

（1）每天坚持阅读专业书籍，掌握新的知识，学习一条有用的理念。

（2）每天至少跟一位朋友交流思想。

（3）每天写读书心得，把所学理论知识用于日常工作和生活之中。

5. 每天适当娱乐，培养兴趣，陶冶性情

（1）每天观看新闻节目，了解世界、关注社会。

（2）每晚悠闲漫步30分钟，使自己有身心放松的感觉。

（3）每天注意调节情绪或交流思想和心得。

三、补充阅读和思考

幸福在劳动的每一刻

比尔·盖茨小时候特别喜欢读书。每当捧着厚厚的书籍在知识的海洋中遨游时，他都觉得自己十分快乐。

盖茨上四年级的时候，老师布置了一篇作文，要求大家用四五页的篇幅来谈一谈人体的特殊作用。从学校回来，盖茨一头扎进了爸爸的书房里开始查阅资料，把书房几乎翻了个遍。终于，盖茨写出了令自己满意的文章。看到盖茨的作文时，老师和同学们吃惊极了：盖茨写的文章居然有20页！

面对大家的赞许，盖茨却说："我最快乐的时候不是现在，而是为了写这篇文章不断查阅资料的过程。过程虽然漫长而辛苦，但我觉得其中的每一刻我都是无比快乐、无比幸福的！”

天堂与地狱的差异

一位行善的基督徒死后请求上帝说：“我想了解天堂与地狱究竟有何差异。”于是，上帝就让天使带他到地狱去参观。在地狱里，他看到痛苦不堪、面目狰狞、面黄肌瘦的人们围在一张很大的、摆满了丰盛佳肴的餐桌四周就餐，每个人自顾自地使用一个长两米的勺子艰难地吃着。原来，勺子实在太长了，他们很难喂到自己的嘴里。这真是一幅悲惨的图景，丰盛佳肴人人看得到，盛得到，就是吃不到。

天使又带他来到天堂。天堂里的人们欢声笑语、面色红润。天堂摆着与地狱相同的佳肴，每个人用同样长的勺子吃饭。所不同的是，围着餐桌吃饭的人们拿着勺子相互喂着别人。每个人都能够看得到，盛得到，也吃得到。因此，每个人都愉快而幸福地生活着。

第三节　幸福的秘密

你需要知道的事：幸福从心开始

传说在天堂上的某一天，上帝和天使们召开一个头脑风暴会议。上帝说：“我要人类在付出一番努力之后才能找到幸福快乐，我们把人生幸福快乐的秘密藏在什么地方比较好呢？”

有一位天使说：“把它藏在高山上，这样人类肯定很难发现，非得付出很多努力不可。”

上帝听了摇摇头。

另一位天使说：“把它藏在大海深处，人们一定发现不了。”

上帝听了还是摇摇头。

又有一位天使说：“我看哪，还是把幸福快乐的秘密藏在人类的心中比较好，因为人们总是向外去寻找自己的幸福快乐，而从来没有人会想到在自己身上去挖掘这幸福快乐的秘密。”

上帝对这个答案非常满意。

从此，这幸福的秘密就藏在了每个人的心中。

一、幸福的秘诀

在上一节中，我们从对幸福的理解入手，提出了幸福方程式：幸福=快乐+意义，进而分析了人们追求幸福过程中的四种类型：饮鸩止渴型、黄连团子型、馊味馅饼型、豆沙包子型。幸福快乐，是大学生永远聊不完的话题和不断追寻的人生目的。那么，幸福的秘密在哪里？如何才能拥有幸福的人生呢？

（一）设立目标

目标是一盏明灯，照亮了属于你的生命；目标是一个路牌，在迷路时为你指明方向；

目标是一方罗盘，给你导引人生的航向；目标是一支火把，它能燃烧每个人的潜能，牵引着你飞向梦想的天空。罗曼·罗兰说："人生最可怕的敌人，就是没有明确的目标。"的确，目标是你追求的梦想，目标是成功的希望。失去了目标，你便失去了方向，失去了一切。

1. 目标与成功

设立目标能改变人们的行为，使人减少拖延，提高效率。这是什么原理呢？因为通过设定目标可以帮助人聚焦。一个人有时会觉得自己找不到方向，更别说是到达目的地了，但是聚焦能帮助一个人找准方向，带来成功所必需的内部和外部资源。

设立目标能提升个人的认知和幸福感。设立目标不仅能增强个人的适应力，让人不仅能从过去的经历中吸取经验，更能面向未来思考问题，增强个人的适应力。设立目标的过程其实是在暗示自己会达到目标。人的大脑总是偏向于内部期望与外部现实的一致性，一旦大脑接受了设定的目标，就会积极调动人体内在的潜能来促成内在目标向外部现实的转化。幸福的人总是不断地为自己树立一些目标。通常我们会重视短期目标而轻视长期目标，而长期目标的实现更能给我们带来幸福感受，你可以把你的目标写下来，让自己清楚地知道为什么而活。专注于某一项活动能够刺激人体内特有的一种荷尔蒙的分泌，它能让人处于一种愉悦的状态。据研究发现，工作能发掘人的潜能，让人感到被需要和责任，这给予人充实感。

在下边所示的情景中，第三种做法是最有可能翻墙过去的。人在没有退路的时候，创造性就能被大大激发。背包被扔过墙之后，你就必须越过这道墙，因为你必须要拿回自己的背包——砸碎墙，钻过墙，绕过去，翻过去，你的大脑会给你提供各种各样的方案来帮助你。

想一想，说一说

设想这样一个场景：当你背着一个包走在路上时，突然发现前方有一堵长长的墙，你要怎么去做呢？

第一，觉得很遗憾，然后掉头回去。

第二，掏出大锤，砸碎墙然后走过去。

第三，先把背包扔过去。

哪种做法的人最有可能翻墙而过？

目标一旦设立，大脑就会帮助人们重塑现实。当设定目标时，人脑中跳出来的直觉往往正确，因为直觉比人们想象中更"聪明"，直觉可以成为成功实现长期目标的一大助力。研究结果显示，针对已经设立的目标，譬如饥渴等基本需求，潜意识会根据事物是否有助于实现目标来进行评估，优先选择，积极反应。以口渴为例，人们会优先看见饮水器或一瓶饮料，而不容易注意到巧克力或快餐店招牌。再如，假设你在教室里听课，你的周围坐着很多女生，你可能没有注意到，如果老师让你清点女生的人数时，你马上会觉得周围的女生清晰地出现在你面前。

美国哈佛大学有一个非常著名的关于目标对人生影响的跟踪调查，可见目标的威力。

本调查的对象是一群智力、学历、环境等条件差不多的年轻人，调查结果发现：27%的人没有目标；60%的人目标模糊；10%的人有清晰但比较短期的目标；3%的人有清晰且长期的目标，并能把目标写下来，经常对照检查。

25年的跟踪研究，他们的生活状况和分布现象十分有意思（见下表）。

表　目标对人生影响的跟踪调查

比例	目标状况	结局
27%的人	没有目标	他们几乎都生活在社会的底层，他们的生活都过得很不如意，常常失业，靠社会救济，并且常常在抱怨他人，抱怨社会
60%的人	目标模糊	他们几乎都生活在社会的中下层面。他们能安稳地生活与工作，但都没有什么特别的成绩
10%的人	有比较清晰的短期目标	他们都生活在社会的中上层。他们的共同特点是，那些短期目标不断地被达到，生活质量稳步上升。他们成为各行各业不可缺少的专业人士，如医生、律师、工程师、高级主管等
3%的人	有十分清晰的长期目标	25年来几乎都不曾更改过自己的人生目标，他们始终朝着同一个方向不懈地努力。25年后，他们几乎都成了社会各界顶尖成功人士，他们中不乏白手创业者、行业领袖、社会精英

可以看出，目标对人生具有巨大的导向作用，可以说，有什么样的目标就会有什么样的人生。行胜于言，只有采取积极有效的行动，才能实现人生的目标。在朝着理想目标勇敢前行时，不可避免地会遇到挫折和苦难。我们不妨把困难当作人生导师，不抛弃，不放弃，知难而进，迎难而上，在克服困难的过程中收获成功和幸福。

2. 目标与幸福

很多人认为，设定目标之后会给人带来很大的压力，产生焦虑，扼杀人的快乐。这样的理解并不全面，心理学家告诉我们：达成的目标本身不会给我们带来快乐，目标所起的作用和达到目标的过程才会给人带来欢乐。

设定的目标能够解放自我，让人专心去享受此时此刻。换言之，设定的目标本身并不重要，它只是一种手段，一种激励我们去持续奋斗的手段，而更重要的是当下的经历。达到目标与否并不会给我们带来快乐，重要的是过程和现在。

很多人在工作时都憧憬退休后的生活，他们天天盼望着退休。而一旦真的退休后，他们却没有以前快乐。为什么退休后快乐反而减少了？这是因为退休让他失去了前进的目标。那些退休后依然很快乐的人都会给自己设定目标，比如上老年大学、报班学太极拳、花更多时间和家人相处等，这些都是目标，让他们退休后的生活依然丰富多彩。

为什么很多取得极大成就的人，他们在经历辉煌后却并不开心，甚至酗酒吸毒呢？在旁人看来，他们应有尽有——名望、身份、地位、财富，他们为什么还会走上歧途呢？为什么还不开心呢？这是因为他们把自己的快乐幸福都寄托在了成功本身上。他们追求成功的过程并不开心，但他们总是劝慰自己说，我现在不开心没关系，等以后拥有一切之后就会快乐幸福了。但他们不知道，即使获得世界冠军，人们因此而获得的快乐也只能持续有限的一段时间。更可怕的是，他们发现再没有什么东西能让他们开心了，于是他们变得绝望，消极厌世。

很多人认为拥有一切就会开心，事实上却并非如此。这些人在刚刚获得名望的时候可能会开心，但不久就会回到原来的状态。而且，他们还会变得诧异、不安——他们坚信的哲学就是成功会带来快乐幸福，而成功并没有带来预想的快乐幸福，他们自然感到不安，甚至还会恐惧，因为他们面临一个问题：现在怎么办？接下来怎么办？很多人因此开始寻求刺激，以期忘记现实的烦恼。现在我们经常提到“中年危机”，人到中年，经历工作、家庭、感情以及身体的各种瓶颈和考验，取得了一些成就，各种压力也随之铺天盖地，四五十岁的中年人成为最不快乐的一群人，他们不知道接下来要干什么。

解决上述问题的办法就是改变对目标和快乐的认知。幸福并不是登上山峰，也不是在山的四周没有方向地乱爬，幸福是向山峰攀登的过程。我们需要去设定一个明确的、可以带来快乐和意义的目标，找准方向，然后去享受达到目标的过程，那样你会更幸福！

（二）心怀感恩

感恩之心是快乐的必要条件。生活中存在很多值得感恩的事，只要有一双发现美好的眼睛。用一些时间对生活感恩，可以让我们发现、重温并认真地欣赏和体会那些稍纵即逝的美好与感动，感激之情油然而生。

感恩具有实际的力量，像一块块磁石，你拥有愈多，你的力量就愈大。对你生活中发生的每件事情表示感恩，将使你生命中的每一刻都变得特别。当你心中满怀感恩时，你就有愿望将你的欢乐散播给别人，你会毫不思索地想要满足别人的需要。当一个人心中充满感恩时，就不易产生忧虑、生气、沮丧等负面情绪。感恩将使我们面对事实与真理，扫除悲伤与痛苦。

美文欣赏

最珍贵的是免费的

忽然发觉，在这个世界上，最珍贵的东西都是免费的。

阳光，是免费的。芸芸众生，没有谁能够离开阳光活下去；然而，从小到大，可曾有谁为自己享受过的阳光支付过一分钱？

空气，是免费的，一个人只要活着，就需要源源不断的空气。可从古至今，有谁为这不可缺少的东西买过单？

亲情，是免费的。每一个婴儿来到世上，都受到了父母无微不至的呵护，那是一份深入血脉不求回报的疼爱。可从来没有哪一对父母会对孩子说：“你给我钱我才疼你。”父母的这份爱，不因孩子的成年而贬值，更不因父母的衰老而削弱；只要父母活着，这份爱就始终如一。

友情，是免费的。寂寞时默默陪伴你的那个人，摔倒时向你伸出手臂的那个人，伤心时将你揽在怀里的那个人，可曾将他（她）的付出折合成现金，然后要你还钱？

爱情，是免费的。那份不由自主的倾慕，那份无法遏制的思念，那份风雨同舟的深情，那份相濡以沫的挚爱，正是生命最深切的慰藉与最坚实的依靠。而这一切，都是免费的，更是金钱买不来的。

目标，是免费的。无论是锦衣玉食的王子，还是衣不遮体的流浪儿，只要愿意，就能为自己的人生确立一个目标。这个目标既可以伟大也可以平凡，既可以辉煌也可以朴素，只要你愿意，你就能拥有。

还有信念，还有希望，还有意志，还有梦想……所有这一切，都是免费的，只要你想要，你就能得到。还有春风，还有细雨，还有皎洁的月华，还有灿烂的星辉……世间多少滋润心灵的美好风物，都是免费的啊……

再不要对着苍天唉声叹气。苍天是公正的，更是慷慨的，苍天早已把最珍贵的一切，免费地馈赠给了每一个人。

人生中每一样事都有感恩的理由，健康的身体、有能力帮助别人、支持朋友……都是感谢的理由。花儿开了，秋天的叶子换了颜色，蓝天白云，这些简单的自然现象，会让我们的心情也跟着愉快开朗起来。心存感恩，就会看到事情的变化，悲伤化为欢乐，损失演变为知足常乐。当感恩成为生活的一部分，成功、快乐、健康就是常态。

有什么方法可以防止放弃、嘲讽、疑虑的心态吗？每天不止一次地找寻内心深处的感激之情。感恩能恢复你的健康，也能让你保持年轻。看看那些心怀怨恨、饱经风霜的脸，他们显得憔悴；再看看那些心怀感恩的人，他们容光焕发，散发出健康活力。

你不可能同时心存感激又不快乐。即使要走向人生终点，感恩也能让我们得到最高与最好的满足。

我们可以把感恩的类型概括为三种。

（1）日常感恩。阳光、空气、树木……我们生活的环境。

（2）受助感恩。我们的父母、老师、朋友，曾经帮助过我们的人。

（3）逆境感恩。曾经伤害过我们的人，让我们更有力量，更加坚强。

我们离幸福之源越近，获得的幸福就越多。总是心存感恩的人与那些从未以感恩之心待人的人相比，前者与幸福的联系更紧密。英国的著名作家萨克雷曾经说过："生活就像一面镜子，你对它笑，它就对你笑；你对它哭，它也会对你哭。"感恩常常能够带来一系列连锁反应，是一种良性循环，感恩的人往往心怀一种信念和动力，这种信念和动力既能够激励自己不断地前进，也能够感动和改变周围的人，唤起更多的助人行为。

有一个犹太人的故事，可以给我们一些启发。

在一个犹太人的村庄里，住着一个男人，他生活得很糟糕。他住在一间小房子里，家里有很多孩子，他妻子整天在耳边唠叨，他们不停地吵架。那个男人想改善他的生活，所以他去找智者拉比，把他的情况告诉他。

他说："我们住在小房子里，挤满了孩子，没有隐私，我妻子整天在唠叨，拉比，帮帮我。"

拉比问："你后院有鸡吗？下周，把鸡带进屋里。"

这个男人很不解，但是他很虔诚，信任他的拉比。一整周都把鸡放在屋里，鸡毛，鸡粪，臭味，什么问题都有，孩子们吵得更凶了，他妻子更唠叨了，他们继续吵架。

这一周终于结束了，他跑到拉比那里说："拉比帮帮我！现在我家情况更糟了，家里没地方了，我们整天吵，太糟糕了！"

拉比问："你后院有羊吗？把鸡和羊都带进屋里一周。"

这一次也更糟糕，羊乱踢乱叫，把东西摔坏，家里一片混乱，吵声不断，他们一周不得安睡。一周过去了，他整个人衣衫不整，憔悴不堪，浑身臭味。他去找拉比说："拉比，帮帮我，情况太糟了，糟多了！"

拉比说："好的，下周，你把动物都带出去，然后再来见我。"

一周过去了，他来见拉比，拉比问："这周过得怎么样？"

这个男人回答说："太好了，家里宽敞多了，气味太好闻了，我们一家人其乐融融，孩子们也很高兴，非常感激你，拉比！"

心理学实验

积极心理学的研究表明，当人心存善念和感恩之情时，往往会表现出更多的良好情绪，而受到更多人的欢迎。心理学家曾做过的一个实验，说明了感恩的重要性。

实验将测试者分成四组，第一组人员每天晚上在临睡之前写下至少5件值得自己感恩的事情，无论事情的大小；第二组人员每天要写至少5件坏事情；第三组人员要写下5件比别人好的事情；第四组人员什么都不做。最后的研究结果表明，第一组人员表现得更加乐观、更加健康、对人更慷慨，也更容易达成目标，而第二组人员的情况最为糟糕。

爱默生说："若星星一千年才闪耀一次，当它闪烁时，所有人都会仰望和祈祷，可正因为它每晚都闪烁在星空，所以我们认为那是种理所当然。"难道我们要等到情况恶化，才懂得感激眼前和身边的好事吗？我们什么时候开始感激健康？我们什么时候开始感激生活？如果把一切都当作是理所当然的，不懂得珍惜和感恩，自然也就很难体会到生活的美好和难能可贵。让我们把感激当成一种生活习惯，怀着感恩之心把自己培养成积极者吧！

积极心理学告诉我们：怀揣着什么样的心情看世界，它就会给人更多的心情。生活对于每个人的真正不同之处在于人们对待生活的态度。如果一个人总是心怀厌恶，那么看到的世界中到处都充斥着惹人厌恶的事情；如果一个人心怀感恩，那么眼中的世界同样是明快鲜亮的。

在一个积极的人眼中，一杯咖啡、一段音乐都可以产生幸福的感觉，使他更加热爱生活。一个懂得感恩的人，他不仅感恩自己的父亲和母亲，感恩自己的妻子和孩子，他也感恩呼吸的空气，感恩道路两旁盛开的鲜花。通过感恩，他将发现自己原本就生活在很美好的世界中。但是，如果一个人不知道感恩，就会觉得目前所拥有的一切都是理所应当的，生活的幸福感也就不那么强烈了。

如何学会感恩呢？列一张表，问问自己，哪些人和事是要表示感谢的。生活中许多事都能触动你的感激之心，不久你就会快乐起来。将焦点集中在你富裕的一面，而不是你欠缺的一面。

想一想，说一说

请选择一位对你生命影响最大的人，给他（她）写一封感谢信。

除了记录值得感恩的事，还应有感恩的行动。比如，我们可以找出一个曾经对自己有过很大帮助的人，写一封感谢信。最初这样做会感到很为难，但是想想那些帮助对于自己成长的作用，也许就可以心怀感恩地写下这封长长的信了。当然，也可以通过其他的行动来表示感恩，比如邀请他来自己家里做客，或者是和他一起出游等。

感恩的行动方式有很多，可以选择适合自己的那一种。但是，要记住，无论是哪种方式，都不是出于一时的感觉，而是要基于深刻的思考。例如，可以好好反思一下自己：这些年来妈妈都为自己做了些什么？爸爸都为自己做了些什么？而自己又为他们做了些什么？再比如，感恩自己的老师，也不是说声谢谢就可以了，而是要仔细想想，老师的哪些教诲让自己一生难忘，成为永远无法抹去的记忆？经过深思之后的感恩行动更持久，更容易内化成一种习惯。

（三）身心合一

数百年来，二元论思想广为流传，认为现实的本质是二元的，物质与精神二者是分开的。

随着社会的发展，心理学家和医学家都指出：人不能把健康单独视为身体的，当然也不能单独视为心理的，因为身体和心理是紧密相连、不可分割的。心理健康有助于身体健康，而身体健康也有助于心理健康。

人通过大脑对外界环境刺激进行信息加工，并按其信息量的大小和性质做出反应。因此，人在一定的生活环境中构成一整套影响心理平衡和适应活动的因素，并逐渐形成一套相对稳定的心理活动方式。当生活情景发生异常时，人的心理活动方式必须做出相应的调节，用来适应失调现象，但这不是每个人都能做到的。如果不能在自己的心理活动方式上做出相应的改变，势必会出现失调现象，从而引起心理机能紊乱，诱发心理疾病。

心理学进入繁荣发展的时期时，似乎陷入了片面强调心理作用的泥沼，而忽视了身体对心理的影响。

身心需要和谐发展，因而健康的饮食习惯、坚持锻炼、保持充足的睡眠，都会对我们的身体和精神健康大有裨益。

1. 健康的饮食习惯

一个人饮食习惯的好坏，直接影响身体健康。“怎么吃”包括了以下几点。

（1）食物的比例：所谓的黄金比例是40%的谷类，40%的水果和蔬菜，20%的蛋白质。

（2）吃饭的时间：早餐一定要吃得多，晚饭一定要早。两餐进食间隔不可以超过4个小时，这才不会消耗你的老本（能量）。所以，在两顿正餐之间，应该要吃一些点心，补充一下能量。

（3）食物的份量：轻食和少量多餐。每餐食物的份量不要超过你一只手掌能抓满的份量的五倍。七、八分饱就应适可而止。

（4）烹饪方法：生食蔬菜有很多好处，但并不是每个人在每个季节都适合；生食动物（包括鱼）在现代社会中问题太多，少吃为妙。少油的烹饪法——水煮、蒸是最有营养、最好的。

（5）吃的方法：细嚼慢咽可以让唾液和食物充分混合，帮助消化。此外，食物、饮料不要太烫太冷。我们的身体必须消耗极大的能量，才能将喝下的冰饮料温暖至正常体温（36.5℃），如此一来整体的免疫力自然下降。所以，如果常喝冰饮料，建议将饮料退冰半小时或改喝常温白开水。

2. 合适的体育运动

在希腊爱琴海边山崖上刻着这样几句话：

“你想变得健康吗？你就跑步吧！你想变得聪明吗？你就跑步吧！你想变得美丽吗？你就跑步吧！”

古代医学之父、古希腊著名药剂师希波克拉底在2500年前提出：“阳光，空气，水和运动，是生命和健康的源泉。”这句名言很精辟，它把运动和阳光、空气、水列为对于生命健康同等重要的位置。法国哲学家伏尔泰也提出著名的论断“生命在于运动”。根据调查显示，全球每年约300万人死于不运动，可见运动与健康密不可分。

运动有哪些益处呢？

首先，运动可以使身体的各大器官得到改善。通过运动可以使心脏、肺、肝脏及脾脏等各大器官的功能更加强健，从而使人由内而外焕发健康的光彩，使人身体更加健壮。运动与各大器官的健康密切联系，可以增强生命细胞的活力，促进人体健康，延缓衰老。

其次，运动可以防止肥胖，让人保持最佳体重。我们每个人的基因都给我们规定了自己应有的体重。如果我们运动，我们就保持在这个水平，一旦我们不运动，我们的体重就会增加。相关调查研究发现，平时不经常运动的人往往比经常进行体力运动者的体重要重一些。体育锻炼可以增加能量消耗，以助于预防与减轻肥胖。

最后，运动可以治疗各种心理疾病。研究证明，运动可以帮助人体释放更多的神经递质、肾上腺激素、血清素、多巴胺，它们都和最重要的精神病药物非常类似。相关研究数据结果证实，进行有规律的运动可以使人感觉精神放松，情绪稳定舒适，缓解神经和肌肉紧张僵硬，以便减轻心理压力，还可以改善睡眠质量，让身体得到放松，减轻压力。

运动与身体健康的联系如此密切，那么如何运动才能更加有效呢？运动应该遵循什么原则，才能事半功倍呢？

第一，身心结合，要内外兼修，在锻炼外在形体的同时，注重修炼内心精神，磨炼意志，达到身心和谐统一。一切顺其自然，进行自然调息、调心，神态从容，摒除杂念，行随心动，心随意动，神形兼顾，做到“境生于象外”。

第二，适度运动。任何事情都有节制，都有度，运动同样如此，一旦运动超过身体的耐受极限，就会因过度劳损而出现一系列问题。

运动心率，即人体在运动时保持的心率状态。不管是进行有氧运动，还是进行无氧运动，都应有一个合适的心率，才能达到较佳的运动效果。保持最佳运动心率对于运动效果和运动安全都很重要。对于三高人群，在锻炼中尤为重要的是控制好运动心率，如果心率过高，会对身体健康不利，导致恶心、头晕、胸闷，糖尿病患者则会使血糖急剧降低，而且减脂效果也不好；如果心率过低，虽然对身体没有危害，但是锻炼效果不好。

小知识：

如何掌握自己合适的运动心率呢？

第一步，记住安静时的脉搏数。可以在颈部（锁骨上面）、腕部或直接在胸部摸到心跳，然后数15秒钟，再乘以4，这样一来就知道自己安静时的心率了。

第二步，按年龄确定最高心率，一般来说，年龄越小心率越高。计算公式是：男子最高心率=205−年龄；女子最高心率=220−年龄；国际上一般用220−年龄所得值作为最大心率。

第三步，确定运动时的有效心率范围。对普通锻炼者来说，最高心率的60%～85%是合适有效的运动心率范围。

常见的有氧运动有步行、快走、慢跑、滑冰、游泳、骑自行车、跳健身操、打太极拳、跳绳、球类运动等。

第三，遵循循序渐进的原则。逐步增加运动量和运动的复杂程度，逐渐提高身体的适应能力，便于各内脏器官活动相互之间的协调一致。

为了逐渐养成运动的习惯，建议：

- 从轻松的运动开始。如走路，从每天走10～20分钟开始，循序渐进，慢慢增大运动量，每周锻炼3～4次，每次长度不少于30分钟。
- 分散注意力。在跑步时可以听音乐，或者欣赏周围的风景。
- 获得他人支持。找一些家人或志同道合的朋友一起加入，彼此鼓励。

第四，因时而动。采取的运动锻炼要根据不同季节做出适当的调整。如夏天不宜进行太剧烈、持续时间较长的运动，而冬天要进行时间相对较长且相对剧烈的运动。

第五，因地制宜。运动要选择平坦开阔、空气清新的宽敞地点。

任何事情都讲究方式方法，正确的方法可以事半功倍，运动同样如此。了解了运动的重要性和运动时需注意的原则以后，我们就要付诸行动。“实践是检验真理的唯一标准”。运动起来吧！

3. 高质量的睡眠

缺乏睡眠会给人带来认知能力和身体方面的损害，其中情绪受到的影响更大。那些没有得到充分睡眠的人，会经常感到不快乐，他们觉得压抑，身体也会更虚弱，身心疲惫。与此相反，那些睡眠充足的人则会感到更幸福、更快乐、更有生机和活力。

现代研究证明，睡眠不仅是人的生理需要，而且是维持生命的重要手段。有调查显示：目前我国都市成年人中有80%的人睡眠不健康，经常失眠的人群占参与被调查人群的40%。大量数据证实，中国人的睡眠时间在减少，睡眠质量有所下降。

那么，我们需要多少睡眠时间才算合适呢？给大家的建议是：每天睡眠时间不少于8小时。

一些人会说：“如果要我达到每天8小时睡眠的话，那我一天就要有30个小时才行。在24小时一天的时间里我根本无法承受8小时睡眠带来的损失。”总之，他们觉得8小时睡眠是在浪费时间。

其实不然，如果舍得投入这8个小时的话，将会产生更多的回报。

（1）增强免疫，康复机体。

（2）消除疲劳，恢复体力。

（3）保护大脑，恢复精力。

（4）皮肤美容，延缓衰老。

（5）心情愉悦，神清气爽。

可见，睡眠非小事，它关系到人的健康、智商和幸福。采用一种科学的睡眠方式是非常重要的。如何才能拥有高质量的睡眠？以下是一些非常实用的小建议。

（1）找到适合自己的睡眠时间。晚上睡眠的时间应该是7小时还是8小时？找到最适合自己的睡眠时间就好了。可以根据实际情况，晚上睡7小时，午后睡1小时；或者晚上睡6小时，午后睡2小时。但是，总体上说，人体一天要保证8小时的睡眠，至于如何安排可以灵活掌握。

（2）小睡是很好的休息方式。

如果近期事情格外多，怎么办？可以尝试小睡片刻。小睡已经被证实是一种十分有效的睡眠方式。比如，白天睡20分钟，虽说不如晚上的两个小时，但是也一样会达到很好的效果。因此，小睡是一种不错的投资，每天可以选个合适的时间段，花上15分钟或者20分钟来一次有效的小睡。

（3）睡前切忌吃太多食物。很多人都有入睡难的问题，那是因为他们吃大多，以致睡觉时血液的流量仍然很快，心脏的跳动也很剧烈，所以在睡觉之前不可以吃太多的东西。

（4）努力使睡前情绪平稳。遇到某些重大的事件，会让人感到难以入睡，这很正常。当处于一些特殊的困难时期感到难以入睡时，不妨告诉自己：我的身体有足够的智慧懂得何时休息。如果愿意的话，可以看点杂志。

“身体是革命的本钱”，在抵御“外敌入侵”的同时，我们更应该自主地坚持健康生活理念，将自己的身体机能调节到最佳状态。不妨给自己定下一些能实现的健康目标，让我们一起写下自己的健康宣言吧！

我的健康宣言：____

____

____

二、训练与测试

确立并实现幸福的目标

幸福生活从确立目标开始，而确立目标必须符合自身实际。本训练拟帮助读者确立幸福生活目标。

（1）用具体、明确的词语说明幸福目标。例如，每天结合实际列出4～5条自己希望做到的幸福事件，并用语句具体说明。

（2）用记事、笔记、日记等方式，记录自己每天的幸福生活。

（3）定期（可定为一周或一月）整理并调整短期幸福目标。每个月对自己记录的幸福生活进行整理，结合实际情况，调整幸福目标，努力实现短期的幸福目标。

（4）定期（一季度或一年）总结自己的幸福生活，概括幸福体会，反思实现幸福目标的情况。

（5）持之以恒，鼓励自己坚持进行幸福练习，实现更长远的幸福目标。

三、补充阅读与思考

遇到一件事情，我们的语言可以是消极的，也可以是积极的，其产生的结果是完全不一样的。有的人遇到困难或不如意的事情喜欢抱怨，喜欢说一些消极的语言，如“我怎么这么倒霉，太糟糕了。”“太不公平了。”“完蛋了，我肯定不行”等，甚至有的人还会说一些更消极的语言。如果我们这样做，这些语言在我们身体里就会产生不好的效果，因为我们说的所有语言都会进入我们的潜意识，也就是我们的大脑，大脑就会按照以上语言来工作。相反地，如果我们遇到任何事情都输入正面积极的语言，结果就会完全不一样。比如，不管遇到多大的困难，我们都要对自己说“我一定可以”，接下来我们就有可能战胜困难。

“语言”是有力量的，积极正向的语言能把我们带向美好的人生。我们每天都在用语言，但并不是所有的人都知道语言的力量有多么强大。一句话可以改变一个人的命运，可以让一个人功成名就，也能让一个人穷困潦倒，每天对自己输入不同的语言，生命的质量将会完全不一样。

相信语言练习的效果是幸福练习的心理条件。在最初的练习时，你可能会感到有些不习惯，但只要能够持之以恒，坚持练习，一定能够获得意外的练习效果。

我们平时可以有意识地搜集整理一些有关幸福的“名人名言”或“名言警句”，也可以是一些充满幸福感的故事、诗歌，记在本子上，抽时间朗诵这些词句。例如，晚上临睡前，在心里默念一遍。具体可以根据自己的作息时间，结合自己的学习、工作或生活习惯。

幸福练习：我心深处

在我广阔的人生中，一切都是完美，完整和完全的。
我和每一个我认识的人生活在融洽与平衡之中。
在我心灵深处，埋藏着无尽的爱的甘泉。
现在我让这些爱汩汩涌出，
它充满我的心扉，我的身体，我的思想，我的生命。
它离开我的身体，向各个方向辐射，然后又成倍地返回我这儿。
我越来越多地释放爱心。
我释放出所有的储备，释放爱心让我感觉良好。
这是我内心愉快的表达，我爱我自己。
因此，我用爱来照顾我的身体。
我满怀爱心地提供给它富有营养的食物和饮料。
我满怀爱心地修饰它，装扮它。
我的身体回馈给我的是健康和精力。
我爱自己，因此，我给自己准备了一个温暖的家。
我用爱装满每个房间。
因此，不管谁进来，包括我自己，都会感觉到这种爱，并且被它滋养。
我爱我自己，因此，我做真正喜欢的工作。
一个可以发挥我创造力和天赋的工作。
那些爱我的和我爱的人，
我和他们一起工作，我为了他们而工作。
我还有满意的收入。
我爱我自己，因此，我用爱的方式思考和行动。
我这样对待所有的人，他们又成倍地返还给我。
我在我的世界里只吸引可爱的人。
因为他们是我的镜像。
我爱我自己，因此我宽恕并解放过去，以及过去所有的经历。
我自由了。

我爱我自己，因此，我完全生活在现在。

我体验每一个美好时刻，而且我知道我的将来会充满阳光，喜悦和安全。

因为我是宇宙中的一个可爱的孩子。

这世界乐意照顾我，

现在和永远都是这样，

我的世界里一切都好。

（摘自路易斯海《生命的重建》）

以上内容只是一个示范，以期达到“抛砖引玉”的作用，期望读者根据自己对幸福的理解，不断搜集和增加好的词句。

言为心声。关注自己的语言，把“负向”的否定句改成“正向”的肯定句。尤其在你面临困难或失败时，多进行以下练习，能够帮助你增强自信心，增加你的幸福感。

积极语言暗示练习

说明：箭头前面的语言是你原来习惯的语言，箭头指向的语言是你需要改变或需要进行暗示练习的语言。请试着把你习惯的语言换成暗示练习语言。

（1）我没有办法。→我要尝试着从新的角度看问题。

（2）对我来说，这件事情太难了。→我可以将这件复杂的事情分解成几个步骤，看看我现在可以做点什么。

（3）我又失败了，我觉得很无奈。→我只是在这件事情上失败了，目前我有没有什么更有价值的事情可做。

（4）我看希望不大，凶多吉少。→我要尝试尽我所能去努力，这是一个机会。

（5）我不要胖。→我要健康苗条。

语言是我们生活中不可缺少的东西，通过以上的练习，我们一定要让语言发挥积极正向的力量，让我们的生活和生命通过语言的力量而变得更加美好。

第十一章　跨文化校园中的心理适应
——教你顺利适应异国生活

生活中的心理学

有这样一个故事，一所国际公寓发生火灾，里面住有犹太人、法国人、美国人、中国人和日本人。犹太人急急忙忙地先搬出他的保险箱，法国人则拉出他的情人，美国人先抱出他的妻子，中国人则先背他的老母亲，日本人则先把丈夫拉出来。

这虽然是一个故事，也可以说是一个笑话，但它可以说明一个道理，即每个民族都有自己特殊的文化心理素质、思维方式、价值尺度和道德规范，每一种文化形态都具有自己与众不同的价值系统。同一件事物，同一种行为，在某国人看来可能是好的、正常的、司空见惯的，在价值观念不同的另一国人看来，却可能是坏的、反常的、不能接受的。

比如，欧美留学生非常喜欢中国过时的东西。他们一般不喜欢宿舍里配备的现代家具，却喜欢去买过时的古式旧家具，如旧八仙桌、旧太师椅、旧红木箱子等。他们喜欢穿着宽大舒适的衣服，对中国的“新潮”时装不感兴趣，却特别喜欢穿中国旧时的小褂、肥腿裤、圆口布鞋等。

中国人以谦虚为美德，遵循“满招损，谦受益”的宗旨，宁可把知道十分说成五分，也不会把知道五分说成十分。而外国留学生却特别喜欢“推销自己”，他们会把懂得五分说成十分。比如，学校举行文艺演出时，有些留学生只要能唱上几句，能跳上几下，就争先恐后地上台表演，不愿失去出头露面的机会。

中国人群体意识较浓，讲求随大流，求一律，一举一动都很注意对周围的影响及他人的反应。比如，夏天有些中国姑娘想穿裙子时，总要考虑到周围大多数人穿时才穿。而欧美留学生在做出一项决定时，主要是考虑自己的意见。他们喜欢标新立异，喜欢“与他人不一样”，在个人行为和生活方式上不大理会周围人。

可见，不同文化具有不同的价值观念，人们对美丑、好坏、善恶的评估也不尽相同。因而，对于各国的文化价值观念，我们要抱有相互尊重和接纳的态度，而不是要求一种文化服从另一种文化。

第一节　跨文化冲突与适应

你需要知道的事：跨文化冲突

在经济全球化的大背景下，世界各地的信息与文化交流日趋频繁，中国作为世界大国之一，因为改革开放和经济崛起，以及深厚的文化底蕴，吸引了来自世界各国的留学生。随着高校留学生人数的增加，因语言、信仰、习俗、观念等文化差异的客观存在，来华留学生的跨文化适应问题日益凸显，引起教育界乃至全社会的关注。

跨文化适应，是指“两种不同文化的群体持续、直接的文化接触，导致一方或双方原有文化模式发生变化的现象。”跨文化研究专家沃德认为，跨文化适应可以分为心理适应和社会文化适应两个维度。心理适应主要是指跨文化接触中的心理健康和生活满意度，如果没有或较少产生负面情绪，可认定实现了心理适应。社会文化适应是指适应移入地社会文化环境的能力，是否有效接触并融入当地文化，跨文化适应水平的主要参照标准是心理适应。心理适应良好，代表着当事人跨文化适应状况良好。

跨文化适应中产生的文化融合度分为四种模式，第一种是整合模式，即既保持自己原有的文化，又与当地社会文化群体产生关系和互动；第二种是分离模式，即只保持自己的文化，而忽视与当地社会文化群体的关系；第三种是融入模式，即重视与当地社会文化群体的关系，而不考虑自己的文化；第四种是边缘化模式，即既不保持自己的文化，也不重视与其他文化群体的接触。1994年，沃德和肯尼迪的研究发现，派遣到海外的新西兰政府雇员，采用整合策略的人比采取融入策略的人的心理适应问题少，采用分离策略的旅居者社会文化适应水平低，而采用融入和整合策略的旅居者文化适应水平最高。

从一定意义上讲，跨文化适应是一个学习居住国社会文化习俗的过程，是一个提高跨文化沟通能力的过程。在跨文化适应的过程中，可以增加与新文化群体的相互理解、尊重和接受。面对新进入的文化环境，个体最初会产生新鲜感和兴奋感，接着会因为文化之间的差异变得不安和行为不适，产生迷茫和低沉的情绪，随着个体不断地自我调整和适应，消极的情绪逐渐消解，最终适应新的文化。

高校留学生有着“外国人”和“学生”的双重身份，除了面临着跨文化适应的问题，还因年龄段处于青少年晚期到成人期的阶段及初入高等教育阶段，容易产生心理和生理方面的特殊问题。国际学生的跨文化适应包括心理适应、社会文化适应及学业适应，所以更需要及时进行心理调适，主动参与与东道国的社会文化互动。目前，我国的留学生政策和管理日趋包容和开放，高校也尽可能地为留学生创设好的物质条件和人文环境，也意识到需要关注留学生的跨文化适应问题和精神文化生活。

一、直面跨文化适应

（一）跨文化适应之困

留学生从世界各地来到中国，他们比普通中国新入校大一新生面临着更多的变化及由此产生的适应压力，这些都影响着他们的心理状态，他们主要面临以下几大适应之困。

1. 居住环境变迁

初来中国的留学生，面临着衣、食、住、行方面巨大的调整和改变。中国大学的居住条件、管理方式、饮食配置均与母国有着巨大的差异。中国大学的留学生公寓虽然普遍比普通中国学生的公寓配置更好，但中国公寓化住宿模式很难做到完全符合他们的生活习惯，这种不适感带来的生活困扰，很容易增加他们的焦虑感，以及对留学生活的排斥和反感。再加上因饮食习惯、语言沟通不畅等带来的生活不适及由此产生的负面情绪，极易使留学生们将自己束缚在与同一来源地的同学的小圈子中，放弃积极的文化适应与融入，与中国学生、教师及其他国家的留学生疏远，将自己置身于主体文化区间的边缘地带，特立独行甚至我行我素。

2. 学习环境变迁

初入中国校园，汉语学习的难度、专业课程设置、课堂教学方式、教学方法的差异都将给留学生带来压力。中国文化的丰富多彩是吸引外国留学生来华的重要原因之一，掌握汉语会成为他们走进中国、了解博大精深的中国文化及完成学业的第一步。大多数留学生在学习汉语后会发现汉语对他们来说完全陌生，非常深奥，一时难以入门，汉语学习的困难往往超出他们的预期，于是对汉语学习产生了畏难情绪。语言的障碍也影响着留学生的专业学习效果，以及跟专业老师的深入沟通。另外，中国的课堂教学大多采用传统的教学方式，即讲授式和填鸭式，这也容易使留学生在语言学习和专业学习过程中感到枯燥。

3. 学校管理文化的差异

出于对社会安全和国际政治等多方面因素的考虑，高校一般设有独立的管理部门来管理留学生的学习和生活。在学生管理模式上，多数高校实行教学与管理分离的原则，分设教师队伍和留学生管理队伍。教师负责留学生的日常学习和学术研究方面的具体指导工作，留学生管理人员负责留学生的行政管理，如办理签证延期、居住证等服务工作。另外，部分高校设班主任或辅导员对留学生进行思想方面的教育、引导及心理疏导。这种行政管理、教学、思想教育三者结合的留学生管理体系，也会让初来中国的留学生感到迷茫和难以适应。

4. 价值观的差异

价值观主要包括教育价值观、经济价值观、宗教价值观和社会价值观等方面。对于留学生来说，他们面临的最大跨文化适应之一是价值观。中国是集体主义社会，集体主义价值观和个人主义价值观有着根本性的差异。集体主义价值观强调人际和谐与社会稳定，而个人主义价值观则注重个性的自由和个人的发展。留学生需要对中国社会的价值观有所了解，以免引发太多内心冲突。

5. 人际交往的差异

人际交往是留学生在中国生活的重要方面，也是跨文化适应的重要途径。中国人的交友观相对比较传统和谨慎，对朋友的挑选严苛，不随意交朋友，而且朋友间往往情感表达较少。而其他国家留学生交友可能相对随意些，注重相互的吸引和情感交流。中国人朋友互动中的无私或者过度付出，也冲击着曾经一直遵循互惠原则的外国留学生。中国人的面子问题也让很多留学生不解。交友观的差异时常让留学生感到很难做到与中国学生深入交往。

6. 隐私权的差异

外国留学生非常重视隐私权，在他们看来，隐私权是神圣不可侵犯的权利。比如，中国人常用的打招呼方式“您去哪儿”，还有中国人聊天时常聊到家庭收入、婚姻状况、年龄、对方家中贵重物品的价格等，在留学生看来这些往往是对隐私权的侵犯，会极大地激怒对方，让对方感到不舒服。隐私权的差异也给跨文化沟通带来障碍。

以上诸多差异导致了在华留学生必将面临着较大的适应课题。如果不能顺利适应这些差异，极易产生文化休克，必将对留学生的学习和生活带来很大的影响。

（二）认识“文化休克”

文化休克是美国文化人类学家奥伯格提出的，是指当一个人进入不熟悉的文化环境时，因失去自己熟悉的所有社会交流的符号与手段而产生的一种迷失、疑惑、排斥甚至恐惧的感觉。当一个长期生活于自己母国文化的人突然来到另一种完全相异的新的文化环境中时，其在一段时间内常常会出现这种文化休克的现象。对于来华留学生来说，这种状态如果处理、调适不当，很容易影响其留学期间的学习与生活。

文化休克大体经历四个阶段，即蜜月阶段、沮丧（或排斥）阶段、恢复调整阶段和适应阶段。

第一阶段：蜜月阶段。在进入中国学校的时候，留学生会表现出对周围事物强烈的新鲜感和好奇感，这时他们与中国人接触比较少，因此对中国的负面印象也比较少，处于对中国文化的认可度和适应水平都较高的阶段。在这个阶段里，学生的情绪是积极的，称之为蜜月期。

第二阶段：沮丧（或排斥）阶段。在中国生活了一段时间以后，他们对环境的新鲜感逐渐下降，与中国人的接触不断增加，对中国有所了解之后，他们体验到文化冲击带来的影响，逐渐意识到中国的社会现实与他们心目中的图景存在偏差。这种偏差的持续存在会影响他们对新环境的接受、认可和融入。这时留学生因有效的社会支持系统尚未建立起来，容易变得不安、孤单，稍微遇到一点挫折就开始抱怨，对周围的老师和同学或对某门课程产生厌烦甚至憎恨感。此时，他们往往会特别怀念自己的家乡和亲人，这种怀念使得对现实的厌倦感更加强烈，学生会变得敏感、孤僻，对学习没兴趣甚至厌学，喜欢一个人或与来自同一国家的几个人组成一个小团体，把自己和外界孤立开。在这个时期，学生情绪波动比较大，容易产生矛盾心理，是产生问题的多发期。

“排斥期”往往是留学生社会圈子不断扩大的阶段，是他们主动适应中国文化的一种文化习得过程。在这一过程中，他们对中国文化和中国人的判断还未定型，将经历一个从“好奇”到“困惑”的过渡期。

第三阶段：恢复调整阶段。随着留学生在华时间逐渐增加，参与文化互动的机会的增多，他们会逐渐认可中国的文化元素，并由此对他们本身不认可或以前不认同的方面产生怀疑和否定，形成跨文化二次适应，从而进入一个相对平稳的时期，即恢复期。在恢复期，随着对新环境的不断适应，留学生的思想、认识也不断改变，逐渐熟悉了这里的语言、食物、风俗习惯，特别是与中国同学间交流增多后，发现自己能够解决一些问题了，心理上的孤独、失落感逐渐减少，自信心逐渐增加，于是重新振作起来，对学习和生活又充满了热情。

第四阶段：适应阶段。通过反复不断地磨合，调整心态，进一步适应新环境，并接受了学习和生活的状态后，就能很融洽地与周围的人相处。这时，留学生的性格也变得更加开朗，学习的积极性也明显提高，留学生间出现问题的频率明显减少，这个时期称为适应期。当学生进入适应期之后，自己的交际能力、问题的处理能力和自我调节能力都有了明显提高，学习和生活也就步入了正轨。

留学生要做到跨文化适应和心理适应，应对“文化休克”，顺利度过第二个时期，需要认识到以下两点：第一，要正确认识文化差异，看到文化差异的客观存在，知道文化冲突是难免的；第二，留学生的文化适应过程是艰难的，需要经历一个从不适应到适应的过程。

面对文化差异，留学生要积极适应新的社会文化环境，入乡随俗；对于文化中有差异的部分，要学会沟通和交流，让其他人了解和尊重自己原有的文化价值观念，也积极地去了解和尊重他国的文化价值观念。

（三）缓解跨文化适应的压力

要缓解跨文化适应过程中的压力，留学生们可以尝试以下几点。

（1）积极适应，主动适应。主动去了解中国的风土人情、文化禁忌，要提前做好面对文化冲突的心理准备。

（2）积极参与校园中的文化交流活动和社团文体活动。轻松、愉快的文化互动氛围，既可以让留学生展示自己的文化，也可以让他们了解和体会其他国家的文化，特别是中国文化；这些有利于增加文化适应中的积极情绪，缓解跨文化适应中产生的负面情绪。

（3）学会寻求支持，建立支持系统。碰到适应期中产生的心理压力和不适，可以向朋友和家人倾诉，寻求他们的情感支持；也可以向学校的管理者、班主任老师们寻求支持。独自承受压力或者让自己处于跨文化适应的边缘地带对自己的留学生涯是非常不利的。

（4）调适情绪，增加积极情绪。积极的情绪可以对抗压力，在日常生活中要做些让自己感到开心快乐的事情，如听音乐、跳舞、与朋友聊天、郊游等，从事跟自己兴趣爱好有关的活动，以及定期的体育运动活动，这样即使身处有适应压力的异国他乡，仍然可以创造快乐，积极应对留学生活。

二、训练与测试

焦虑自评量表（SAS）

指导语：请阅读下面的二十条文字，根据自己最近一个星期的实际感觉，在题后选择一个相应的数字打“√”。数字表示的含义为：1＝没有或很少；2＝有时；3＝大部分时间；4＝绝大部分时间或全部时间。

1. 我觉得比平常容易紧张和着急……1 2 3 4
2. 我无缘无故地感到害怕……1 2 3 4
3. 我容易心里烦乱或觉得惊恐……1 2 3 4

4. 我觉得我可能将要发疯……1　2　3　4
5. 我觉得一切都很好，也不会发生什么不幸……1　2　3　4
6. 我手脚发抖打颤……1　2　3　4
7. 我因为头痛、颈痛和背痛而苦恼……1　2　3　4
8. 我感觉容易疲乏……1　2　3　4
9. 我觉得心平气和，并且经常安静地坐着……1　2　3　4
10. 我觉得心跳很快……1　2　3　4
11. 我因为一阵阵头晕而苦恼……1　2　3　4
12. 我有过晕倒发作或觉得要晕倒似的……1　2　3　4
13. 我呼气和吸气都感到很容易……1　2　3　4
14. 我手脚麻木和刺痛……1　2　3　4
15. 我因为胃痛和消化不良而苦恼……1　2　3　4
16. 我常常要小便……1　2　3　4
17. 我的手常常是干燥温暖的……1　2　3　4
18. 我脸红发热……1　2　3　4
19. 我容易入睡并且一夜睡得很好……1　2　3　4
20. 我做噩梦……1　2　3　4

计分方法：题目5、9、13、17、19采用反向计分方法，即选1、2、3、4计分分别为4、3、2、1，其他题目正向计分，总分相加。

结果解释：总分相加，分数越低说明情绪状态越好，总分超过35分，说明焦虑情绪可能已经给日常生活带来了干扰，需引起关注，及时进行放松和减压方面的调整，分数超过35分者，请及时寻求专业心理咨询老师的帮助。

三、补充阅读与思考

从中美表达的差异来了解中国人

中国人不习惯在外人面前夸奖自己的亲人，中国的妇女不大会在别人面前说自己的丈夫怎样出色、努力及能力有多强；中国人也不习惯在外人面前说自己的子女有多么的聪明、学习成绩有多好及获得过什么突出的奖励。但是，美国人却恰恰相反，他们很愿意在别人面前夸奖自己的太太、子女，以示尊重和爱。这些表达习惯上的差异，在很大程度上反映了自我概念的差异。中国人的自我概念是一种延伸性的自我，因此，自己的亲人实际上是与自己等同的。夸奖自己的亲人就如同夸奖自己一样，这显然有悖于传统文化的自谦美德。而美国人的自我概念是相对独立的，因此夸奖自己的丈夫、妻子或者孩子，是在夸奖他们，而不是在夸奖自己。

另外，中国人非常忌讳当着别人丈夫的面夸奖他们的妻子有多么的漂亮，认为这是对女性的亵渎，颇有居心不良的成分。有些中国人还会认为“你的妻子真漂亮”这样的话近乎下流，对于中老年人来说尤其如此。然而，对于美国人而言，这却是很自然的事情，被夸奖的人颇为高兴，她的丈夫也会对你充满感激之情。美国人对恭维一般表示谢意，这表现出一种自强自信的信念。

在汉语和英语中都有表示求助、感激、歉意的固定说法，如汉语中的“请”“谢谢”“对不起”，英语中的“Excuse me”“Thank you”“I'm sorry”等。在中西方文化中，这些表达方式意思十分相近，沟通双方一般不会产生误解。但同时，我们也应该看到它们在使用上的差异。比如，英语中的“Thank you”和“Please”比汉语中的“谢谢”和“请”用得更加广泛。在小事上，中国人常常不讲这些客气话，特别当对方是亲属或者好朋友时，更无须如此，否则会让别人觉得别扭、生疏。因为中国人相信对方知道自己的感激之情，因此不必多言。但在西方人看来，不说这些客气话就是失礼的行为，对别人不够尊重。汉语中的“辛苦了”是一句很热情的话，表示对别人的关心，有时还用“辛苦了”来肯定别人付出辛勤的劳动和所做出的成绩，并表示慰问。但是，在英语中却没有完全对应的说法。在西方如果你认为别人很辛苦，你就不应该让他们去做这些事情。对于这些表达上的差异，中国学生和留学生都需要了解，以免引起冲突或制造障碍。

第二节　跨文化心理适应与应对

你需要知道的事：中外交友观的差异

中外学生在交友观上存在着巨大的差异，这在客观上影响了来华留学生与中国学生的交流。相对来华留学生，中国人的交友标准要更严格一些。

关于朋友，大多数留学生想到了“娱乐性”，认为朋友是可以一起玩的人，朋友在一起是为了享受友情，享受轻松，不需要对朋友负太大的责任；交友是为了娱乐和放松，自然对于朋友的教育程度和家庭背景不会过于看中，在交友过程中表现出很强的随意性。这与中国传统文化中交友的目的和要求有很大的出入。中国人把交友看成成己之德和成人之德、互助促进的手段，因此交友极其谨慎，绝不滥交，对朋友的选择较为严格。由于交友观的根本差异，使得留学生初入中国，不能很顺利地与中国学生进行人际交往。即使与中国学生交流，在话题上通常也只是停留在日常生活层面，很少深入相互的内心世界。

中国学生和多数来华留学生在交友观上也存在共性，都强调坦诚交流的重要性，认为朋友是值得信赖的倾诉对象。

一、在华留学生心理适应与应对

在华留学生要应对跨文化适应中的社会适应和心理适应，需要妥善处理了解决生活适应、学业适应与人际交往适应三大主题。新环境、新文化适应过程中产生的各种压力，容易引发一系列的心理和身体上的问题。常见的因适应产生的负面情绪有被歧视感、想家、恐惧、内疚及排斥等，并容易对中国人的行为方式、价值观和态度产生怀疑和否定。

留学生在来华生活的适应期里，语言障碍、沟通差异、学业压力等都可能给留学生的生活和学习带来很大挑战，新生活的适应还包括饮食、居住环境、学习氛围等。古迪孔斯特（Gudykunst，1977）认为良好的跨文化适应是指能够很好地应付各种心理压力。布瑞斯林（Brislin，1993）用三个因素来评定跨文化适应：第一，与其他国家的人形成良好的人际关系；第二，沟通和互动过程是愉快的、合作性的；第三，能有效地完成任务。本节将讨论留学生适应过程涉及日常生活、学业、人际关系三大方面的适应问题及其应对，帮助留学生建立良好的人际关系，顺利完成学业。

（一）在华留学生的生活适应与应对

生活方面的良好适应是其他适应的基础和保障，留学生衣、食、住、行方面的适应感将直接影响在华学习和生活的质量，以及个人的幸福感和满足感。

文化距离假设（cultural distance hypothesis）理论指出，学生们若来自于东道国文化比较接近的国家，在跨文化适应过程中，感受的压力和困难会比文化差异大的国际学生小很多，因而与亚洲籍留学生相比，非洲留学生适应中国的生活难度要大一些。

留学生普遍面临的生活适应压力主要体现在饮食适应、居住环境适应和语言适应上。

1. 饮食适应

中国人的饮食文化底蕴深厚，饮食具有地域性特点。中国的烹饪技术发达，菜品基本以熟食为主，加上各地方为的口味又有很大差异，例如北方菜偏咸，南方菜偏甜，川菜、湘菜又辣味十足。留学生刚到中国，会对中国菜感到很不适应，尤其是用筷子会让留学生感到有难度。留学生到餐厅选菜，由于对中国菜不了解，一般只能尝试很少的几个。有的留学生感到很无奈，到餐厅选菜，每次只能说“那个那个”，选来的菜又不能确保自己适应。一些留学生因为饮食的困扰，只能在公寓自己做饭，或者租房子做本国的菜品。

2. 居住环境适应

留学生公寓通常比一般的本国大学生公寓条件好一点，但中国公寓的管理会让留学生感到不适应。多数中国高校宿舍管理比较严格，每天晚上会按时关宿舍门，这对喜欢晚归的留学生来说是个很大的限制。另外，中国留学生公寓很多是两个人居住一间（中国学生一般是四人间、甚至六人间），这对习惯独自居住，重视个人空间的留学生也是一个挑战。再者，中国的作息规律跟多国留学生也不一致，中国人普遍的作息传统是早睡早起，早上八点开始上课，而不少国家的留学生习惯晚上活动，早上相对起床较晚。因为诸多不适应，有些留学生选择在校外租房居住，这在客观上也增加了生活的成本，增加了留学生个人的经济压力。最后，独立的留学生公寓，虽然改善了留学生的居住环境，方便了对留学生的管理，但在客观上隔离了与中国学生的交流。

3. 语言适应

汉语是世界上最有难度的语言之一，汉语的语音、语法、词汇及汉文字的书写相比其他语言难度都要高一点。有研究显示，留学生或多或少地经受着一定程度的汉语学习焦虑，大约三分之一的留学生因强烈的汉语学习焦虑而影响了正常的学习和生活。因汉语水平不够好，导致留学生不能自如充分的跟当地人打交道，也无法与中国学生、老师及学校管理人员进行深入充分的交流，这给留学生的生活适应带来很大的压力。

因生活适应上的压力，部分留学生产生了想家、焦虑、敌对、排斥等负面情绪，产生思念家乡的心理，甚至有学生产生精神方面的障碍和异常。这些压力与负面情绪需要及时地做好排解与调整。在情绪的调适方面，留学生首先看到适应困难的客观存在，对它不否认，不排斥，克服自卑和自我封闭的心理，勇敢地面对陌生的环境；对于心情上的压抑与想家的情绪，可通过向朋友和家人的情绪获得纾解，也可以寻求学校或当地专业的心理咨询帮助。

对于饮食方面的适应，留学生要保持开放的心态，积极尝试口味不同的中国菜品，甚至挑战自己不能接受的味道，也可以请中方老师、中国学生帮助自己，尽快找到适合自己口味的饭菜。习惯了中国的饮食之后，留学生们便开始真正享受并融入中国的饮食文化，并对中国几千年的饮食文化感到惊叹不已。

对于公寓的居住适应，留学生们可以主动调整自己的作息时间，报着“入乡随俗”的心态，遵循中国人通用的作息时间设置，例如晚上十一点前睡觉，早上六七点起床，这样可以保证充足的睡眠，也跟上课的时间保持一致。如果留学生住的是两人一间的公寓，要懂得跟室友和睦相处，因为中国的文化是“和”文化，人际互动注重“以和为贵”，注重人际间的相互沟通、相互尊重。两人共住一间公寓，虽然独处的空间会减少，但也多了一份“独乐乐，不如众乐乐”的心情。

对于语言适应，除了积极参加语言的学习与培训外，还可以通过参与文体娱乐活动、社交活动以及体育竞技活动，加强与中国学生的交流，让自己在自然的语言环境中提高语言学习的速度。当今信息社会，也可以通过网络、电视、新闻媒体等，了解中国社会，提升汉语水平。另外，还可以通过参观校园、公园、博物馆、旅游名胜及到当地中国家庭做客等，切实感受中国丰富多彩的中国文化，感受中国的风土人情，汉语水平也会潜移默化的提高。

随着对环境熟悉度的增加、心态的调整及朋友的增多，留学生们便会顺利度过适应期，开始融入并享受丰富多彩的中国生活。

（二）在华留学生的学业适应与应对

留学生来华的主要目的是专业与学术学习，学业任务完成与否，是检验留学生涯成败与否的重要标准。初来中国的留学生会对中国的教育理念、教育管理、课堂教学方式和考试考核感到不理解和不适应。

中国的教育理念受中国传统儒家思想影响，授课老师在教学中占主导地位，课堂通常高度纪律化，讨论很少，所以课堂教学方式往往是讲授式为主。中国学生往往对老师和知识非常敬重，并受“万般皆下品，唯有读书高”思想的影响，专注于认真读书，听取老师的教诲，按老师的要求复习巩固知识，获得高分，得到老师和家长的认可。可多数国家的留学生所熟知的课堂教学方式是课堂讨论，即上课可以随时打断老师，发表自己的看法，上课氛围自由、松散，容易不适应中国传统承袭的为学严谨之道。中国的考试标准和评价学生标准也跟留学生很不相同，考试往往是对书本知识的考核，重视课堂的出勤率、作业的完成情况，以及听课和作业的认真程度。

有些留学生很不理解，中国老师管得宽管得严，好像总是把学生当成长不大的孩子，没有独立和自由，而且中国学生往往顺从权威和管理。这是因为自古以来，中华民族倡导的“教书育人”思想，教师不但要教授知识，还要教学生做人。中国是等级严明的社会，提倡“尊卑有序”，下级服从上级，是绝对权威的社会。因而中国学生服从老师，接受学校的管制就是自然而然的事情；如果有学生表现得叛逆或不听老师的教导，就会被学校、家长甚至周围的同学认为是坏学生。

关于学业方面，留学生还存在的抱怨是用英语讲授专业课的中国老师，可能存在发音不准，学生无法完全听懂讲课内容的情况，纯中文教学，留学生的听课也存在着困难，这种状况也将增加留学生学业方面的压力和焦虑。

留学生在学业方面的压力，很容易产生学业上的挫败感、焦虑感和无力感，从而感到惶恐不安，甚至因学习适应不良而丧失在中国继续求学的信心而产生逃避心理。针对以上学业方面的适应问题，留学生首先在心态上要理解中国的教育理念和教育方式，并去积极适应中国的教育。以下几条建议可以帮助留学生顺利完成学业。

第一，适应中国较为严谨的课堂教学形式及课堂纪律。坚持准时到课，上课认真听讲，学会老师讲授的知识要点，课后认真复习，按时完成作业，巩固所学知识。

第二，尊重老师，主动跟任课老师沟通。课程中不懂的内容可以在课间和课后向任课老师请教，如果需要老师调整教学节奏和教学形式，在向老师反馈的时候，要采用谦和、谦逊和尊重的态度，如果老师可以适当调整那自然很好，如果老师没有做调整，也要尊重老师的做法。

第三，培养专业学习兴趣，加强中文学习，参与社团、俱乐部等第二课堂的学习，营造良好的学习氛围，认真复习考试，确保自己顺利完成学业。

（三）在华留学生的人际交往适应与应对

留学生在中国的人际关系包括与本国同胞的交往、与外国学生的交往和与中国人的交往。有调查研究显示，留学生更多的倾向与外国学生群体和本国同胞交往，对与中国人的交往相对薄弱。虽然留学生感觉自己缺少中国朋友，也希望有机会交中国朋友，但与中国学生交流的主动性不大。即使在同一课堂，也缺乏主动与中国学生的交流。

有一项对中亚来华留学生的调查研究显示，中亚来华留学生与中国学生的人际交往的特点有：交往频率低和交往渠道有限。对于问题“您是否经常与中国学生交流”，选择“经常”的占31.6%，选择“偶尔”的占41.6%。而“很少”交往的有22.6%，其中还有4.2%的“完全没交流”。调查显示56.8%留学生与中国学生的交往集中于通过熟人介绍或是协会组织，这说明留学生对于交往比较依靠熟人关系，或者比较信赖正式组织的活动。

人际交往有助于减缓和消除焦虑和负面的心理和情绪。同胞间的交流，可以帮助留学生们宣泄自己的感情，释放在新环境中的挫折与压力，感到安全感和舒适感，减少了心理上的焦虑、无助感和疏远感。但过度依赖单一文化圈可能阻碍留学生对当地文化的学习。

留学生在与中国人互动的时候，主要存在以下几个障碍和差异。

1. 语言沟通问题

有一个访谈研究显示，被访留学生认为，他们之所以没有很多中国朋友，最主要的原因就在于语言障碍，对于某些语言表达不理解，甚至产生误解，无法用熟练的中文表达自身确切的情感。语言障碍是与中国朋友交往的隐形障碍，阻碍了友谊的深入发展，往往只停留在普通朋友的层面。

2.交往中的文化差异

文化差异影响了人际互动的方方面面，其中特别是中国的付账方式让不少留学生感受到冲击。中国人喜欢轮流请客，而欧美和多数国家的留学生习惯于AA制。中国人的这种方式付账方式，容易让留学生们，特别是欧美留学生感受到欠债感，因为他们不敢确保下次再和同样的人吃饭。

3. 中国学生的“热情”帮助

在一段友谊的初期，中国人会极大帮助新结识的朋友。这让不少留学生感到很奇怪和紧张，因为他们不了解中国学生这么做的动机。人际交往中的互惠原则在世界上很多国家的文化中都是认可的，在传统的中国文化中，却信奉“知恩必报”“滴水之恩当涌泉相报”和施予者的“不思回报”。当许多中国人表现出热心帮助的时候，他们却难以适应这种热情。中国人在长期的“热情好客”的民族传统影响下，往往倾向于向来自不同民族、地域的人们表现出极大的友好，给予热心的帮助。在中国人看来，帮助朋友，可以使这份人情绵延下去。

4. 中国人的“面子”问题

虽然“面子”不是中国独有的人际交往现象，但中国人的“面子”问题更突出一些，中国人一般不会当面或当众指出对方的错误，当众指出或当面指出对方的错误，在中国人看来是粗鲁的，可能会激怒对方。所以，留学生们在与中国人互动的时候，涉及“面子”问题，变得小心谨慎。

5. 关于歧视与偏见

世界各国学生在内心深处都渴望被尊重、被重视，都不愿受到歧视和偏见。特别是肤色与中国人差异非常大的非洲黑人。一方面，中国社会的开放度虽然越来越高，但很多中国人对外国人的印象主要来源于电视、书本等媒介，并不真正了解这个民族或群体，在一知半解的基础上容易产生消极的刻板印象，对于非洲学生的偏见态度和歧视的行为，确实会伤害非洲学生的感情。另一方面，有些非洲学生对中国人也可能存在误解，正如“说者无心，听者有意”有时候没有歧视和偏见的心态但却被误为是歧视和偏见的表现。中国人素来有热情和好客的美称，特别是在交往的过程中并没有对非洲留学生表示拒绝和不友好，但因为文化形式不同，表达的方式不同，可能会让他们产生误解。

对于以上人际交往过程中产生的障碍和差异，可以尝试以下两点：

一是坦诚沟通、相互尊重。来华留学生可以尝试向中国学生表达自己在人际互动中的担心、焦虑，告诉中国学生在自己文化中，此类情况的应对方法，以及询问中国文化中如何应对才是最妥当的。这种坦诚的交流方式，会拉近彼此间的距离，增进彼此间的尊重和理解，增进友谊。

二是主动交往、勇于交往。中国人往往都是热情好客的，对外国留学生比较陌生，他们也不知道如何跟留学生交往。如果在交往中，留学生可以克服封闭的心态，主动交往，往往会收到中国学生的良好回应。

二、训练与测试

抑郁自评量表测试（SDS）

指导语：请阅读下面的二十条文字，根据自己最近一个星期的实际感觉，在题后选择一个相应的数字打“√”。数字表示的含义为：1=没有或很少；2=有时；3=大部分时间；

4=绝大部分时间或全部时间。

1. 我感到情绪沮丧，郁闷……1　2　3　4
2. 我感到早晨心情最好……1　2　3　4
3. 我要哭或想哭……1　2　3　4
4. 我夜间睡眠不好……1　2　3　4
5. 我吃饭像平时一样多……1　2　3　4
6. 我手脚发抖打战……1　2　3　4
7. 我的性功能正常……1　2　3　4
8. 我为便秘烦恼……1　2　3　4
9. 我的心跳比平时快……1　2　3　4
10. 我无故感到疲劳……1　2　3　4
11. 我的头脑像往常一样清楚……1　2　3　4
12. 我做事情像平时一样不感到困难……1　2　3　4
13. 我坐卧不安，难以保持平静……1　2　3　4
14. 我对未来感到有希望……1　2　3　4
15. 我比平时更容易激怒……1　2　3　4
16. 我觉得决定什么事很容易……1　2　3　4
17. 我感到自己是有用的和不可缺少的人……1　2　3　4
18. 我的生活很有意义……1　2　3　4
19. 假若我死了别人会过得更好……1　2　3　4
20. 我仍旧喜爱自己平时喜爱的东西……1　2　3　4

计分方法：以上题目2、5、6、11、12、14、16、17、18、20采用反向计分方法，即选1、2、3、4计分分别为4、3、2、1，其他题目正向计分，总分相加。

结果解释：总分相加，分数越低说明情绪状态越好，总分超过41分，说明抑郁情绪可能已经对生活产生了影响，需引起关注，及时进行自我情绪调整，可以通过向朋友倾诉、增加快乐情绪，参加体育运动等减少抑郁；分数较高者，请及时寻求专业心理咨询老师的帮助。

三、补充阅读和思考

从中非文化的差异了解中国人

在一个留学生的访谈调查中，一位坦桑尼亚籍的留学生说，“你问中国人什么事情，他们的答案总是很一致，你问他们什么怎么样，他们都说好，没有说不好的。但在我们国家或是在西方，即使是总统我们都可以指责，可以有人说好，有人说不好。”

尽管他的看法可能有点片面，但是确实反映了中国传统的文化心理。中国人是高度集体主义文化，传统中国心理特别看重整体，注重关系，讲求“和谐”，强调协同性行为，与集体达成一致而不愿显露自己。在与人交往过程中会避免伤害别人的自尊，维持对方的脸面，形成良好的人际关系。而尽管非洲也是集体主义，但非洲人自我意识非常强，不同于中国人。

初到中国的非洲学生对中国人打招呼的方式也很不适应。打招呼问候被非洲人当成一种基本的社交活动的形式，它表示的是对人的尊敬。不管是家人、熟人还是陌生人，见面通常要问好。而中国人一般不会对陌生人打招呼，对于中国人来说，陌生人就是陌生人，有比较严格的内外人之分。这是中国传统的心理取向。中国人重视家庭和血缘关系，在人际关系上有“家人—熟人—陌生人”的分别，会根据不同方式对待不同的人。

中国的传统中强调“男女授受不亲”，所以普通的男女之间打招呼，一般不会有拥抱等亲密的举动或身体接触，否则会认为是占女士的便宜或者骚扰，会激怒女性，这需要引起非洲留学生的注意。非洲留学生发现，中国女性似乎有着比男性更高的地位，例如一位多哥籍同学这么说“在我们国家女生一般在家干家务，男性在外面工作。而在中国，夫妻开公司，女的叫老板娘，而且常常是女的管钱”。也有一个留学生非常不解，“我想不通为什么中国男生总要帮女朋友提大包小包的东西，还要背她。女生经常生气，男生总要哄女朋友，这里的女生权力很大”。他们对女性能当司机开车也很吃惊。尽管传统的中国也是“夫唱妇随”，属于男性地位高的社会，但随着时代的发展，女性撑起半边天，同男人享有了同样的权力，这与不少非洲国家是很不相同的。

参考文献

[1]（美）杰瑞·伯格. 人格心理学（第六版）[M]. 陈会昌，等，译. 北京：中国轻工业出版社，2008.

[2] 沈德立. 大学生心理健康 [M]. 北京：高等教育出版社，2013.

[3] 江光荣. 选择与成长——大学生心理学 [M]. 武汉：华中师范大学出版社，2004.

[4] 李素梅. 心理健康与大学生活 [M]. 武汉：华中科技大学出版社，2011.

[5] 姚萍. 大学生心理健康与咨询 [M]. 北京：北京大学出版社，2010.

[6]（美）克拉拉·希尔. 助人技术：探索、领悟、行动三阶段模式 [M]. 胡博，等，译. 北京：中国人民大学出版社，2013.

[7]（奥）阿尔弗雷德·阿德勒. 自卑与超越 [M]. 李青霞，译. 沈阳：沈阳出版社，2012.

[8]（英）阿兰·德波顿. 身份的焦虑 [M]. 陈广兴，南治国，译. 上海：上海译文出版社，2007.

[9] 阳志平. 积极心理学团体活动课操作指南 [M]. 北京：机械工业出版社，2013.

[10]（美）卡尔·罗杰斯. 个人形成论：我的心理治疗观 [M]. 杨广学，等，译. 北京：中国人民大学出版社，2004.

[11]（美）卡尔·罗杰斯. 论人的成长 [M]. 石孟磊，等，译. 北京：世界图文出版公司，2015.

[12]（美）斯科特·派克. 少有人走的路：心智成熟之旅 [M]. 于海生，译. 北京：吉林文史出版社，2007.

[13]（美）欧文·亚隆. 给心理治疗师的礼物（第五版）[M]. 张怡玲，译. 北京：中国轻工业出版社，2013.

[14]（捷克）米兰·昆德拉. 不能承受的生命之轻 [M]. 许钧，译. 上海：上海译文出版社，2010.

[15]（美）罗杰·霍克. 改变心理学的40项研究 [M]. 白学军，等，译. 北京：中国轻工业出版社，2004.

[16]（奥）维克多·弗兰克尔. 活出生命的意义 [M]. 吕娜，译. 北京：华夏出版社，2010.

[17] 欧阳辉，闫华，林征. 大学生心理健康应用教程 [M]. 辽宁：辽宁教育出版

社，2013.

［18］吉家文. 新编大学生心理健康教育［M］. 天津：南开大学出版社，2012.

［19］赵丽琴. 大学生心理健康指南［M］. 北京：高等教育出版社，2010.

［20］刑群麟，李敏. 哈佛教授给学生讲的200个心理健康故事［M］. 北京：中央编译出版社，2007.

［21］傅安球. 实用心理异常诊断矫治手册（修订版）［M］. 上海：上海教育出版社，2005.

［22］（美）理查德•格里格. 心理学与生活［M］. 北京：人民邮电出版社，2003.

［23］（美）盖瑞•查普曼. 爱的五种语言［M］. 王云良，陈曦，译. 南昌：江西人民出版社，2010.

［24］（英）朱莉娅•贝里曼. 发展心理学与你［M］. 陈萍，王茜，译. 北京：北京大学出版社，2000.

［25］皮连生. 教育心理学［M］. 上海：上海教育出版社，2006.

［26］何淼，陆一唯，刘免，等. 来沪美国留学生跨文化人际交往问题［J］. 青年研究，2008（10）.

［27］汪长明. 文化调适、制度供给、社会支持——跨文化视野中的在华留学生［J］. 当代青年研究，2014（7）.

［28］章人英. 文化冲突与时代选择［M］. 上海：上海人民出版社，1987.

［29］（美）库恩. 心理学导论（第11版）［M］. 郑钢，等，译. 北京：中国轻工业出版社，2007.

［30］沈晓红. 健康心理学［M］. 杭州：浙江教育出版社，2009.

［31］汪向东. 心理卫生评定量表手册增订版［M］. 北京：中国心理卫生杂志，1999.

［32］郭念锋. 国家职业资格培训教程（二级）［M］. 北京：民族出版社，2005.

［33］杨敏毅. 学校团体心理游戏教程与案例［M］. 上海：上海科学普及出版社，2006.

［34］戴尔•卡耐基. 人性的弱点［M］. 彭玲，译. 北京：中国发展出版社，2008.

［35］http://wenku.baidu.com/view/3a778d1752d380eb62946d26.html 百度文库

［36］http://wenku.baidu.com/view/06103ad049649b6648d74793.html?re=view 百度文库

［37］http//www.worlduc.com. 人际交往心理学中的几个效应